"十二五"普通高等教育本科国家级规划教材

普通高等教育精品教材配套教学用书

高等学校计算机基础教育系列教材

计算机硬件技术基础
——教学指导、习题详解与综合训练
（第4版）

李继灿　主编

清华大学出版社
北京

内 容 简 介

本书是《计算机硬件技术基础(第4版)》(主教材)的配套教材。全书分3部分,第1部分教学指导对主教材各章的学习目标、学习要求以及重点与难点的掌握,都给出了明确说明;第2部分习题详解与主教材各章习题完全配套,并给出了详尽的参考答案,这些对于深入理解和熟练掌握主教材的内容是十分重要的;第3部分综合训练可根据教学时数选用。

本书既可以作为高等学校非计算机专业特别是非机电类专业教师的辅助参考教材,也可以作为学生和广大读者的自学参考用书。

版权所有,侵权必究。举报: 010-62782989,beiqinquan@tup.tsinghua.edu.cn。

图书在版编目(CIP)数据

计算机硬件技术基础:教学指导、习题详解与综合训练 / 李继灿主编. -- 4版. -- 北京:清华大学出版社,2024.8. -- (高等学校计算机基础教育系列教材).
ISBN 978-7-302-67184-8

Ⅰ. TP303

中国国家版本馆CIP数据核字第2024F5W506号

责任编辑:张瑞庆
封面设计:何凤霞
责任校对:申晓焕
责任印制:沈　露

出版发行:清华大学出版社
　　　　网　　址:https://www.tup.com.cn,https://www.wqxuetang.com
　　　　地　　址:北京清华大学学研大厦A座　　　邮　　编:100084
　　　　社 总 机:010-83470000　　　　　　　　　邮　　购:010-62786544
　　　　投稿与读者服务:010-62776969,c-service@tup.tsinghua.edu.cn
　　　　质量反馈:010-62772015,zhiliang@tup.tsinghua.edu.cn
　　　　课件下载:https://www.tup.com.cn,010-83470236
印 装 者:三河市铭诚印务有限公司
经　　销:全国新华书店
开　　本:185mm×260mm　　　印　　张:15.5　　　字　　数:358千字
版　　次:2015年11月第1版　2024年9月第4版　印　　次:2024年9月第1次印刷
定　　价:49.80元

产品编号:106566-01

前言

2015年7月,清华大学出版社出版了本人主编的《计算机硬件技术基础(第3版)》教材,该教材被教育部评为"十二五"普通高等教育本科国家级规划教材,并获评普通高等教育精品教材(国家级精品教材)。这表明作者坚持实践"计算机硬件教学与教材同步改革"的成果不断得到提升,本教材的应用也在扩展,为培养高校学生掌握计算机硬件和软件的基础知识、基本技术与基本应用能力,为适应从事各种信息化技术工作打下良好的基础。

本次改版的基本原则是:保持原教材整体优化结构和核心内容不变;精细修改文图中的疏漏;跟进微处理器及其系统的发展;重点补充微机新技术的发展和未来计算机硬件技术的发展趋势;删减原教材第3版的第10章"多媒体外部设备及接口卡"和第11章"多核计算机",保证教材少而精,更便于教与学。

主教材共分9章。第1章为计算机的基础知识;第2章为微处理器系统结构与技术;第3章为微处理器的指令系统;第4章为汇编语言程序设计;第5章为存储器系统;第6章为浮点部件;第7章为输入输出与中断技术;第8章为可编程接口芯片;第9章为微机硬件新技术。

为了更好地配合教学,特编著了与主教材配套的《计算机硬件技术基础——教学指导、习题详解与综合训练(第4版)》辅助教材。本书包括教学指导、习题详解与综合训练3部分。在第1部分教学指导中,对全书9章的学习目标、学习要求以及重点与难点的掌握,给出了明确说明;在第2部分习题详解中,给出了全书习题的参考答案;第3部分综合训练可以根据各校教学时数选用。

本书由李继灿教授负责全书的大纲拟定、编写与统稿。参与本书部分章节文字修订工作的有沈疆海、李爱珺、吴俊、张怀治、方小斌、孔笋。在此,作者谨表示诚恳的谢意。

由于作者水平有限,书中难免存在不足与疏漏之处,恳请使用本书的高校师生与读者提出宝贵意见和建议。

李继灿

2024年7月

目录

第1部分 教学指导

第1章 计算机的基础知识 ·········· 3
- 1.1 计算机发展概述 ·········· 3
  - 1.1.1 计算机的发展简史 ·········· 3
  - 1.1.2 计算机的主要应用 ·········· 4
- 1.2 微型计算机概述 ·········· 5
  - 1.2.1 微型计算机的发展阶段 ·········· 6
  - 1.2.2 微处理器的发展 ·········· 7
  - 1.2.3 影响计算机性能设计的因素 ·········· 8
- 1.3 微型计算机系统的组成 ·········· 9
- 1.4 微机硬件系统结构基础 ·········· 11
  - 1.4.1 总线结构简介 ·········· 11
  - 1.4.2 微处理器模型的组成 ·········· 12
  - 1.4.3 存储器概述 ·········· 13
  - 1.4.4 输入输出(I/O)接口简介 ·········· 14
- 1.5 微机的工作原理与程序执行过程 ·········· 14
- 1.6 计算机的运算基础 ·········· 15
  - 1.6.1 二进制数的运算 ·········· 15
  - 1.6.2 数制转换综合表示法 ·········· 17
  - 1.6.3 二进制编码 ·········· 17
  - 1.6.4 数的定点与浮点表示 ·········· 18
  - 1.6.5 带符号数的表示法 ·········· 19
  - 1.6.6 补码的加减法运算 ·········· 20
  - 1.6.7 溢出及其判断方法 ·········· 21
- 本章小结 ·········· 22

第2章 微处理器系统结构与技术 ·········· 23
- 2.1 CISC 与 RISC 技术 ·········· 24
  - 2.1.1 CISC 与 RISC 简介 ·········· 24

  2.1.2 CISC 与 RISC 技术的交替发展与融合 ·········· 24
  2.1.3 ARM 引领的移动计算时代 ·········· 25
  2.1.4 x86 与 ARM 发展中的市场新格局 ·········· 25
 2.2 8086/8088 微处理器 ·········· 26
  2.2.1 8086/8088 CPU 的内部功能结构 ·········· 26
  2.2.2 8086/8088 的编程结构 ·········· 27
  2.2.3 总线周期的概念 ·········· 28
  2.2.4 8086/8088 微处理器的引脚信号与功能 ·········· 29
 2.3 8086/8088 系统的工作模式 ·········· 30
  2.3.1 最小模式操作 ·········· 30
  2.3.2 最大模式操作 ·········· 31
 2.4 8086/8088 的存储器及 I/O 组织 ·········· 32
  2.4.1 存储器组织 ·········· 32
  2.4.2 存储器的分段 ·········· 33
  2.4.3 实际地址和逻辑地址 ·········· 34
  2.4.4 堆栈 ·········· 34
  2.4.5 "段加偏移"寻址机制允许重定位 ·········· 34
  2.4.6 I/O 组织 ·········· 35
 2.5 80x86 微处理器 ·········· 35
  2.5.1 80286 微处理器 ·········· 35
  2.5.2 80386 微处理器 ·········· 36
  2.5.3 80486 微处理器 ·········· 37
 2.6 Pentium 微处理器 ·········· 38
  2.6.1 Pentium 的体系结构 ·········· 38
  2.6.2 Pentium 体系结构的技术特点 ·········· 39
 2.7 Pentium 系列微处理器及相关技术的发展 ·········· 40
  2.7.1 Pentium Ⅱ 微处理器 ·········· 40
  2.7.2 Pentium Ⅲ 微处理器 ·········· 41
  2.7.3 Pentium 4 微处理器简介 ·········· 41
  2.7.4 CPU 的主要性能指标 ·········· 43
 2.8 嵌入式计算机系统的应用与发展 ·········· 45
  2.8.1 嵌入式计算机系统概述 ·········· 45
  2.8.2 嵌入式计算机体系结构的发展 ·········· 47
 本章小结 ·········· 48

第 3 章 微处理器的指令系统 ·········· 50

 3.1 8086/8088 的寻址方式 ·········· 50
  3.1.1 数据寻址方式 ·········· 50

  3.1.2 程序存储器寻址方式 …………………………………… 53
  3.1.3 堆栈存储器寻址方式 …………………………………… 53
  3.1.4 其他寻址方式 …………………………………………… 54
3.2 数据传送类指令 ………………………………………………… 54
  3.2.1 通用数据传送指令 ……………………………………… 54
  3.2.2 目标地址传送指令 ……………………………………… 56
  3.2.3 标志位传送指令 ………………………………………… 57
  3.2.4 I/O 数据传送指令 ……………………………………… 58
3.3 算术运算类指令 ………………………………………………… 58
  3.3.1 加法指令 ………………………………………………… 59
  3.3.2 减法指令 ………………………………………………… 59
  3.3.3 乘法指令 ………………………………………………… 61
  3.3.4 除法指令 ………………………………………………… 62
  3.3.5 十进制调整指令 ………………………………………… 63
3.4 逻辑运算和移位循环类指令 …………………………………… 65
  3.4.1 逻辑运算指令 …………………………………………… 65
  3.4.2 移位指令与循环移位指令 ……………………………… 65
3.5 串操作类指令 …………………………………………………… 66
  3.5.1 MOVS 目标串,源串 …………………………………… 67
  3.5.2 CMPS 目标串,源串 …………………………………… 67
  3.5.3 SCAS 目标串 …………………………………………… 67
  3.5.4 LODS 源串 ……………………………………………… 67
  3.5.5 STOS 目标串 …………………………………………… 67
3.6 程序控制指令 …………………………………………………… 68
  3.6.1 无条件转移指令 ………………………………………… 68
  3.6.2 条件转移指令 …………………………………………… 71
  3.6.3 循环控制指令 …………………………………………… 71
  3.6.4 中断指令 ………………………………………………… 72
3.7 处理器控制类指令 ……………………………………………… 72
  3.7.1 对标志位操作指令 ……………………………………… 72
  3.7.2 同步控制指令 …………………………………………… 73
  3.7.3 其他控制指令 …………………………………………… 74
本章小结 ………………………………………………………………… 74

第4章 汇编语言程序设计 ……………………………………… 75
4.1 程序设计语言概述 ……………………………………………… 75
4.2 8086/8088 汇编语言源程序 …………………………………… 76
  4.2.1 8086/8088 汇编源程序实例 …………………………… 76

4.2.2　汇编语言语句的类型及格式 ·· 76
4.3　8086/8088 汇编语言的数据项与表达式 ··· 77
　　4.3.1　常量 ·· 77
　　4.3.2　变量 ·· 78
　　4.3.3　标号 ·· 78
　　4.3.4　表达式和运算符 ··· 78
4.4　8086/8088 汇编语言的伪指令 ··· 81
　　4.4.1　数据定义伪指令 ··· 81
　　4.4.2　符号定义伪指令 ··· 81
　　4.4.3　段定义伪指令 ··· 82
　　4.4.4　过程定义伪指令 ··· 83
4.5　8086/8088 汇编语言程序设计基本方法 ··· 83
　　4.5.1　顺序结构程序 ··· 83
　　4.5.2　分支结构程序 ··· 83
　　4.5.3　循环结构程序 ··· 83
本章小结 ·· 84

第 5 章　存储器系统 ·· 85

5.1　存储器的分类与组成 ··· 85
　　5.1.1　半导体存储器的分类 ··· 85
　　5.1.2　半导体存储器的组成 ··· 86
5.2　随机存取存储器 ··· 86
　　5.2.1　静态随机存取存储器 ··· 87
　　5.2.2　动态随机存取存储器 ··· 88
5.3　只读存储器 ··· 89
　　5.3.1　只读存储器存储信息的原理和组成 ······································· 89
　　5.3.2　只读存储器的分类 ··· 89
　　5.3.3　常用 ROM 芯片举例 ·· 90
5.4　存储器的扩充及其与 CPU 的连接 ·· 90
　　5.4.1　存储器芯片的扩充技术 ··· 90
　　5.4.2　存储器与 CPU 的连接 ··· 91
5.5　内存的技术发展 ··· 92
5.6　外部存储器 ··· 94
　　5.6.1　硬盘 ·· 95
　　5.6.2　硬盘的接口 ··· 95
　　5.6.3　硬盘的主要参数 ··· 96
5.7　光盘驱动器 ··· 96
5.8　存储器系统的分层结构 ··· 98

本章小结 ······ 99

第6章 浮点部件 ······ 101

6.1 80x86 微处理器的浮点部件概述 ······ 101
6.1.1 iAPX86/88 系统中的协处理器 ······ 101
6.1.2 80386/80486 系统中的浮点部件 ······ 102
6.2 Pentium 微处理器的浮点部件 ······ 103
本章小结 ······ 104

第7章 输入输出与中断技术 ······ 105

7.1 输入输出接口概述 ······ 105
7.1.1 CPU 与外设间的连接 ······ 105
7.1.2 接口电路的基本结构 ······ 105
7.2 CPU 与外设数据传送的方式 ······ 106
7.2.1 程序传送 ······ 106
7.2.2 中断传送 ······ 108
7.2.3 直接存储器存取传送 ······ 108
7.3 中断技术 ······ 108
7.3.1 中断概述 ······ 108
7.3.2 中断源的中断过程 ······ 109
7.4 8086/8088 的中断系统和中断处理 ······ 111
7.4.1 8086/8088 的中断系统 ······ 111
7.4.2 8086/8088 的中断处理过程 ······ 112
7.4.3 中断响应时序 ······ 114
7.5 中断控制器 8259A ······ 115
7.5.1 8259A 的引脚与功能结构 ······ 115
7.5.2 8259A 内部结构框图和中断工作过程 ······ 116
7.5.3 8259A 的工作方式 ······ 117
7.5.4 8259A 的控制字格式 ······ 119
7.5.5 8259A 应用举例 ······ 120
本章小结 ······ 120

第8章 可编程接口芯片 ······ 123

8.1 接口的分类及功能 ······ 123
8.2 可编程计数器/定时器 8253-5 ······ 124
8.2.1 8253-5 的引脚与功能结构 ······ 124
8.2.2 8253-5 的内部结构和寻址方式 ······ 125
8.2.3 8253-5 的工作方式及时序关系 ······ 125

	8.2.4	8253-5 应用举例 ·································	127

8.3 可编程并行通信接口芯片 8255A ································· 127
    8.3.1 8255A 芯片引脚定义与功能 ································· 127
    8.3.2 8255A 寻址方式 ································· 128
    8.3.3 8255A 的控制字 ································· 128
    8.3.4 8255A 的工作方式 ································· 128
    8.3.5 8255A 的时序关系 ································· 130
    8.3.6 8255A 的应用举例 ································· 130

8.4 可编程串行异步通信接口芯片 8250 ································· 130
    8.4.1 串行异步通信规程 ································· 130
    8.4.2 8250 芯片引脚定义与功能 ································· 130
    8.4.3 8250 芯片的内部结构和寻址方式 ································· 130
    8.4.4 8250 内部控制状态寄存器的功能 ································· 131
    8.4.5 8250 通信编程 ································· 131

8.5 数/模与模/数转换接口芯片 ································· 131
    8.5.1 DAC 0832 数/模转换器 ································· 131
    8.5.2 ADC 0809 模/数转换器 ································· 133

本章小结 ································· 135

第 9 章 微机硬件新技术 ································· 136

9.1 CPU 新技术概述 ································· 136
    9.1.1 超线程技术 ································· 136
    9.1.2 64 位技术 ································· 137
    9.1.3 "整合"技术 ································· 137
    9.1.4 双核及多核技术 ································· 138
    9.1.5 CPU 指令集及其扩展 ································· 139

9.2 主板 ································· 140
    9.2.1 主板芯片组概述 ································· 141
    9.2.2 主板芯片组举例 ································· 141
    9.2.3 主板上的 I/O 接口 ································· 143

9.3 扩展总线应用技术 ································· 146

9.4 计算机硬件新技术的重要发展及未来趋势 ································· 148
    9.4.1 全球计算机硬件新技术的重要发展 ································· 148
    9.4.2 全球计算机硬件新技术的未来趋势 ································· 148
    9.4.3 中国计算机硬件新技术的重要发展 ································· 149
    9.4.4 中国计算机硬件新技术的未来趋势 ································· 149

本章小结 ································· 150

第 2 部分　习 题 详 解

第 1 章　习题 1 ······ 153
第 2 章　习题 2 ······ 158
第 3 章　习题 3 ······ 166
第 4 章　习题 4 ······ 176
第 5 章　习题 5 ······ 187
第 6 章　习题 6 ······ 191
第 7 章　习题 7 ······ 193
第 8 章　习题 8 ······ 199
第 9 章　习题 9 ······ 206

第 3 部分　综 合 训 练

综合练习 1 ······ 209
综合练习 2 ······ 212
综合练习 3 ······ 214
综合练习 4 ······ 215
综合练习 5 ······ 217
综合练习 6 ······ 219
综合练习 7 ······ 221
综合练习 8 ······ 224
综合练习 9 ······ 228
综合练习 10 ······ 231

第1部分

教学指导

第 1 章 计算机的基础知识

【学习目标】

本章作为学习计算机硬件技术的基础,首先简要介绍计算机的发展简史,在此基础上概述微型计算机及其系统的基础知识,然后重点介绍微型计算机系统的基本组成与工作原理,以及计算机运算的基本知识。

【学习要求】

◆ 了解计算机的发展简史。
◆ 理解微型计算机硬件系统的发展与性能平衡。
◆ 理解硬件系统各组成部分的功能与作用。
◆ 理解 CPU 对存储器的读写操作及其区别,重点掌握冯·诺依曼计算机的设计思想与原理。
◆ 着重理解和熟练掌握程序执行的过程。
◆ 能熟练掌握和运用各种数制及其相互转换的综合表示法。
◆ 熟练掌握补码及其运算,着重理解补码与溢出的区别。

1.1 计算机发展概述

1.1.1 计算机的发展简史

1946 年 2 月,以 ENIAC(electronic numerical integrator and calculator,电子数字积分器与计算器)命名的世界上第一台计算机问世。它的诞生揭开了计算机时代的序幕。

按照逻辑元件的更新来划分,计算机的发展经历了以下 4 个阶段。

第一代:电子管数字计算机(1946—1958 年)

硬件方面,逻辑元件采用的是真空电子管;用光屏管或汞延时电路作为存储器,输入与输出主要采用穿孔卡片或纸带。软件方面,采用的是机器语言和汇编语言。特点是体积大、功耗高、可靠性差、速度慢、维护困难且价格昂贵,应用领域以军事和科学计算为主。

第二代：晶体管数字计算机（1959—1964 年）

晶体管的出现使计算机生产技术得到了根本性的发展，由晶体管代替电子管作为计算机的基础器件，用磁芯或磁鼓作为存储器，在整体性能上，比第一代计算机有了很大的提高。同时程序语言也相应出现，如 Fortran、Cobol、Algo160 等计算机高级语言。晶体管计算机用于科学计算的同时，也开始在数据处理、过程控制方面得到应用。

第三代：集成电路数字计算机（1965—1970 年）

硬件方面，逻辑元件采用中、小规模集成电路，主存储器由磁芯开始向半导体存储器过渡。软件方面，有了标准化的程序设计语言和人机会话式的 BASIC 语言。特点是速度更快、可靠性更高，产品走向了通用化、系列化和标准化等。应用领域开始进入文字处理和图形图像处理领域。

第四代：大规模与超大规模集成电路计算机（1971 年至今）

硬件方面，逻辑元件采用大规模与超大规模集成电路；集成更高的大容量半导体存储器作为内存储器，发展了并行技术和多机系统，出现了精简指令集计算机（RISC）；软件方面，出现了数据库管理系统、网络管理系统和面向对象语言等。应用领域从科学计算、事务管理、过程控制逐步走向家庭。

1971 年，世界上第一台微处理器在美国硅谷诞生，开创了微型计算机的新时代。

1.1.2　计算机的主要应用

计算机之所以能获得持续、快速的发展，其主要原因之一在于它具有广泛的应用性。计算机的主要用途有以下几个方面。

1. 科学计算

科学计算是计算机最早的应用领域，主要是科学研究和工程技术方面的计算，如数学、力学、核物理学、量子化学、天文学和生物学等基础科学的研究计算，至于航空航天、宇宙飞船、气象预报、地质勘探和高级工程设计等方面的庞大计算更需要借助于高速计算机。

2. 计算机控制

计算机控制是利用计算机实时采集数据、分析数据，按最优值迅速地对控制对象进行自动调节或自动控制。自从微型计算机出现以后，计算机控制有了飞速的发展，使自动控制真正进入了以计算机为主要控制工具的新阶段。计算机智能控制已在机械、冶金、石油、化工和电力等部门得到了广泛的应用。

3. 测量和测试

利用计算机进行测量和测试，可以提高测量精度，大大提高工作效率，尤其在一些人工无法完成的条件下，如高温、低温、剧毒、辐射、深海与外星空间等环境下的测量和测试以及核爆炸时的现场数据采集等，都必须借助于计算机。

4. 信息处理

计算机信息处理主要用于两个方面：一是用于事务处理，如在银行业务方面，已广泛利用金融终端，通过网银即可进行几乎所有的银行业务；二是用于管理，如各种企业的管理信息系统,各专业性的数据库系统等。目前,在企业管理、物资库存管理、情报资料图书管理、财务管理和人事管理等方面已有商业性软件,使其管理十分方便。

5. 计算机辅助设计/计算机辅助制造/计算机辅助教学

1) 计算机辅助设计(computer aided design,CAD)

计算机辅助设计是利用计算机系统来辅助设计人员进行工程或产品设计,以实现最佳设计效果的一种技术。CAD 技术已应用于飞机设计、船舶设计、建筑设计、机械设计和大规模集成电路设计。采用计算机辅助设计,可缩短设计时间,提高工作效率,节省人力、物力和财力,更重要的是提高了设计质量。

2) 计算机辅助制造(computer aided manufacturing,CAM)

计算机辅助制造是利用计算机系统进行产品的加工控制过程。将 CAD 和 CAM 技术集成,可以实现产品生产、设计的自动化。

3) 计算机辅助教学(computer aided instruction,CAI)

计算机辅助教学是利用计算机系统进行课堂教学。CAI 不仅能减轻教师的负担,还能使教学内容生动、形象逼真,能够动态演示实验原理或操作过程,提高教学质量。

6. 人工智能

人工智能(artificial intelligence,AI)是指计算机模拟人类某些智力行为的理论、技术和应用,如感知、判断、理解、学习、问题的求解和图像识别等。人工智能在医疗诊断、定理证明、模式识别、智能检索、语言翻译和机器人等方面,已有了显著的成效。

7. 计算机模拟

计算机模拟是一个新的应用领域,它在解决自然界和人类社会中一些复杂的系统问题方面具有重大意义。计算机模拟具有以下优点。

(1) 用计算机模拟方法比进行实体实验更经济,而且速度快、效率高。

(2) 用计算机模拟方法比其他实验设备所能解决问题的范围要宽得多。

(3) 用计算机模拟方法比较方便,通常只受计算机速度和存储空间的限制,而实体实验模拟则要受到很多因素的限制。

(4) 更重要的是,对许多非工程系统问题根本无法用实体模拟实验方法解决,如模拟气候、核聚变以及社会政治、经济系统等,而用计算机模拟手段却可以有效地解决这类课题。

8. 多媒体应用

随着电子技术特别是通信和计算机技术的发展,多种媒体——文本、音频、视频、动画、图形和图像等都可综合起来。在医疗、教育、商业、银行、保险、行政管理、军事、工业、广播、交流和出版等领域中,多媒体的应用发展很快。

1.2 微型计算机概述

自从 1946 年世界上第一台计算机 ENIAC 问世以来,计算机已经历了电子管数字计算机、晶体管数字计算机、集成电路数字计算机以及大规模与超大规模集成电路计算机发展时期。

现在,人们广泛使用的微型计算机是第四代电子计算机向微型化方向发展的一个非常重要的分支。

1.2.1 微型计算机的发展阶段

微型计算机(简称微机)的发展主要体现在其核心部件——微处理器的发展上,每当一款新型的微处理器出现时,就会带动微机系统其他部件的相应发展,如微机体系结构的进一步优化,存储器存取容量的增大和存取速度的提高,外围设备的不断改进以及新设备的不断出现。

根据微处理器的字长和功能,可将微型计算机的发展划分为以下几个阶段。

第一阶段(1971—1973 年)

4 位和 8 位低档微处理器时代,通常称为第一代,其典型产品是 Intel 4004 和 Intel 8008 微处理器,以及分别由它们组成的 MCS-4 和 MCS-8 微型计算机。

第二阶段(1974—1977 年)

8 位中、高档微处理器时代,通常称为第二代,其典型产品是 Intel 公司的 8080/8085、Motorola 公司的 M6800 和 Zilog 公司的 Z80 等。

第三阶段(1978—1984 年)

16 位微处理器时代,通常称为第三代,其典型产品是 Intel 公司的 8086/8088、Motorola 公司的 M68000 和 Zilog 公司的 Z8000 等。

第四阶段(1985—1992 年)

32 位微处理器时代,通常称为第四代,其典型产品是 Intel 公司的 80386/80486、Motorola 公司的 M69030/68040 等。

第五阶段(1993—2005 年)

奔腾(Pentium)系列微处理器时代,通常称为第五代,其典型产品是 Intel 公司的奔腾系列芯片以及与之兼容的 AMD 公司的 K6 系列微处理器芯片。内部采用了超标量指令流水线结构,并具有相互独立的指令和数据高速缓存。在网络化、多媒体化和智能化等方面跨上了更高的台阶。

第六阶段(2005 年至今)

酷睿(Core)系列微处理器时代,通常称为第六代。Intel 公司在 2006 年推出了新一代基于 Core 微架构的产品酷睿 2(Core 2 Duo)。

Intel 公司在 2008 年 11 月通过基于 45nm 制造工艺技术的 Intel 微架构(微架构更新,代号 Nehalem),极大地推动了计算的发展。2010 年 1 月在"工艺年"周期中,Intel 公司通过发布 32nm Intel 酷睿处理器(制程改进更新,代号 Westmere)系列,追求更高的计算速度、更低的功耗以及更复杂的应用。在随后的"架构年"周期中,Intel 公司主要通过基于 32nm 工艺技术的 Intel 微架构 Sandy Bridge,提升游戏、高清视频、Web 和其他用户体验。Intel 公司于 2012 年 4 月发布第三代酷睿处理器(制程改进更新,代号 Ivy Bridge),采用 22nm 工艺。在随后的"架构年"周期中,Intel 公司于 2013 年 6 月发布了代号 Haswell 的酷睿处理器。可以说,从 2008 年开始,Intel 公司所引领的 CPU 行业已经全面晋级到了智能 CPU 的时代。

1.2.2 微处理器的发展

1958 年电子学取得了革命性的成就,集成电路的发明开创了微电子时代。从 20 世纪 70 年代初至今,Intel 公司已推出 6 代微处理器产品。其发展简史可参见表 1-1。

表 1-1　Intel CPU 发展简史

生产年份	Intel 产品	主要性能说明
1971	4004	第一片 4 位 CPU,采用 10μm 制程,集成 2300 个晶体管。时钟频率是 108kHz,可寻址存储器 640B
1972	8008	第一片 8 位 CPU,集成 3500 个晶体管。时钟频率是 108kHz,可寻址存储器 16KB
1974	8080	第二代 8 位 CPU,采用 6μm 制程,约 6000 个晶体管。时钟频率是 2MHz,可寻址存储器 64KB
1978	8086	第一片 16 位 CPU,采用 3μm 制程,2.9 万个晶体管,时钟频率是 5MHz/8MHz/10MHz,可寻址存储器 1MB。8086 标志着 80x86 系列的开端,从 8086 开始,才有了目前应用最广泛的 PC 行业基础
1979	8088	8 位 CPU,采用 6μm 制程,2.9 万个晶体管,时钟频率是 5MHz/8MHz,可寻址存储器 1MB
1982	80286	超级 16 位 CPU,采用 1.5μm 制程,14.3 万个晶体管,时钟频率是 6~12.5MHz,可寻址存储器 16MB,虚拟存储器 1GB。首次运行保护模式并兼容前期所有软件,IBM 公司将 80286 用在技术更为先进的 AT 机中
1985	80386TM DX	第一片 32 位并支持多任务的 CPU,采用 1μm 制程,集成 27.5 万个晶体管,时钟频率是 16~33MHz,可寻址存储器 4GB,虚拟存储器 64TB
1988	80386TM SX	16 位 CPU,采用 1μm 制程,集成 27.5 万个晶体管,时钟频率是 16~33MHz,可寻址存储器 16MB,虚拟存储器 64TB
1989	80486 TM DX	32 位 CPU,采用 0.8~1μm 制程,集成 120 万个晶体管,时钟频率是 25~50MHz,可寻址存储器 4GB,虚拟存储器 64TB,高速缓存为 8KB
1989	80486 TM SX	32 位 CPU,采用 1μm 制程,集成 118.5 万个晶体管,时钟频率是 16~33MHz,可寻址存储器 4GB,虚拟存储器 64TB,高速缓存为 8KB
1993	Pentium(奔腾)	第一片双流水 CPU,采用 0.8μm 制程,集成 310 万个晶体管,内核采用了 RISC 技术。时钟频率是 60~166MHz,可寻址存储器 4GB,虚拟存储器 64TB,高速缓存为 8KB
1995	Pentium Pro	64 位 CPU,采用 0.6μm 制程,集成 550 万个晶体管,最大特点是增加了 57 条 MMX 指令,目的是提高 CPU 处理多媒体数据的效率。时钟频率是 150~200MHz,可寻址存储器 64GB,虚拟存储器 64TB,高速缓存为 512KB L1+1MB L2
1997	Pentium Ⅱ	64 位 CPU,采用 0.35μm 制程,集成 750 万个晶体管,时钟频率是 200~300MHz,可寻址存储器 64GB,虚拟存储器 64TB,高速缓存为 512KB L2

续表

生产年份	Intel 产品	主要性能说明
1999	Pentium Ⅲ	64 位 CPU，采用 0.25μm 制程，集成 950 万个晶体管，时钟频率是 450～600MHz，可寻址存储器 64GB，虚拟存储器 64TB，高速缓存为 512KB L2
2000	Pentium 4	64 位 CPU，采用 0.18μm 制程，内建 4200 万个晶体管，时钟频率是 1.3～1.8GHz，可寻址存储器 64GB，虚拟存储器 64TB，高速缓存为 512KB L2
2002	Pentium4 Xeon	内含创新的超线程技术，性能有提升。0.18μm 制程技术，时钟频率达 3.2GHz，是首次运行每秒 30 亿个运算周期的 CPU
2005	Pentium D	首颗内含两个处理核心，揭开 80x86 处理器多核心时代
2006	Core 2 Duo	Core 微架构 64 位处理器，采用 65/45nm 制程，内含 1.67 亿个晶体管，时钟频率是 1.06～1.2GHz，可寻址存储器 64GB，虚拟存储器 64TB，高速缓存为 2MB L2
2008	Core 2 Quad	64 位处理器，采用 65/45nm 制程，内含 8.2 亿个晶体管，时钟频率是 3GHz，可寻址存储器 64GB，虚拟存储器 64TB，高速缓存为 6MB L2
2010	Intel 第二代酷睿处理器	Intel 公司推出涵盖高、中、低档产品（如 Core i7/ i5 /i3 等系列 CPU）。核心代号 Sandy Bridge，32nm 制程，采用 LGA 1155 接口。1～4 颗核心，3～8MB 共享三级缓存，整合 HD Graphics 2000/3000 显示核心
2012	Intel 第三代酷睿处理器	核心代号 lvy Bridge(是 Sandy Bridge 的工艺升级版)，22nm 制程，采用 LGA 1155CPU，默认频率为 3.4～3.8GHz；三级缓存 6MB/8MB，支持 DDR3-1600 内存，核心显卡部分集成的是 HD4000
2013	Intel 第四代酷睿处理器	核心代号 Haswell(是 Sandy Bridge 的架构升级版)，22nm 制程，采用 LGA 1150 新接口；低阶 i3 是双核四线程；中阶 i5 均为四核四线程；高阶 i7 均为四核八线程。默认频率为 3.5～3.9GHz，三级缓存 8MB，支持 DDR3-1600 内存；均集成 HD4600 集显芯片，优化了 3D 性能

从 2013 年 Intel 不断研发酷睿系列产品，到 2022 年，已先后推出第四代智能酷睿处理器、第五代智能酷睿处理器、第六代酷睿桌面处理器，直至第七代酷睿桌面微处理器，智能化水平不断提高。

1.2.3 影响计算机性能设计的因素

从计算机组成和结构的观点来看，现代计算机组成的基本模块同最初推出的 IAS 计算机组成的基本模块没有太大的变化。但是，从技术的角度来看，在现有的材料基础上要想再提高计算机的性能，在每一个技术细节上都会遇到挑战。计算机性能设计面临的主要问题是 CPU 的速度、性能平衡、芯片组成和体系结构的改进。

1. CPU 的速度

CPU 的速度是表征计算机性能的一个最重要也是最基本的指标。仅靠提高单片 CPU 的主频，对于提高 CPU 的运行速度以及计算机系统的整体功能还是不够的，还需要围绕计算机指令的形式，不断改进其流水线的并行操作功能。

2. 性能平衡

当处理器的速度不断提高时,计算机的存储器、I/O 接口等关键组件的性能通常未能及时同步跟进,这必将影响计算机整体性能的提升。因此,寻求计算机整体性能的平衡就显得格外重要。

首先,要关注的是处理器同主存储器之间的接口,以便改善存储器与处理器之间存在的速度差距,保持主存储器和处理器之间的速度匹配。有关内存技术的发展可参见 5.5 节。

其次,注重改进 CPU 与 I/O 设备之间的平衡设计。例如,采用一些缓冲策略和暂存机制,以及使用高速互连和更为精细的总线结构;还可以采用多核处理器技术,以平衡各种 I/O 设备之间对速度的不同需求。

3. 芯片组成和体系结构的改进

为提升计算机性能已经采取的主要策略如下。

(1) 提高处理器芯片硬件的速度:

① 减小组成处理器芯片的逻辑门的尺寸,以便提高芯片的集成度。

② 提升处理器的时钟频率,以使处理器执行指令的操作速度更快。

(2) 提升处理器芯片内部高速缓存(cache)容量与速度,显著降低 CPU 对 cache 的存取时间。同时,在处理器与主存之间一般也都设计了两级或三级 cache。

(3) 改进处理器的组成和体系结构,更加重视处理器的流水化与超标量化设计,以提高指令执行的有效速度。

在 20 世纪 80 年代中期之前,处理器性能的增长主要由技术驱动,平均大约每年增长 25%。在此之后的年增长速度大约为 52%,这样持续发展到 2003 年。

从 2003 年开始,单处理器的性能提高的速度下降到每年不足 22%。为此,发展了多核处理器。片上多核处理器(chip multi-processor,CMP)就是将多个计算内核集成在一个处理器芯片中,从而提高了计算能力。处理核本身的结构,关系到整个芯片的面积、功耗和性能。

随着计算密度的提高,处理器和计算机性能的衡量标准和方式也在发生变化。一方面,处理器的评估不仅仅局限于性能,也包括可靠性、安全性等其他指标。另一方面,即便考虑仅仅追求性能的提高,不同的应用程序也蕴涵了不同层次的并行性。应用的多样性驱使未来的处理器具有可配置、灵活的体系结构。

1.3 微型计算机系统的组成

微型计算机系统是指以微型计算机为中心,配备相应的外围设备以及"指挥"微型计算机工作的软件系统所构成的系统。

1. 硬件系统

根据冯·诺依曼计算机原理所构成的微型计算机硬件是由运算器、控制器、存储器、输入设备和输出设备 5 个基本部分组成的。

1）主机

在主机箱内,最重要、最复杂的一个部件就是主板。图 1-1 为配置了 Intel Z77 芯片组的主板样式。其上面密布着各种元件(包括主板芯片组、BIOS 芯片等)、插槽(CPU 插槽、内存条插槽和各种扩展插槽等)和接口(串口、并口、USB 接口、IEEE 1394 接口等)。微处理器(CPU)、内存、外部存储器(如硬盘和光驱)声卡、显卡、网卡等均通过相应的接口和插槽安装在主板上,显示器、鼠标、键盘等外部设备也通过相应的接口连接在主板上。因此,主板集中了全部的系统功能,控制着整个系统中各部件之间的指令流和数据流,从而实现对微型计算机系统的监控与管理。

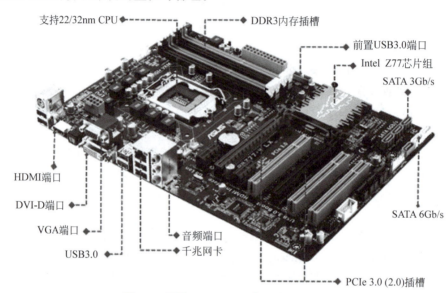

图 1-1 配置 Intel Z77 芯片组的主板样式

2）输入设备

常见的输入设备有键盘、鼠标、图像/声音输入设备(如扫描仪、数码相机/摄像机、数字摄像头)等。

3）输出设备

常见的输出设备有显示器、打印机等。

2. 软件系统

软件系统通常可分为两大类:系统软件和应用软件。

系统软件由一组控制计算机系统并管理其资源的程序组成,其主要功能包括:启动计算机,存储、加载和执行应用程序,对文件进行排序、检索,将程序语言翻译成机器语言等。系统软件主要包括:操作系统、程序设计语言、解释和编译系统、数据库管理系统和网络与通信系统等。

应用软件是指利用计算机及其提供的系统软件为解决各种实际问题而编制的专用程序或软件。比较常见的应用软件有以下 7 类。

(1) 系统程序类:如系统备份工具 GHOST、数据恢复工具 Fast Recovery、办公软件

Microsoft Office 2021 和 Microsoft 365 等。

（2）媒体工具类：如视频播放 Windows Media Player、音频播放"千千静听"、网络电视"PPTV 网络电视"等。

（3）硬件驱动类：如显卡驱动、主板驱动等。

（4）网络工具类：如浏览器"360 极速浏览器"、下载工具"迅雷"等。

（5）图形图像类：如 Adobe 公司的 Photoshop、Illustrator、PageMaker、Premiere、Fireworks，以及 CAD 软件和 CorelDraw 等。

（6）管理软件类：如财务管理、股票证券"大智慧新一代"等。

（7）安全类：如反黑防马"360 安全卫士"、病毒防治"360 杀毒"等。

1.4 微机硬件系统结构基础

无论是简单的单片机、单板机还是较复杂的个人计算机系统，从硬件体系结构来看，采用的基本上是计算机的经典结构，即冯·诺依曼结构。

从大的功能模块来看，各种计算机系统都是由以下 3 个主要的子系统组成。

（1）微处理器 CPU，其中包含了运算器和控制器。

（2）存储器，如 RAM 和 ROM。

（3）输入输出设备，即 I/O 外设及其接口。

各功能模块之间通过总线传递信息。

1.4.1 总线结构简介

微型计算机自诞生以来就采用总线结构。总线是一组传输公共信息的信号线的集合，是在计算机系统各部件之间传输地址、数据和控制信息的公共通道。总线有多种分类方式。

（1）按照传送信息的类别，总线可分为地址总线、数据总线和控制总线。

（2）按照传送信息的方向，总线可分为单向总线、双向总线与混合型总线 3 种。如地址总线属于单向总线，方向是从 CPU 或其他总线主控设备发往其他设备；数据总线属于双向总线；控制总线属于混合型总线，控制总线中的每一根控制线方向是单向的，而各种控制线的方向有进有出。

（3）按照层次结构，总线可分为 CPU 总线、存储总线、系统总线和外部总线。

① CPU 总线：作为 CPU 与外界的公共通道实现了 CPU 与主存储器、CPU 与 I/O 接口和多个 CPU 之间的连接，并提供了与系统总线的接口。

② 存储总线：用来连接存储控制器和 DRAM。

③ 系统总线：又称 I/O 扩展总线，是主机系统与外围设备之间的通信通道。在计算机主板上，系统总线表现为与扩充插槽线连接的一组逻辑电路和导线，与 I/O 扩充插槽相连，如 PCI 总线。通常要讨论的总线就是系统总线。

④ 外部总线：用来提供输入输出设备同系统中其他部件间的公共通信通道，标准化程度高，如 USB 总线、IEEE 1394 总线等，这些外部总线实际上是主机与外设的接口。

计算机系统都已使用多重总线，通常布置为层次结构，如图 1-2 所示。其中，图 1-2(a)给出了典型的传统多重总线结构，它在性能越来越高的 I/O 设备面前已显得不相适应。图 1-2(b)给出了高性能多重总线结构，它不仅有连接处理器和高速缓存控制器的局部总线，而且高速缓存控制器又连接到支持主存储器的系统总线上，还有专门支持大容量 I/O 设备的高速总线，这种配置的好处是高速总线使高需求的设备与处理器有更紧密的集成，同时又独立于处理器。

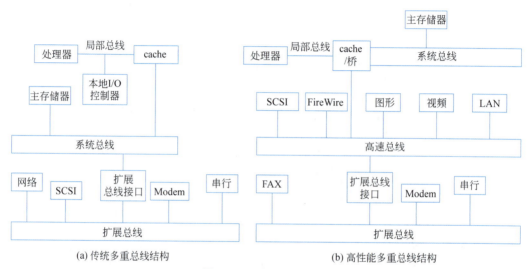

图 1-2　总线配置的实例

1.4.2　微处理器模型的组成

提出微处理器模型的概念是以"化繁为简"的方法，将一个复杂的微处理器用一个简化的微处理器来描述。一个简化的微处理器结构主要由运算器、控制器和内部寄存器阵列 3 个基本部分组成。

1. 运算器

运算器又称算术逻辑单元(arithmetic logic unit, ALU)，用来进行算术或逻辑运算以及位移循环等操作。参加运算的两个操作数，通常一个来自累加器(accumulator, A)，另一个来自内部数据总线，可以是数据寄存器(data register, DR)中的内容，也可以是寄存器阵列(RA)中某个寄存器的内容。运算结果往往也送回累加器(A)暂存。

2. 控制器

控制器是根据指令功能转化为控制信号的部件。它包括指令寄存器(instruction register, IR)、指令译码器(instruction decoder, ID)与可编程逻辑阵列(programmable logic array, PLA)3 部分。指令代码就是首先由内存流向 IR，再由 IR 流向 ID，经 ID 将指令代码译码后最后送至 PLA,由 PLA 产生取指令和执行指令所需要的各种微操作控制信号。由于每条指令所执行的具体操作不同,所以每条指令将对应控制信号的某一种组合,以确定相应的操作序列。

3. 内部寄存器

微处理器的内部寄存器包括若干功能不同的寄存器或寄存器组。内部寄存器主要包括累加器(A)、数据寄存器(DR)、程序计数器(PC)、地址寄存器(AR)、标志寄存器(F)和寄存器阵列(RA,又称寄存器组 RS)等。

不仅要正确理解这些寄存器的功能,而且还要理解不同的信息将在不同的寄存器之间流动。例如,指令代码信息流向指令寄存器(IR)、地址信息流向地址寄存器(AR)、数据流信息则通常在累加器(A)或寄存器阵列(RA)之间流动等。

要着重理解程序计数器(PC)的功能与作用。由于它具有自动加 1 的功能,能够使地址寄存器不断地获得有序递增的寻址信息,所以它对维持微处理器有序地执行程序起着关键性的作用。

注意,标志寄存器是一个十分重要的寄存器,随着微处理器的不断升级,标志寄存器各标志位的设置与定义也越来越复杂。但是,后期产品的设计都沿用了对前期产品的兼容性。

1.4.3 存储器概述

一个完善的计算机存储系统是按照层次结构组成的。最顶层是处理器内的寄存器,其下一层是一级或多级高速缓存器,再下一层是主存储器(又称内存储器,简称主存或内存),通常由动态随机存取存储器(DRAM)构成,所有这些为系统内部存储器;存储层次继续划分为外部存储器,外部存储器(又称辅助存储器,简称外存或辅存)的第一层通常是固定硬盘,接着下一层就是光盘存储设备等。关于存储器系统的分层结构可参见 5.8 节。

这里重点讨论的是存储器的内存。内存可划分为很多个存储单元(又称内存单元)。存储单元的总数目称为存储容量,它的具体数目取决于地址线的根数。在 8 位机中,有 16 条地址线,它能寻址的范围是 $2^{16}B=64KB$;在 16 位机中,有 20 条地址线,其寻址范围是 $2^{20}B=1024KB$;在 32 位机中,有 32 条地址线,其寻址范围是 $2^{32}B=4GB$。

每个存储单元的位置都有一个编号,即地址单元号,简称地址。显然,各存储单元的地址与该地址中存放的内容是完全不同的意思,不可混淆。

1. 存储器组成

随机存取存储器(指可以随时存入或取出信息的存储器)由存储体、地址译码器和控制电路组成。一个由 8 根地址线连接的存储体共有 256 个存储单元,其编号为 00H~FFH(十六进制表示),即 00000000~11111111(二进制表示)。

地址译码器接收从地址总线(AB)送来的地址码,经译码器译码选中相应的某个存储单元,以便从该存储单元中读出(即取出)信息或者写入(即存入)信息。

控制电路用来控制存储器的读或写的操作过程。

2. 读写操作过程

要着重理解存储器读写操作过程。读出信息的操作过程分为以下 3 步。

① CPU 的地址寄存器先给出地址信息并将它放到地址总线上,经地址译码器译码选中相应的单元。

② CPU 发出"读"控制信号给存储器。

③ 在读控制信号的作用下,存储器将所选地址单元中的内容放到数据总线上,经它送至数据寄存器,然后由 CPU 取走该内容作为所需要的信息使用。

注意:读操作的特点是非破坏性的。这一特点很重要,因为它允许多次读出同一单元的内容。

向存储器写入信息的操作过程也分为 3 步,但与写操作有所不同。

① CPU 的地址寄存器先把一个待寻址的地址放到地址总线上,经地址译码器选中某单元。

② CPU 把数据寄存器中的内容放到数据总线上。

③ CPU 向存储器发送"写"控制信号,在该信号的控制下,将内容写入被寻址的单元。

1.4.4 输入输出(I/O)接口简介

计算机系统的 I/O 体系结构提供了一种控制计算机与外部世界交互的系统化方式,并向操作系统提供有效管理 I/O 运行的必要信息。有 3 种基本的 I/O 技术:编程式 I/O 技术、中断驱动式 I/O 技术和直接存储器存取(DMA)技术。详见第 7 章。

计算机的外围设备(输入输出设备)品种繁多,CPU 在与 I/O 设备进行数据交换时存在的问题是:速度不匹配、时序不匹配、信息格式不匹配和信息类型不匹配。

基于以上原因,CPU 与外设之间的数据交换必须通过接口(主板上的 I/O 接口请参见 9.2.3 节)来完成,通常接口有以下一些功能。

(1) 设置数据的寄存、缓冲逻辑,以适应 CPU 与外设之间的速度差异。

(2) 进行信息格式的转换,如串行和并行的转换。

(3) 协调 CPU 和外设两者在信息的类型和电平的差异,如电平转换驱动器、数/模或模/数转换器等。

(4) 协调时序差异。

(5) 地址译码和设备选择功能。

(6) 设置中断和 DMA 控制逻辑,以保证在中断和 DMA 允许的情况下产生中断和 DMA 请求信号,并在接收到中断和 DMA 应答之后完成中断处理和 DMA 传输。

1.5 微机的工作原理与程序执行过程

计算机的工作原理是:"存储程序"+"程序控制",即先把处理问题的步骤和所需的数据转换成计算机能识别的指令和数据送入存储器中保存起来,工作时由计算机的处理器将这些指令逐条取出执行。

要熟练掌握微机的工作过程。微机的工作过程在本质上就是执行程序的过程,而程序由指令序列组成,因此,执行程序的过程,就是执行指令序列的过程,即逐条地执行指令。由于执行每一条指令,都包括取指令与执行指令两个基本阶段,所以,微机的工作过程,也就是不断地取指令和执行指令的过程。

假定程序已由输入设备存放到内存中。当计算机要从停机状态进入运行状态时,首先应把第一条指令所在的地址赋给程序计数器(PC),然后计算机就进入取指阶段。在取指阶段,CPU 从内存中读出的内容必为指令,于是,数据寄存器(DR)便把它送至指令寄存器(IR);然后由指令译码器译码,控制器就发出相应的控制信号,CPU 便知道该条指令要执行什么操作。在取指阶段结束后,计算机就进入执指阶段,这时,CPU 执行指令所规定的具体操作。当一条指令执行完毕以后,就转入了下一条指令的取指阶段。这样周而复始地循环,一直进行到程序中遇到暂停指令时方才结束。

取指阶段都是由一系列相同的操作组成的,所以,取指阶段的时间总是相同的,它称为公操作。而执指阶段将由不同的事件顺序组成,它取决于被执行指令的类型,因此,执指阶段的时间从一条指令到下一条指令变化相当大。

要着重理解指令的通用格式。指令通常包括操作码(operation code)和操作数(operand)两部分。操作码表示计算机执行什么具体操作,而操作数表示参加操作的数本身或操作数所在的地址(也称地址码)。因此,在执行一条指令时,就可能要处理不等字节数目的代码信息,包括操作码、操作数或操作数的地址。

1.6 计算机的运算基础

计算机的所有算术运算与逻辑运算都是以二进制为基础的,其他常用的八进制和十六进制以及其他编码都是以二进制为基础进行转换获得的。

1.6.1 二进制数的运算

1. 二进制数的算术运算

一种数制可进行两种基本的算术运算:加法和减法。利用加法和减法就可以进行乘法、除法以及其他数值运算。

1) 二进制加法

二进制加法的运算规则是:0+0=0;0+1=1;1+1=0,进位 1;1+1+1=1,进位 1。

两个二进制数相加时,每 1 列有 3 个数,即相加的两个数以及低位的进位,用二进制的加法规则相加后得到本位的和以及向高位的进位。

两个 8 位二进制数相加后,第 9 位出现的一个 1 代表"进位"位。

2) 二进制减法

二进制减法的运算规则是:0−0=0;1−1=0;1−0=1;0−1=1,借位 1。

和二进制加法一样,微机一般以 8 位数进行减法。若被减数、减数或差值中的有效位不足于 8,应在有效位的前面补充若干零位以保持 8 位数。

3) 二进制乘法

乘法是将被乘数本身多次相加,而相加的次数为乘数所规定的次数的一种简便方法。二进制乘法的运算规则是:$0×0=0;0×1=0;1×0=0;1×1=1$。

在计算机中,乘法运算是用移位和相加的操作来实现的。乘法的具体运算过程可以用被乘数左移加部分积的方法实现,也可以用部分积右移加被乘数的方法实现。但是,当两个 n 位数相乘时,用前一种方法的乘积为 $2n$ 位,在运算过程中,这 $2n$ 位都有可能进行相加的操作,所以,需要 $2n$ 个加法器。而用后一种方法时,却只有 n 位进行相加的操作,所以只需要 n 个加法器。显然,应当采用部分积右移加被乘数的运算方法做乘法。

4) 二进制除法

除法是乘法的逆运算。二进制除法与十进制除法类似,不过,由于基数是 2,所以它更简单。

运用长除时,运算可归纳为两个步骤:第 1 步,将余数(被除数)左移;第 2 步,判断余数是否大于除数,若余数大于除数,则商上 1,且余数-除数=新余数;若余数小于除数,则商上 0,且余数=新余数。重复上述规律,每次进行移位、比较、上商,对应 n 位被除数,则重复进行 n 次运算。于是,在微机中将除法转换为减法和移位运算。

2. 二进制数的逻辑运算

在微机中,以 0 或 1 两种取值表示的变量称为逻辑变量,逻辑变量之间的运算称为逻辑运算。

逻辑运算包括 3 种基本运算:逻辑加法("或"运算)、逻辑乘法("与"运算)和逻辑否定("非"运算)。

由这 3 种基本运算可以导出其他逻辑运算,如"异或"运算、"同或"运算以及"与或非"运算等。

1) 与运算

与运算通常用符号 × 或 · 或 ∧ 表示,其运算规则如下。

$$0×1=0 \quad 或 \quad 0·1=0 \quad 或 \quad 0∧1=0$$
$$1×0=0 \quad 或 \quad 1·0=0 \quad 或 \quad 1∧0=0$$
$$1×1=1 \quad 或 \quad 1·1=1 \quad 或 \quad 1∧1=1$$

可见,与运算表示只有参加运算的逻辑变量都取值为 1 时,其与运算结果才等于 1。

2) 或运算

或运算通常用符号 + 或 ∨ 表示,其运算规则如下。

$$0+0=0 \quad 或 \quad 0∨0=0$$
$$0+1=1 \quad 或 \quad 0∨1=1$$
$$1+0=1 \quad 或 \quad 1∨0=1$$
$$1+1=1 \quad 或 \quad 1∨1=1$$

在给定的逻辑变量中,只要有一个为 1,或运算的结果就为 1;只有都为 0 时,或运算的结果才为 0。

3) 非运算

非运算又称逻辑否定,表达形式为在逻辑变量上方加一横线,其运算规则为:$\overline{0}=1$;$\overline{1}=0$。

4) 异或运算

异或运算通常用符号 ⊕ 表示,其运算规则为:0⊕0=0;0⊕1=1;1⊕0=1;1⊕1=0。

在给定的两个逻辑变量中,相同者其异或结果为0;相异者其异或结果为1。

注意:当两个多位逻辑变量之间进行逻辑运算时,只在对应位之间按逻辑运算规则进行运算,而不同位之间不发生任何关系,没有算术运算中的进位或借位关系。

1.6.2 数制转换综合表示法

在主教材的数制转换综合表示法(见主教材图 1.18)中,简要说明各种进位计数之间的转换关系,左边是 3 种非十进制数制(包括二进制、八进制和十六进制)及其转换示意,它们共同以 b 为基数来表示。它们之间的相互转换以二进制为中心,即二进制可以分别和八进制或十六进制相互转换,而八进制和十六进制之间的转换则要首先转换成二进制,然后再经由二进制进行转换。图表的右边,是表示 b(基数)进制和十进制之间的相互转换,如果由任一种非十进制转换为十进制,则按位权展开式直接转换。这时,数 N 按位权展开的一般通式为:

$$N = \pm \sum_{i=n-1}^{-m}(k_i \times b^i)$$

式中,k_i 为第 i 位的数码,b 为基数,b^i 为第 i 位的权,n 为整数的总位数,m 为小数的总位数。

如果由十进制转换为 b 进制,则整数部分采用"除以 b 取余"法,而小数部分采用"乘以 b 取整"法。

1.6.3 二进制编码

由于计算机只能识别二进制数,因此,输入的信息,如数字、字母、符号以及声音与图像等信息,都要转换成特定的二进制码来表示,这就是二进制编码(代码)。它与一般的无符号二进制数即纯二进制代码是有区别的。

1. 二进制编码的十进制(二-十进制或 BCD 码)

在计算机中的十进制数是用二进制编码表示的,较常用的是 8421BCD 编码。

8421BCD 码有 10 个不同的数字符号,由于它是逢"十"进位的,所以,它是十进制;同时,它的每一位是用 4 位二进制编码表示的,因此,称为二进制编码的十进制,即二-十进制码或 BCD(binary coded decimal)码。

注意:4 位码仅有 10 个数有效,表示十进制数 10~15 的 4 位二进制数在 BCD 数制中是无效的。

要用 BCD 码表示十进制数,只要把每个十进制数用适当的二进制 4 位码代替即可。

例如,十进制整数 256 用 BCD 码表示,则为(0010 0101 0110)BCD。每位十进制数用 4 位 8421 码表示时,为了避免 BCD 格式与纯二进制码混淆,必须在每 4 位之间留一空格。这种表示法也适用于十进制小数。例如,十进制小数 0.764 可用 BCD 码表示为(0.0111 0110 0100)BCD。

注意:用二进制 4 位可以表示 $2^4=16$ 种不同状态的数,即 0~15 个十进制数;而 BCD 数制,只有 0~9 这 10 个状态是有效的,而 10~15 这 6 个状态被浪费了。另外,二进制与 BCD 码之间的转换不能直接实现,而必须先转换为十进制。

8421BCD 码在计算机中的最小存储单元一般为 1 字节(byte,8 位二进制数)。BCD 码在存储器单元中有两种存储形式:压缩 BCD 码和非压缩 BCD 码。在 1 字节的存储单元中,可以存放两个压缩 BCD 码,但只能存放一个非压缩 BCD 码。

BCD 码的运算应符合十进制数的运算规则,但由于计算机是按照二进制数运算规则进行计算的,所以,有时需要做适当的调整。例如,做 BCD 码加法时,当两个一位的 BCD 数相加本位超过 9 或本位虽未超过 9 却发生了进位,这时就需要在本位上做加 6 调整。

2. 字母与字符的编码

在微机、通信设备和仪器仪表中广泛使用的是 ASCII(American Standard Code for Information Interchange)码——美国标准信息交换码。7 位 ASCII 代码能表示 $2^7=128$ 种不同的字符,其中包括数码(0~9)、英文大小写字母、标点和控制的附加字符。

7 位 ASCII 码的格式是由左 3 位一组和右 4 位一组组成的。要注意这些组在 ASCII 码表的行、列中的排列,都是按 4 位一组表示行,3 位一组表示列。

1.6.4 数的定点与浮点表示

在计算机中,用二进制表示一个带小数点的数有两种方法,即定点表示和浮点表示。定点表示与浮点表示的区别是以小数点在数中的位置是固定或浮动来划分的。

1. 定点表示

通常,对于任意一个二进制数总可以表示为纯小数或纯整数与一个 2 的整数次幂的乘积。例如,二进制数 N 可写成

$$N = 2^P \times S$$

式中,S 为数 N 的尾数,P 为数 N 的阶码,2 为阶码的底。尾数 S 表示了数 N 的全部有效数字,阶码 P 确定了小数点位置。注意,此处 P、S 都是用二进制表示的数。

当阶码为固定值时,称这种方法为数的定点表示法。这种阶码为固定值的数称为定点数。

如假定 $P=0$,且尾数 S 为纯小数时,这时定点数只能表示小数。

符号	尾数.S

如假定 $P=0$,且尾数 S 为纯整数时,这时定点数只能表示整数。

符号	尾数 S.

在计算机中,数的正负也是用 0 或 1 来表示的,0 表示正,1 表示负。定点数表示方法为:假设一个单元可以存放一个 8 位二进制数,其中最左边第 1 位留作表示符号,称为符号位,其余 7 位,可用来表示尾数。

具有 n 位尾数的定点机所能表示的最大正数为 $1-2^{-n}$。其绝对值比 $1-2^{-n}$ 大的数,已超出计算机所能表示的最大范围,则产生所谓的"溢出"错误,使计算机转入"溢出"错误处理。

具有 n 位尾数的定点机所能表示的最小正数为 2^{-n},计算机中小于此数的即为 0(机器零)。

因此,n 位尾数的定点机所能表示的数 N 的范围为:

$$2^{-n} \leqslant |N| \leqslant 1-2^{-n}$$

2. 浮点表示

如果数 N 的阶码可以取不同的数值,称这种表示方法为数的浮点表示法。这种阶码可以浮动的数,称为浮点数。这时,有

$$N = 2^P \times S$$

式中,阶码 P 用二进制整数表示,可为正数和负数。用一位二进制数 P_f 表示阶码的符号位,当 $P_f=0$ 时,表示阶码为正;当 $P_f=1$ 时,表示阶码为负。尾数 S,用 S_f 表示尾数的符号,$S_f=0$ 表示尾数为正;$S_f=1$ 表示尾数为负。浮点数在计算机中的表示形式如下。

浮点表示与定点表示比较,只多了一个阶码部分。若具有 m 位阶码,n 位尾数,其数 N 的表示范围为:

$$2^{-(2m-1)} \cdot 2^{-n} \leqslant |N| \leqslant 2^{+(2m-1)} \cdot (1-2^{-n})$$

式中,$2^{\pm(2m-1)}$ 为阶码,$2^{+(2m-1)}$ 为阶码的最大值,而 $2^{-(2m-1)}$ 为阶码的最小值。

为了使计算机运算过程中不丢失有效数字,提高运算的精度,一般都采用二进制浮点规格化数。所谓浮点规格化,是指尾数 S 绝对值小于 1 而大于或等于 1/2,即小数点后面的一位必须是 1。

1.6.5 带符号数的表示法

1. 机器数与真值

在计算机中的二进制数有无符号数与有符号数之分。对于带符号的二进制数,在计算机中,为了区别正数或负数,是将数学上的 + 和 − 符号数字化,规定一个字节中的 D_7 位为符号位,$D_0 \sim D_6$ 位为数字位。在符号位中,用 0 表示正,1 表示负,而数字位表示该数的数值部分。也就是说,一个数的数值和符号全都数码化了。把一个数(包括符号位)在机器中的一组二进制数表示形式,称为"机器数",而把它所对应的实际值(包括符号)称为机器数的"真值"。

2. 机器数的种类和表示方法

在机器中表示带符号的数有 3 种表示方法:原码、反码和补码。为了运算带符号数

的方便,在计算机中实际上使用的都是补码,而引出原码与反码只是为了通过避免做减法的加法器来生成补码。

1) 原码

原码表示方法:符号位用 0 表示正,用 1 表示负;其余数字位表示数值本身,此机器数的数值部分为真值的绝对值。

8 位二进制原码可表示的数的范围为 $-127 \sim +127$。16 位二进制数的原码所能表示的有符号数的范围为 $-32\,767 \sim +32\,767$。n 位原码可表示的数的范围为 $-(2^{n-1}-1) \sim +(2^{n-1}-1)$。

原码表示简单易懂,而且与真值的转换很方便,但采用原码表示在计算机中进行加减运算时很麻烦。所以,目前都采用简便的补码运算,并因此引入了反码与补码表示。

2) 反码

正数的反码表示与其原码相同,其符号位用 0 表示正,数值部分为真值的绝对值。负数的反码其符号位用 1 表示负,数值部分为真值绝对值按位取反。

当一个带符号数用反码表示时,最高位为符号位。若符号位为 0(即正数)时,后面的 7 位为数值部分;若符号位为 1(即负数)时,一定要注意后面 7 位表示的并不是此负数的数值,而必须把它们按位取反以后,才得到表示这 7 位的二进制数值。

8 位二进制反码所能表示的数值范围为 $-127 \sim +127$。16 位二进制数的反码所能表示的有符号数的范围为 $-32\,767 \sim +32\,767$。n 位反码可表示的数的范围为 $-(2^{n-1}-1) \sim +(2^{n-1}-1)$。

3) 补码

补码是一个重要的概念。微机中都是采用补码表示法,因为用补码法以后,同一加法电路既可以用于有符号数相加,也可以用于无符号数相加,而且减法可用加法来代替,从而使运算逻辑大为简化,速度提高,成本降低。

补码表示方法:正数的补码与其原码相同,即符号位用 0 表示正,数值部分为真值的绝对值。负数的补码表示为它的反码加 1(即在其最低位加 1)。

注意,一般 $[X]_{补}$ 表示真值 X 的补码。

8 位二进制数补码有如下特点。

(1) $[+0]_{补} = [-0]_{补} = 00000000$。

(2) 8 位二进制数补码所能表示的数值为 $-128 \sim +127$。

(3) 当一个带符号数用 8 位二进制补码表示时,最高位为符号位。若符号位为 0(即正数)时,其余 7 位即为此数的数值本身;但当符号位为 1(即负数)时,一定要注意其余 7 位不是此数的数值,而必须将它们按位取反,且最低位加 1,才得到它的数值。

16 位二进制数的补码所能表示的有符号数的范围为 $-32\,768 \sim +32\,767$。n 位补码可表示的有符号数的范围为 $-2^{n-1} \sim +(2^{n-1}-1)$。

1.6.6 补码的加减法运算

在微型计算机中,凡是带符号数一律用补码表示,而且,运算的结果自然也是补码。

补码的加减运算是带符号数加减法运算的一种。其运算特点是：符号位与数字位一起参加运算，并且自动获得结果（包括符号位与数字位）；由于计算机字长有限，对 n 位计算机是以 2^n 为模进行加法，最高位若产生进位，则自然丢失。

进行加法时，按两数补码的和等于两数和的补码进行。即
$$[X]_{补} + [Y]_{补} = [X+Y]_{补}$$
进行减法时，按两数补码的差等于两数差的补码进行。即
$$[X]_{补} - [Y]_{补} = [X]_{补} + [-Y]_{补} = [X-Y]_{补}$$
补码的减法运算，可以归纳为：先求 $[X]_{补}$，再求 $[-Y]_{补}$，然后进行补码的加法运算，其具体运算过程与补码加法运算过程一样。

1.6.7 溢出及其判断方法

1. 何谓溢出

所谓溢出，是指带符号数在进行补码运算时，其运算结果超出了补码所能表示的最大范围。例如，字长为 n 位的带符号数，若用最高位表示符号，其余 $n-1$ 位用来表示数值，则它所能表示的补码运算范围为 $-2^{n-1} \sim +2^{n-1}-1$。如果运算结果超出此范围，就称为补码溢出，简称溢出。在溢出时，将造成运算错误。计算机的 CPU 会对其进行溢出中断处理。

例如，在字长为 8 位的二进制数用补码表示时，其范围为 $-2^{8-1} \sim +2^{8-1}-1$（即 $-128 \sim +127$）。如果运算结果超出此范围，就会产生溢出。

若两正 8 位二进制数相加，其补码运算结果为负数，则产生溢出（称为正溢出）。其原因是和数大于 $+127$，即超出了 8 位正数所能表示的最大值，使数值部分占据了符号位的位置，产生了溢出错误。

若两负 8 位二进制数相加，其结果为正数，则产生溢出错误（称为负溢出）。其原因是和数小于 -128，即超出了 8 位负数所能表示的最小值，也产生了溢出错误。

注意：两个符号不同的数相加，是不会产生溢出的。

2. 判断溢出的方法

判断溢出的方法较多，例如根据参加运算的两个数的符号及运算结果的符号不同可以判断溢出。此外，利用双进位的状态也是常用的一种判断方法，即利用
$$V = D_{7c} \oplus D_{6c}$$
判别式来判断。当 D_{7c} 与 D_{6c} "异或"结果为 1，即 $V=1$，表示有溢出；当 D_{7c} 与 D_{6c} "异或"结果为 0，即 $V=0$，表示无溢出。

3. 溢出与进位

进位是指运算结果的最高位向更高位的进位。如有进位，则 $C_y = 1$；无进位，则 $C_y = 0$。当 $C_y = 1$，即 $D_{7c} = 1$ 时，若 $D_{6c} = 1$，则 $V = D_{7c} \oplus D_{6c} = 1 \oplus 1 = 0$，表示无溢出；若 $D_{6c} = 0$，则 $V = 1 \oplus 0 = 1$，表示有溢出。当 $C_y = 0$，即 $D_{7c} = 0$ 时，若 $D_{6c} = 1$，则 $V = 0 \oplus 1 = 1$，表示有溢出；若 $D_{6c} = 0$，则 $V = 0 \oplus 0 = 0$，表示无溢出。可见，进位与溢出是两个不同性质的概念，不

能混淆。

在微型计算机中,为避免产生溢出错误,可用多字节表示更大的数。

对于字长为 16 位的二进制数用补码表示时,其范围为 $-32\,768\sim+32\,767$。判断溢出的双进位式为:

$$V = D_{15C} \oplus D_{14C}$$

本 章 小 结

学习本章时,要始终围绕微型计算机系统的整体结构、工作原理以及运算方法 3 个基本方面反复思考与融会贯通,方能掌握计算机的最基础的共性知识。

微型计算机从其诞生以来就采用了总线结构。CPU 通过总线实现读取指令,并实现与内存、外设之间的数据交换。先进的总线技术对于解决系统整体速度"瓶颈"效应、提高整个微机系统的性能有着十分重要的影响。

作为微型计算机的核心部件的微处理器,它是一个非常复杂的可编程芯片。用简化的微处理器结构模型分析微处理器的结构特点和工作原理是一种"化繁为简"的科学方法。一个简单的微处理器主要由运算器、控制器和内部寄存器阵列 3 个基本部分组成。在后续的高档微处理器中,主要是扩充了寄存器的结构与数量以及对存储器的管理部件。

存储器的读写操作是微型计算机的一个最基本的操作。描述 CPU 访问存储器或寻址存储器都是指 CPU 对存储器的读写操作。

"存储程序"和"控制程序"是冯·诺依曼数字计算机工作原理的核心思想。微型计算机的工作过程在本质上就是执行程序的过程,也就是不断地取指令和执行指令的过程。在模型机中,描述的是一种简单的串行工作方式;而在高档微型计算机中,描述的则是一种并行操作的流水线工作方式。

计算机的运算基础应包括 3 方面的基本知识:各种数制之间相互转换的综合表示法、常见的二进制编码以及有关补码表示法与补码溢出。其中,补码溢出是一个难点。要注意"溢出"和"进位"是两个完全不同的概念。

判断溢出的方法较多,如根据参加运算的两个数的符号及运算结果的符号可以判断溢出;此外,利用双进位的状态也是常用的一种判断方法。

最后需要指出,本章所介绍的基本内容是各种计算机所共有的一些基础知识,务必深入理解,融会贯通。

第 2 章 微处理器系统结构与技术

【学习目标】

微处理器是微型计算机的核心部件。本章通过学习 Intel 系列微处理器,掌握微处理器的技术概念、技术创新及其实现手段。

为了充分理解微处理器的工作原理和技术特征及其同存储器之间的信息交换关系。首先,详细解析具有典型基础意义的 8086/8088 微处理器及其存储器与 I/O 组织;然后,采取"化繁为简""渐进细化"的模式和方法,深入浅出地剖析 Intel 80x86(简称 x86)系列及 Pentium 微处理器的基本概念与关键技术。

嵌入式计算机系统作为计算机的一种重要应用方式正在普及应用。了解嵌入式系统的发展趋势和自行设计的重要性,对于发展我国自主的计算机应用系统有着非常重要而现实的意义。

【学习要求】

- ◆ 8086/8088 CPU 的内部组成结构是 Intel 80x86 系列微处理器体系结构的基础。对 8086/8088 的寄存器结构与总线周期等应透彻理解和熟练掌握。
- ◆ 存储器的组织是重要的基础知识,对存储器的分段设计这一关键技术应有透彻的理解。
- ◆ 掌握物理地址和逻辑地址的关系及其变换原理,是理解存储器管理机制的关键。
- ◆ 掌握"段加偏移"是理解存储器寻址机制的重要的技术概念。"段加偏移"寻址机制允许重定位。
- ◆ 理解堆栈的作用以及操作原理与特点。
- ◆ 了解 Intel 系列高档微处理器的技术发展方向和关键技术,着重理解 80386 的段、页式管理,80486 的技术更新和 5 级流水线技术思想。
- ◆ 了解 Pentium 微处理器的体系结构特点。
- ◆ 熟悉 CPU 的主要性能指标。
- ◆ 了解嵌入式系统的发展趋势。

2.1 CISC 与 RISC 技术

CISC(complex instruction set computing,复杂指令集计算机)和 RISC(reduced instruction set computing,精简指令集计算机)是现代微处理器的两大基本架构。

在 PC 领域普遍应用的 Intel x86 体系结构,代表了 CISC 技术成果的结晶与设计典范;而在各种类型的嵌入式系统中广泛应用的 ARM 体系结构,则是基于 RISC 技术的功能强大、设计卓越的系列之一。从当前技术应用的角度来看,CISC 专注于桌面、高性能和民用市场;RISC 专注于高能耗比、小体积和移动设备领域。

2.1.1 CISC 与 RISC 简介

在计算机指令系统的优化发展过程中,出现过两个截然不同的优化方向:CISC 技术和 RISC 技术。这里的计算机指令系统指的是计算机最低层的机器指令,也就是 CPU 能够直接识别的指令。

随着计算机系统逐渐复杂,要求计算机指令系统的构造能使计算机的整体性能更快、更稳定。一种优化方法是通过设置一些功能复杂的指令,把一些原来由软件实现的、常用的功能改用硬件的指令系统来实现,以此提高计算机的执行速度,这种计算机系统称为复杂指令系统计算机。另一种优化方法是在 20 世纪 80 年代才发展起来的,其基本思想是尽量简化计算机指令功能,只保留那些功能简单、能在一个时钟节拍内执行完成的指令,而把较复杂的功能用一段子程序来实现,这种计算机系统称为精简指令系统计算机。RISC 技术的精华就是通过简化计算机指令功能,使指令的平均执行周期减少,从而提高计算机的工作主频,同时大量使用通用寄存器来提高子程序执行的速度。

RISC 和 CISC 是设计制造微处理器的两种典型技术,它们都是试图在体系结构、操作运行、软件硬件、编译时间和运行时间等诸多因素中做出某种平衡,以求达到高效的目的。两种技术因采用的方法不同,在很多方面差异也较大。

2.1.2 CISC 与 RISC 技术的交替发展与融合

CISC 处理器的性能在发展之初比同期的 RISC 处理器性能要好一些,但不久之后,由于 RISC 技术在发展中显示的优势日益明显,Intel 公司选择了兼容 RISC 技术的设计理念。

CISC 处理器在其持续发展中,不断借鉴并逐渐融入 RISC 技术。在 Intel x86 系列的 80286 和 80386 等产品中,开始依次引入 RISC 技术,而此后所推出的 80486、Pentium 与 Pentium Pro(P6)等微处理器,则更加重了 RISC 化的趋势。到了 Pentium Ⅱ、Pentium Ⅲ以后,虽然仍属于 CISC 的结构范围,但它们的内核已采用了 RISC 结构。这是计算机系统架构的一次深刻变革。

在当今移动互联时代,为应对市场竞争,Intel公司力求持续促进计算技术的全面革新,为用户带来更多轻薄、便携、可变形的移动计算设备,以强大的计算能力开启个性化体验的新时代。

面对移动互联应用的发展趋势,Intel公司正在与越来越多的软件开发商合作,开发更具创新性的、面向Intel x86架构的、支持触控和重力感应等特性的应用程序。它与包括一体机、笔记本电脑、平板电脑、超级本、智能手机和嵌入式系统在内的为数众多的智能终端,共同构建涉及人们生活各个方面的智能计算系统,显著提升人们的生活体验。

随着Intel计算技术的不断提高,卓越的性能和迅捷的响应速度将会成就更多精彩的感知计算体验,持续推动整个PC行业的创新与发展。

2.1.3　ARM引领的移动计算时代

ARM架构曾被称为高级精简指令集机器(advanced RISC machine),它是一个32位精简指令集处理器架构,广泛地用在嵌入式系统设计中。由于节能,ARM处理器非常适用于移动通信领域,符合其主要设计目标为低成本、高性能、低耗电的特性。

20世纪80年代末,Apple和Acorn公司合作开发新版ARM核心。首版的样品于1991年发布。整个ARM所引领的移动计算时代真正开始于Apple公司的iPhone发布,2007年的iPhone发布及上市,真正为用户带来了移动计算大潮。在Apple、Android系统的辅助下,ARM建立了一个成功的生态圈,从应用、内容、硬件到用户,整个市场在这个生态圈的辅助下高速增长。

到2009年,ARM架构处理器占据所有32位嵌入式RISC处理器市场90%的份额,使它成为占全世界最多数的32位架构之一。ARM处理器已应用在许多消费性电子产品中,包括便携式设备(PDA、移动电话、多媒体播放器和平板电脑),甚至在导弹的弹载计算机等军用设施中都有它的存在。

2011年Microsoft公司宣布,下一版Windows将正式支持ARM处理器。这是计算机工业发展历史上的一件大事,标志着x86处理器的主导地位发生了动摇。在2012年,Microsoft公司利用ARM生产了新的Surface平板电脑。AMD公司也于2014年开始生产基于ARM核心的64位服务器芯片。

随着移动互联网的发展,Apple公司iPhone和iPad的诞生,智能手机和平板电脑的大量涌现,这些成果都证明了ARM的核心技术是移动计算的主流技术。

2.1.4　x86与ARM发展中的市场新格局

x86处理器占据了超过90%的个人计算机的市场,以ARM为代表的RISC产品则同样占据了超过90%的移动计算的市场。从现有的发展态势看,ARM将会给PC市场甚至主机市场带来新的冲击。市场格局不断变化,ARM正在走进"主战场"。

ARM的发展越来越快,GPU性能已越来越强大。ARM在未来对x86的冲击比较明显。从低端市场开始,ARM已经在逐渐地增加上网本等类似设备的市场份额。随着

ARM 性能的不断提升,需要 ARM 的市场还有很多,如小型服务器市场、面向特殊用户的多媒体设备、大型服务器甚至超级计算机,都是 ARM 争夺的对象。

目前的工艺快要触碰到晶体管制造的下一个物理极限了。Intel 公司有强大的工艺作支撑,可以依靠工艺来应对 ARM 的挑战。同时,随着 ARM 的发展,晶体管数量越来越多,性能越来越强,加上 ARM 缺少统一的制造技术和完整制造工厂支持,它也面临着功耗与制造工艺等新问题。因此,ARM 和 x86 两大体系结构与产品之间的竞争还将持续。

从 CPU 的发展来看,无论是 x86 还是 ARM,无论是 CISC 还是 RISC,除了努力提升产品性能优势外,还应积极吸取对方产品的特色,取长补短。可以预计,未来的 CPU 将会朝着高性能、低功耗的方向发展;而移动计算将迅猛发展,x86 和 ARM 的竞争与技术共享,将共同推进高性能和低功耗技术的进程,并打造未来云端智能世界的新时代。

2.2 8086/8088 微处理器

8086 是 Intel 系列的 16 位微处理器。它有 16 根数据线,20 根地址线。8088 是准 16 位微处理器。8088 的内部寄存器、运算器以及内部数据总线都是 16 位,只是其外部数据总线为 8 位。

2.2.1 8086/8088 CPU 的内部功能结构

8086/8088 CPU 的内部功能结构可分为两个独立的部分:总线接口单元(bus interface unit,BIU)和执行单元(execution unit,EU)。

BIU 的功能是根据执行单元的请求负责完成 CPU 与存储器或 I/O 端口之间的信息传送,即负责从内存预取指令送到指令队列缓冲器;在 CPU 执行指令时,BIU 要配合执行单元 EU 对指定的内存单元或者 I/O 端口存取数据。

EU 的功能只是负责执行指令,执行的指令从 BIU 的指令队列缓冲器中取得,执行指令的结果或执行指令所需要的数据,都由 EU 向 BIU 发出请求,再由 BIU 对存储器或 I/O 端口进行存取。

BIU 和 EU 是相互配合工作的,其操作原则如下。

(1) 取指令时,每当指令队列缓冲器中存满一条指令后,EU 就立即开始执行。

(2) 指令队列缓冲器中只要空出 2 字节(对 8086)或者空出 1 字节(对 8088)时,BIU 就会自动执行取指令操作,直到填满指令队列缓冲器为止。

(3) 在 EU 执行指令的过程中,如指令需要对存储器或 I/O 端口存取数据时,则 BIU 会在执行完现行取指令周期后的下一个存储器周期,对指定的内存单元或 I/O 端口进行存取操作,交换的数据经 BIU 由 EU 进行处理。

(4) 当 EU 执行完转移、调用和返回指令时,则要清除指令队列缓冲器中按原序列存放的指令,并要求 BIU 从新的地址重新开始取指令,新取的第一条指令将直接经指令队列送到 EU 去执行,随后取来的指令将填入指令队列缓冲器。

由于 BIU 与 EU 分开并独立工作,所以,CPU 的指令预取与指令执行是并行重叠操作的。这是流水线操作设计思想的最初成功范例,它被广泛地用于后来各种高档 CPU 的设计中。

2.2.2　8086/8088 的编程结构

CPU 的编程结构就是指它的程序设计模型。8086/8088 的编程结构共包括 14 个 16 位寄存器。这些寄存器按功能可分为 3 类:通用寄存器、段寄存器和控制寄存器。

1. 通用寄存器

8086/8088 的通用寄存器分为两组:数据寄存器以及地址指针寄存器和变址寄存器。

1) 数据寄存器

EU 中有 4 个 16 位数据寄存器 AX、BX、CX 和 DX。每个数据寄存器分为高字节 H 和低字节 L,它们均可作为 8 位数据寄存器独立寻址,独立使用。在多数情况下,这些数据寄存器是用在算术运算或逻辑运算指令中,用来进行算术逻辑运算。在有些指令中,它们则有特定的用途。

2) 地址指针寄存器和变址寄存器

地址指针寄存器是指堆栈指针寄存器(SP)和堆栈基址指针寄存器(BP),简称为 P 组。变址寄存器是指源变址寄存器(SI)和目的变址寄存器(DI),简称为 I 组。它们都是 16 位寄存器,一般用来存放地址的偏移量,简称偏移。

指针寄存器 SP 和 BP 都用来指示存取位于当前堆栈段中的数据所在的地址,但 SP 和 BP 在使用上有区别。入栈(PUSH)和出栈(POP)指令是由 SP 给出栈顶的偏移地址,故 SP 称为堆栈指针寄存器,简称堆栈指针。而 BP 则是存放位于堆栈段中一个数据区基地址的偏移地址,故称为堆栈基址指针寄存器,简称基址指针。两者意思不同,不可混淆。

2. 段寄存器

段寄存器是为实现"段加偏移"寻址机制而设置的,熟练应用非常重要。

8086/8088 CPU 内设置了 4 个 16 位段寄存器,用这些段寄存器的内容作为 16 位的段地址,再由段寄存器左移 4 位形成 20 位的段起始地址,这样,就有可能寻址 1MB 存储空间并将其分成为若干逻辑段,使每个逻辑段的长度为 64KB(它由 16 位的偏移地址限定)。要着重指出,这些逻辑段可以通过修改段寄存器的内容被任意设置在整个 1MB 存储空间上下浮动;逻辑段在存储器中定位以前,还不是可以真正寻址的实际内存地址,所以,通常人们将未定位之前在程序中出现的地址称为逻辑地址。这个概念对于"重定位"十分有用。8086/8088 的指令能直接访问这 4 个段寄存器。其中,代码段寄存器(CS)用来存放程序当前使用的代码段的段地址,CPU 执行的指令将从代码段取得;堆栈段寄存器(SS)用来存放程序当前所使用的堆栈段的段地址,堆栈操作的数据就在这个段中;数据段寄存器(DS)用来存放程序当前使用的数据段的段地址,一般程序所用的数据就存放在数据段中;附加段寄存器(ES)用来存放程序当前使用的附加段的段地址,它通常也用来存放数据,但典型用法是用来存放处理以后的数据。

3. 控制寄存器

8086/8088 的控制寄存器包括 16 位指令指针寄存器(instruction pointer,IP)和16 位标志寄存器(FLAGS)。标志寄存器也称为处理器状态字(processor states word,PSW)。

IP 的功能与 8 位 CPU 中的 PC 类似。在 CPU 正常运行时,IP 中含有 BIU 要取的下一条指令(字节)的偏移地址。IP 在程序运行中能自动加 1 修正,使之指向要执行的下一条指令(字节)。

8086/8088 的 16 位 FLAGS 只用了其中的 9 位作标志位,即 6 个状态标志位和 3 个控制标志位。

状态标志位用来反映算术或逻辑运算后结果的状态,以记录 CPU 的状态特征。这 6 位是:进位标志(carry flag,CF);奇偶性标志(parity flag,PF);辅助进位标志(auxiliary carry flag,AF);零标志(zero flag,ZF);符号标志(sign flag,SF);溢出标志(overflow flag,OF)。溢出标志在有符号数进行加法或减法时可能出现。

控制标志有 3 个:方向标志(direction flag,DF);中断允许标志(interrupt enable flag,IF),它是控制可屏蔽中断的标志;跟踪(陷阱)标志(trap flag,TF)。

需要指出的是,8086/8088 所有上述标志位对 Intel 系列后续高型号微处理器的标志寄存器都是向上兼容的,只不过后者增强了某些标志位的功能或者新增加了一些标志位而已。

2.2.3 总线周期的概念

总线周期是微处理器操作时所依据的一个基准时间段,即 CPU 完成一次访问存储器或 I/O 端口操作(读写 1 字节的信息)所需要的时间,它一般被设计为由几个时钟周期构成。

通常,一个总线周期由 4 个时钟周期组成,CPU 在这 4 个时钟周期中所处的总线状态分别称为 T_1、T_2、T_3、T_4 状态。

在 T_1 状态,CPU 往多路复用总线上发送寻址的地址信息,以选中所要寻址的存储单元或外设端口的地址。

在 T_2 状态,CPU 从总线上撤销地址,并使总线的低 16 位浮置成高阻状态,为传送数据做准备。

在 T_3 状态,多路总线的高 4 位继续提供状态信息,而其低 16 位(对 8086 CPU)或低 8 位(对 8088 CPU)上将出现由 CPU 读入或写出的数据。

在 T_4 状态,CPU 采样数据总线完成本次数据读写操作,从而结束总线周期。

应当注意,如果外设或存储器的速度较慢,不能及时地跟上 CPU 时,外设或存储器就会通过 READY 信号线在 T_3 状态启动之前向 CPU 发一个"数据未准备好"信号。并且 CPU 会在 T_3 之后自动插入一个或多个等待状态 T_W,为传送数据做准备。只有在指定的存储器或外设已经准备好数据传送时,它们又通过 READY 信号线向 CPU 发出一个"准备好"信号,当 CPU 接收到这一信号后,才会自动脱离 T_W 状态而进入 T_4 状态。

此外,总线周期只用于 CPU 取指和它同存储器 I/O 端口交换数据;否则,CPU 的 BIU 将不和总线打交道,系统总线处于空闲状态,即执行空闲周期,这时,虽然 CPU 对总线进行空操作,但 CPU 内部的 EU 仍在进行操作,即 ALU 仍在进行运算,内部寄存器之间也在传送数据,只有当 CPU 与存储器或 I/O 端口之间有传送数据操作或者 BIU 进行取指操作时 CPU 才执行总线周期。

2.2.4　8086/8088 微处理器的引脚信号与功能

1. 地址/数据总线

这是分时复用的存储器或端口的地址和数据总线。传送地址时为单向的三态输出,而传送数据时可双向三态输入输出。正是利用分时复用的方法才能使 8086/8088 用 40 条引脚实现 20 位地址、16 位数据及众多的控制信号和状态信号的传输。

2. 地址/状态总线

地址/状态总线为输出、三态总线,采用分时输出,即 T_1 状态输出地址的最高 4 位,$T_2 \sim T_4$ 状态输出状态信息。当访问存储器时,T_1 状态时输出的 $A_{19} \sim A_{16}$ 送到锁存器(8282)锁存,与 $AD_{15} \sim AD_0$ 组成 20 位的地址信号;而访问 I/O 端口时,不使用这 4 条引线,$A_{19} \sim A_{16} = 0$。

3. 控制总线

1) $\overline{BHF}/S_7$

高 8 位数据总线允许/状态复用引脚,三态、输出。$\overline{BHF}$ 在总线周期的 T_1 状态时输出,S_7 在 $T_2 \sim T_4$ 时输出。在 8086 中,当 $\overline{BHF}/S_7$ 引脚上输出 $\overline{BHF}$ 信号时,表示总线高 8 位 $AD_{15} \sim AD_8$ 上的数据有效。在 8088 中,第 34 引脚不是 $\overline{BHF}/S_7$,而是被赋予另外的信号:在最小模式时,它为 $\overline{SS_0}$,和 $DT/\overline{R}$、$M/\overline{IO}$ 一起决定了 8088 当前总线周期的读写动作;在最大模式时,它恒为高电平。

2) $\overline{RD}$

读控制信号,三态、输出。当 $\overline{RD}=0$ 时,表示 CPU 将要执行一个对存储器或 I/O 端口的读操作。到底是对内存单元还是对 I/O 端口读取数据,取决于 $M/\overline{IO}$(8086)或 $\overline{M}/IO$(8088)信号。在一个读操作的总线周期中,$\overline{RD}$ 信号在 T_2、T_3、T_W 状态均为低电平,以保证 CPU 读有效。

3) READY

"准备好"信号线,输入。它实际上是由所寻址的存储器或 I/O 端口发来的响应信号,高电平有效。当 READY=1 时,表示所寻址的内存或 I/O 设备已准备就绪,马上就可进行一次数据传输。CPU 在每个总线周期的 T_3 状态开始对 READY 信号采样。如果检测到 READY 为低电平,表示存储器或 I/O 设备尚未准备就绪,则 CPU 在 T_3 状态之后自动插入一个或几个等待状态 T_W,直到 READY 变为高电平,才进入 T_4 状态,完成数据传送过程,从而结束当前总线周期。

4) $\overline{\text{TEST}}$

等待测试信号,输入。它用于多处理器系统中且只有在执行 WAIT 指令时才使用。

5) INTR

可屏蔽中断请求信号,输入,高电平有效。当 INTR＝1 时,表示外设提出了中断请求,8086/8088 在每个指令周期的最后一个 T 状态去采样此信号。若 IF＝1,则 CPU 响应中断,停止执行当前的指令序列,并转去执行中断服务程序。

6) NMI

非屏蔽中断请求信号,输入,上升沿触发。此请求不受 IF 状态的影响,也不能用软件屏蔽,只要此信号一出现,就在现行指令结束后引起中断。

7) RESET

复位信号,输入,高电平有效。通常与 8284A(时钟发生/驱动器)的复位输出端相连,8086/8088 要求复位脉冲宽度不得小于 4 个时钟周期,而初次接通电源时所引起的复位,则要求维持高电平不能小于 $50\mu s$;复位后,CPU 的主程序流程恢复到启动时的循环待命初始状态。

8) CLK

系统时钟信号,输入。通常与 8284A 时钟发生器的时钟输出端 CLK 相连。

4. 电源线和地线

电源线 V_{CC} 接入的电压为 $+5V\pm 0.5V$,有两条地线 GND,均应接地。

5. 其他控制线

这些控制线(24～31 引脚)的功能将根据系统操作的模式控制线 MN/$\overline{\text{MX}}$ 所处的状态而确定。

由上述可知,8086/8088 CPU 引脚的主要特点是:数据总线和地址总线的低 16 位 $AD_{15}\sim AD_0$ 或低 8 位 $AD_7\sim AD_0$ 采用分时复用技术。还有一些引脚也具有两种功能,这由引脚 33(MN/$\overline{\text{MX}}$)控制。当 MN/$\overline{\text{MX}}$＝1 时,8086/8088 工作于最小模式(MN),在此操作模式下,全部控制信号由 CPU 本身提供;当 MN/$\overline{\text{MX}}$＝0 时,8086/8088 工作于最大模式($\overline{\text{MX}}$)(即 24～31 引脚的功能示于括号内的信号),这时,系统的控制信号由 8288 总线控制器提供,而不是由 8086/8088 直接提供。

2.3　8086/8088 系统的工作模式

2.3.1　最小模式操作

当 MN/$\overline{\text{MX}}$ 接电源电压时,系统就工作于最小模式,即单处理器系统方式,它适合于较小规模的应用。

在最小模式下,有关引脚信号的基本含义如下。

1. $\overline{INTA}$（中断响应信号，输出）

$\overline{INTA}$（interrupt acknowledge）用于 CPU 对来自外设的中断请求做出响应。8086/8088 的 $\overline{INTA}$ 信号实际上是两个连续的负脉冲，其第 1 个负脉冲是通知外设接口，它发出的中断请求已获允许；外设接口收到第 2 个负脉冲后，就往数据总线上发送一个中断类型码。

2. ALE（地址锁存信号，输出）

ALE（address latch enable）是 8086/8088 提供给地址锁存器 8282/8283 的控制信号，高电平有效。在 T_1 状态，ALE 输出有效电平，以表示当前在地址/数据复用总线上输出的是有效地址，地址锁存器将 ALE 作为锁存信号，对地址进行锁存。

3. $\overline{DEN}$（数据允许信号）

当用 8286/8287 作为数据总线收发器时，8086 CPU 的 $\overline{DEN}$（data enable）为收发器的 OE 端提供了一个控制信号，该信号决定是否允许数据通过数据总线收发器。

4. DT/$\overline{R}$（数据收发，输出）

在使用 8286/8287 作为数据总线收发器时，CPU 的 DT/$\overline{R}$（data transmit/receive）信号用来控制 8286/8287 的数据传送方向。

5. M/$\overline{IO}$（存储器/输入输出控制信号，输出）

M/$\overline{IO}$（memory/input and output）是作为区分 CPU 当前是访问存储器还是访问输入输出的控制信号。如果为高电平，则表示 CPU 是在和存储器之间进行数据传输；如果为低电平，则表示 CPU 是在和输入输出设备之间进行数据传输。

6. $\overline{WR}$（写信号，输出）

$\overline{WR}$ 有效时，表示 CPU 当前正在执行存储器或 I/O 写操作，到底为哪种写操作，则由 M/$\overline{IO}$ 信号决定。在写周期，$\overline{WR}$ 在 T_2、T_3、T_w 期间都有效。

7. HOLD（总线保持请求信号，输入）

HOLD（hold request）是系统中其他处理部件（如 DMA 控制器）用于向 CPU 发出总线请求信号的输入引脚端。当系统中 CPU 之外的另一个处理主模块要求占用总线时，就要通过 HOLD 引脚向 CPU 发一个高电平的请求信号。

8. HLDA（总线保持响应信号，输出）

当 HLDA（hold acknowledge）为有效电平时，表示 CPU 对其他主模块的总线请求正处于响应的状态，与此同时，所有与三态门相接的 CPU 的引脚都呈现高阻抗，从而让出了总线。

2.3.2 最大模式操作

当 MN/$\overline{MX}$ 线接地时，则系统就工作于最大模式了。最大模式系统与最小模式系统的主要区别是最大模式系统外加有 8288 总线控制器,通过它对 CPU 发出的控制信号进行不同的编码组合,以得到对存储器和 I/O 端口的读写信号和对锁存器 8282 及对总线收发器 8286 的控制信号。通常,在最大模式系统中,一般包含两个或多个处理器,这样就要解决主处理器和协处理器之间的协调工作问题,以及对总线的争用共享问题,为此,在最大模式系统中加入了 8288 总线控制器,它使总线控制功能更加完善。

比较两种工作模式可以知道,在最小模式系统中,控制信号 $\overline{INTA}$、ALE、$\overline{DEN}$、$DT/\overline{R}$、$M/\overline{IO}$(或 $\overline{M}/IO$)和 $\overline{WR}$ 是直接从 CPU 第 24~29 脚送出的;而在最大模式系统中,状态信号 $\overline{S_2}$、$\overline{S_1}$、$\overline{S_0}$ 隐含了上面这些信息,使用 8288 后,系统就可以从 $\overline{S_2}$、$\overline{S_1}$、$\overline{S_0}$ 状态信息的组合中得到与这些控制信号功能相同的信息。

此外,还有几个在最大模式下使用的专用引脚,其含义简要解释如下。

1. QS_1、QS_0(指令队列状态信号,输出)

QS_1、QS_0(instruction queue status)两个信号的组合编码反映了本总线周期的前一个指令队列的状态,以便于外部逻辑监视指令队列的执行情况。

2. $\overline{LOCK}$(总线封锁信号,输出)

当 $\overline{LOCK}$(lock)为低电平时,表示 CPU 不放弃对总线的主控权,系统中其他总线主部件就不能占有总线。

3. $\overline{RQ/GT_1}$、$\overline{RQ/GT_0}$(总线请求信号输入/总线请求允许信号,输出)

在多处理器系统中,$\overline{RQ/GT_1}$ 和 $\overline{RQ/GT_0}$(request/grant)这两个信号端可供 CPU 以外的两个协处理器用来发出使用总线的请求信号和接收 CPU 对总线请求信号的回答信号。$\overline{RQ/GT_1}$ 和 $\overline{RQ/GT_0}$ 都是双向的,总线请求信号和允许信号在同一引线上传输,但方向相反。其中,$\overline{RQ/GT_0}$ 比 $\overline{RQ/GT_1}$ 的优先级要高。

在 8288 芯片上,还有几条控制信号线,如 $\overline{MRDC}$(memory read command)、$\overline{MWTC}$(memory write command)、$\overline{IORC}$(I/O read command)、$\overline{IOWC}$(I/O write command)与 $\overline{INTA}$ 等,它们分别是存储器与 I/O 的读写命令以及中断响应信号。另外,还有 $\overline{AMWC}$ 与 $\overline{AIOWC}$ 两个输出信号,它们分别表示提前的写内存命令与提前的写 I/O 命令,其功能分别和 $\overline{MWTC}$ 与 $\overline{IOWC}$ 一样,只是它们由 8288 提前一个时钟周期发出信号,这样,一些较慢的存储器和外设将得到一个额外的时钟周期去执行写入操作。

2.4 8086/8088 的存储器及 I/O 组织

2.4.1 存储器组织

这里所说的存储器组织是指在存储器的存储单元中指令和数据存放的格式以及整个存储空间的组成。

8086/8088 的 1MB 的存储空间是按字节组织的,而每字节只有唯一的地址。若存放的信息是 8 位的字节,将按顺序存放;若存放的数为 1 个字时,则将字的低位字节放在低地址中,高位字节放在高地址中;当存放的是双字形式(这种数一般作为指针),其低位字是被寻址地址的偏移量;高位字是被寻址地址所在的段地址。

此外,对存放的字,根据其低位字节是在奇数地址中还是在偶数地址中开始存放,可以分为非规则存放或规则存放两种形式,由此,又可将存放的字称为非规则字或规则字。对规则字的存取可在一个总线周期完成,非规则字的存取则需两个总线周期。

CPU 在执行程序时,指令仅要求指出对某字节或字进行访问,而对存储器访问的方式是由处理器自动识别的。

存储空间的大小是由存储体决定的。8086 的 1MB 存储空间实际上分为两个 512KB 的存储体,又称存储库,分别叫高位库和低位库,低位库与数据总线 $D_7 \sim D_0$ 相连,该库中每个地址为偶数地址,高位库与数据总线 $D_{15} \sim D_8$ 相连,该库中每个地址为奇数地址。地址总线 $A_{19} \sim A_1$ 可同时对高、低位库的存储单元寻址,A_0 或 $\overline{BHE}$ 则用于库的选择,分别接到库选择端 $\overline{SEL}$ 上。

在 8088 系统中,可直接寻址的存储空间同样也为 1MB,但其存储器的结构与 8086 有所不同,它的 1MB 存储空间同属一个单一的存储体,即存储体为 1M×8 位。它与总线之间的连接方式很简单,其 20 根地址线 $A_{19} \sim A_0$ 与 8 根数据线分别同 8088 CPU 的对应地址线与数据线相连。8088 CPU 每访问一次存储器只读写 1 字节信息,因此,在 8088 系统的存储器中不存在对准存放的概念,任何数据字都需要两次访问存储器才能完成读写操作,故在 8088 系统中,程序运行速度比在 8086 系统中要慢些。

2.4.2 存储器的分段

存储器的分段是涉及如何更有效地对存储空间进行寻址或管理的一个重要技术概念。由于 8086/8088 CPU 的指令指针(IP)和堆栈指针(SP)都是 16 位,所以能直接寻址的最大空间为 64KB。而 8086/8088 有 20 根地址线,它允许寻址 1MB 的存储空间。显然,仅仅采用 16 位的寄存器或 16 位偏移量模式,是不能完成对 1MB 存储空间的寻址的。为了能寻址 1MB 存储空间,就要对存储器实行分段管理,使每一段的最大寻址存储空间为 64KB,而 16 个段的总的寻址空间就能达到 1MB。因此,采用分段技术之后,在不改变 16 位寄存器结构的模式下利用地址加法器移位 16 位段寄存器再加 16 位偏移地址的方法,就有效地扩大了对 1MB 存储空间寻址的问题。

在 8086/8088 系统中,1MB 存储空间被分为若干逻辑段,每段的大小可以从 1 字节开始任意递增,直至最多可包含 64KB 长的连续存储单元。每个段的 20 位起始地址(即段基址)是一个能被 16 整除的数,即最后 4 位为 0。段和段之间可以是连续的、分开的、部分重叠的或完全重叠的。当然,每个存储单元的内容不允许重叠,否则会导致冲突。一个程序所用的具体存储空间可以为一个逻辑段,也可以为多个逻辑段。

由于段地址存放在段寄存器 CS、DS、SS 和 ES 中,所以,程序可以从 4 个段寄存器给出的逻辑段中存取代码和数据。如果要从存储器另外的段而不是当前可寻址的段中存取信息,则程序必须首先改变相应的段寄存器中段地址的内容,将其设置成所要存取的新段的段地址,然后才可以从当前的可寻址的段转到新段中去继续寻址。

一定要理解,段区的分配工作是由操作系统完成的,而系统允许程序员在必要时指定所需占用的内存区。

2.4.3 实际地址和逻辑地址

区分实际地址和逻辑地址的概念,对于理解 CPU 的寻址机理和汇编语言程序设计都是十分重要的。

实际地址指 CPU 在对内存进行访问时实际寻址所能直接使用的地址,对 8086/8088 来说是用 20 位二进制数或 5 位十六进制数表示的地址。通常,实际地址也称为物理地址。

逻辑地址指由程序和指令表示的一种地址,包括两部分:段地址和偏移地址。对 8086/8088 来说,段地址和偏移地址都是用无符号的 16 位二进制数或 4 位十六进制数来表示的。

对于 8086/8088 CPU 来说,由于其寄存器都是 16 位的体系结构,所以,程序中的指令不能直接使用 20 位的物理地址,而只能使用 16 位的逻辑地址。应当注意,一个实际地址可以对应多个逻辑地址。

段地址来源于 4 个段寄存器,偏移地址来源于 IP、SP、BP、SI 和 DI。寻址时到底使用哪个寄存器或寄存器的组合,BIU 将根据执行操作的种类和要取得的数据类型来确定。注意,实际上,寻址操作都是由操作系统按默认的规则由 CPU 在执行指令时自动完成的。

2.4.4 堆栈

8086/8088 系统中的堆栈是用段定义语句在存储器中定义的一个堆栈段,和其他逻辑段一样,它可在 1MB 的存储空间中浮动。系统中具有的堆栈数目不受限制,一个栈的深度最大为 64KB。

堆栈由 SS 和 SP 寻址。SS 给定堆栈段的段地址,而 SP 给定当前栈顶,即指出从栈的段基址到栈顶的偏移量。为了加快堆栈操作的速度,堆栈操作均以字为单位进行操作。

2.4.5 "段加偏移"寻址机制允许重定位

所谓重定位,是指一个完整的程序块或数据块可以在存储器所允许的空间内任意浮动,并定位到一个新的可寻址的区域。从 8086 引入分段概念后,由于段寄存器中的段地址可以由程序重新设置。因而,在偏移地址不变的情况下,就可以将整个存储器段移动到存储器的任何区域而无须改变任何偏移地址。这样,就能保持程序段和数据块的原有结构。

由于"段加偏移"的寻址机制允许程序和数据不需要做任何修改就能重定位,这就给应用带来很大方便。

2.4.6　I/O 组织

8086/8088 是用地址线的低 16 位来寻址 8 位 I/O 端口的,因此,CPU 可以访问的 8 位 I/O 端口有 $2^{16}=65\ 536$ 个。并且,I/O 端口的 64KB 寻址空间是不需要分段的。8086/8088 及其存储器与 I/O 组织是构建微机系统的基础知识。

2.5　80x86 微处理器

学习 Intel 80x86 系列微处理器的技术发展时,应把握微处理器内部功能结构的进化及其主要技术特征。其中,最重要的几个关键技术是:80286 微处理器首次引入的虚拟存储管理,80386 微处理器的存储器分段与分页管理,80486 微处理器的 5 级流水线,以及 Pentium 微处理器的双流水线等技术。所有这些技术更新都体现了微处理器结构不断细分与进化并保持兼容性与连续性的特点。只有从总体结构的进化与联系中去理解高档微处理器的技术特点,才能真正掌握复杂微处理器的精髓。

2.5.1　80286 微处理器

80286 是一个超级 16 位微处理器。与 8086/8088 微处理器比较,它在内部功能结构上的主要改进就是由原来的"一分为二"细化为"一分为四",即将原来的总线 BIU(接口单元)与 EU(执行单元)细化为由 BU(总线单元)、IU(指令单元)、AU(地址单元)、EU(执行单元)4 部分组成,并首次引入了保护模式操作和虚拟存储的重要技术概念。

80286 的存储管理机制比 8086 的简单的段式管理机制有了质的突破,它能支持实地址模式与保护模式这两种寻址模式。然而,在实模式下工作的 80286 只相当于一个快速的 8086,并没有真正发挥 80286 的原有设计功能。80286 的主要特点是在保护模式下,增强了对存储器的管理以及对地址空间的分段保护功能。

保护功能体现在 3 方面:一是数据类型检查保护,即防止将数据写入写保护区的错误操作;二是系统软件分层保护,即按划分的 4 个层次来区分各层次的系统软件与应用程序,使外层任务不能访问核心内层,低级别的程序也不能访问保护权限高的代码与数据;三是任务划分保护,即各个任务之间是相互独立的,如果要从一个任务转换到另一个任务就需要进行任务切换,任务切换是靠一些转移类指令来实现的,而在任务转换过程中,不会受到其他外部事件的干扰和影响。这就是所谓保护的基本概念。

应当指出的是,本来 80286 是按多任务特性设计的,但是,它在实际运行时却并没有很好地实现多任务处理特性,尤其是当它在实模式下运行 DOS 程序时,如果要在 DOS 程序之间进行切换就必须转换到保护模式下进行,而在转换时常常会导致

DOS程序运行失败。设计人员也曾希望通过针对硬件任务的转换编制某些专用程序来满足多任务的需要,但效果不佳,这促使设计人员很快推出了性能更加优良的80386微处理器。

2.5.2　80386微处理器

80386是第一个全32位微处理器,简称IA-32系统结构。80386在32位微处理器的技术发展过程中占有非常重要的地位,因此,无论是其内部功能结构还是存储器管理机制都有典型的解剖意义。它的数据总线和内部数据通道,包括寄存器、ALU和内部总线都是32位,能灵活处理8、16或32位3种数据类型,能提供32位的指令寻址能力和32位的外部总线接口单元。其32条地址总线,能寻址2^{32}字节(即4KMB或4GB)的物理存储空间;而在保护模式下利用虚拟存储器,将能寻址2^{46}字节(即64MMB或64TB)虚拟存储空间。80386的逻辑存储器采用分段结构,一个段最大可达4KMB。其运算速度比80286快3倍以上。

80386在结构上实现了"一分为六",即由6个单元组成:总线接口单元(bus interface unit,BIU)、指令预取单元(instruction prefetch unit,IPU)、指令译码单元(instruction decode unit,IDU)、执行单元(execution unit,EU)、段管理单元(segment unit,SU)、页管理单元(paging unit,PU)。

总线接口单元是80386和外界之间的高速接口,通过数据总线、地址总线和控制总线负责与外部联系,包括访问存储器和访问I/O端口以及完成其他的功能。

指令预取单元是一个16字节的指令预取队列寄存器。一般,指令预取队列大约可以存放5条指令。

指令译码单元对预取的指令代码译码后,送入已译码的指令队列中等待执行单元执行。指令译码单元中除了指令译码器之外,还有译码指令队列,此队列能容纳3条已经译码的指令。只要译码指令队列中还有剩余的字节空闲,译码单元就会从预取队列中取出下一条指令去译码。

执行单元主要包括32位算术逻辑运算单元(ALU),8个既可用于数据操作又可用于计算地址的32位通用寄存器组,一个64位的桶形(或多位)移位器和乘/除硬件。此外,还包括控制部件与保护测试部件。

80386具有比80286更加完善的虚拟存储机制和更大容量的虚拟存储器。所谓虚拟存储器,是指程序所占有的存储空间,其容量可多达2^{46}字节。程序员编写程序时,其程序存入磁盘里,因此可编写2^{46}字节的程序。

80386的存储器管理单元(memory management unit,MMU)由分段单元和分页单元两部分组成,它们的功能是实现存储器的段式与页式管理。在实现段、页式管理的过程中,80386就能将虚拟地址最终转换为物理地址。这种地址转换是分两个阶段完成的,先由分段单元将逻辑地址转换为线性地址,再由分页单元将线性地址转换为物理地址。

分段的作用是可以对容量可变的代码存储块或数据存储块提供模块性和保护性。

80386在运行时,可以同时执行多任务操作。对每个任务来说,可以拥有多达 $16×2^{10}$ 段(即 16384 段,此值由全局描述符表和局部描述符表中的两个 $8×2^{10}$ 个描述符项相加而定),因为每一段的最大空间可达 4GB(此值由 32 位的偏移地址值决定),所以 80386 可为每个任务提供 64TB 虚拟存储空间。

分页单元提供了对物理地址空间的管理,它的功能是把由分段单元或者由指令译码单元所产生的线性地址再换算成物理地址,并实现程序的重定位。有了物理地址后,总线接口单元就可以据此进行存储器访问和输入输出操作了。

分页单元可以将每一个段转换为多个页面,一个页面可为 1B~4KB,但在 80386 中,为了简化硬件和操作系统中的页定位计算,将每页固定为 4KB。这恰好相当于磁盘系统中一个扇区的字节数。分页的作用是便于实现虚拟存储管理,通常在内存和磁盘之间进行映射时,系统都是以页为单位把磁盘的程序和数据转存到内存中的一个相对应的地址区间的。

值得指出的是,页单元是 80386 中新增加的单元,它是 80386 的一大特点;同时,页单元又是可选择的单元,如果不使用这个单元,80386 的线性地址就是物理地址。

上述 80386 内部的 6 个单元都能各自独立操作,也能与其他单元并行工作,从而实现了高效的流水线作业。

2.5.3　80486 微处理器

80486 是第二代 32 位微处理器。其主要结构与性能特点如下。

(1) 80486 是第一个采用精减指令系统计算机(reduced instruction set computer, RISC)技术的 80x86 系列微处理器。它一方面在 80386 内部原有的 6 个功能单元基础上增加了高速缓冲单元和浮点运算单元两部分,即所谓的由"一分为六"变为"一分为八",以提高流水作业效率;另一方面,通过减少不规则的控制部分,缩短了指令的执行周期,并将有关基本指令的微代码控制改为硬件逻辑直接控制,缩短了指令的译码时间,使得微处理器的处理速度达到 12 条指令/时钟,从而有效地解决了 CPU 和存储器之间的 I/O 瓶颈问题。

(2) 80486 在 CPU 内部增设了 8KB 的高速缓存(cache),它用于对频繁访问的指令和数据实现快速的混合存放,使高速缓存系统能截取 80486 对内存的访问。

(3) 80486 芯片内包含与片外 80387 功能完全兼容且功能又有扩充的片内 80387 协处理器,称作浮点运算单元(FPU)。协处理器 80387 被设计用来协同处理器并行工作,专门用作浮点运算。

(4) 80486 采用了猝发式总线(burst bus)的总线技术,当系统取得一个地址后,与该地址相关的一组数据都可以进行输入输出,有效地提高了 CPU 与存储器之间的数据交换速度。

(5) 从程序人员的角度看,80486 与 80386 的体系结构几乎一样。80486 CPU 与 Intel 公司现已提供的 x86 系列微处理器(从 8086/8088~80386)在目标代码一级完全保持了向上的兼容性。

(6) 80486 CPU 的开发目标是实现高速化，并支持多处理器系统。因此，可以使用 N 个 80486 构成多处理器的结构。

80486 在内部结构上与 80386 基本相似，在保留了 80386 的 6 个功能单元的基础上，新增加了高速缓存单元和浮点运算单元两部分，即由"一分为六"进化为"一分为八"。其中，预取指令、指令译码、内存管理单元(MMU，即段单元和页单元)以及 ALU 单元都可以独立并行工作。

80486 采取的主要技术改进，使它实现了 5 级指令流水线操作功能。这 5 个指令执行阶段是：指令预取、指令解码 1、解码 2、执行和回写。掌握 80486 的 5 级流水线是理解后续 Pentium 系列高档微处理器的基础。

总之，80486 从功能结构设计的角度来说，已形成了 IA-32 结构微处理器的基础。在 Intel 系列的后续微处理器结构中，都汲取了 IA-32 结构微处理器的设计思想，主要是在指令的流水线、cache 的设置与容量以及指令的扩展等方面做了一些改进和发展。

2.6 Pentium 微处理器

2.6.1 Pentium 的体系结构

Pentium 简称 P5 或 80586，又称奔腾。Intel 公司在 Pentium 的设计中采用了新的体系结构。

Pentium 外部有 64 位的数据总线以及 36 位的地址总线，同时，该结构也支持 64 位的物理地址空间。Pentium 内部有两条指令流水线，即 U 流水线和 V 流水线。U、V 流水线都可以执行整数指令，但只有 U 流水线才能执行浮点指令，而在 V 流水线中只可以执行一条异常的 FXCH 浮点指令。

Pentium 有两个独立的超高速缓存，即一个指令超高速缓存和一个数据超高速缓存。数据超高速缓存中，有两个端口，分别用于 U、V 两条流水线和浮点单元保存最常用数据备份；此外，它还有一个专用的转换后援缓冲器(TLB)，用来把线性地址转换成数据超高速缓存所用的物理地址。指令超高速缓存、转移目标缓冲器(BTB)和预取缓冲器负责将原始指令送入 Pentium 的执行单元。指令取自指令超高速缓存或外部总线。转移地址由转移目标缓冲器予以记录，指令超高速缓存的 TLB 将线性地址转换成指令超高速缓存器所用的物理地址，译码部件将预取的指令译码成 Pentium 可以执行的指令。控制 ROM 含有控制实现 P5 体系结构所必须执行的运算顺序和微代码。控制 ROM 单元直接控制两条流水线。

在主教材的图 2-20 中所给出的 Pentium 内部 U、V 双流水线结构图，非常清晰且简洁地描述了其内部复杂的功能结构，应和前面学习的 80386 与 80486 的结构图结合起来对比分析，将能更深刻地理解微处理器内部功能结构的进化过程及其技术发展特征。

2.6.2　Pentium 体系结构的技术特点

1. 超标量流水线

超标量流水线(superscalar)设计是 Pentium 处理器技术的核心。它由 U、V 两条指令流水线构成。每条流水线都拥有自己的 ALU、地址生成电路和数据 cache 的接口。这种流水线结构允许 Pentium 在单个时钟周期内执行两条整数指令，比相同频率的 80486DX CPU 性能提高了一倍。

与 80486 流水线相类似，Pentium 的每一条流水线也分为 5 个步骤：指令预取、指令译码、地址生成、指令执行、回写。当一条指令完成预取步骤后，流水线就可以开始对另一条指令的操作。但与 80486 不同的是，由于 Pentium 是双流水线结构，它可以一次执行两条指令，每条流水线中执行一条。这个过程称为"指令并行"。在这种情况下，要求指令必须是简单指令，且 V 流水线总是接受 U 流水线的下一条指令。但如果两条指令同时操作产生的结果发生冲突时，则要求 Pentium 还必须借助于适用的编译工具来产生尽量不冲突的指令序列，以保证其有效使用。

2. 独立的指令 cache 和数据 cache

80486 片内有 8KB cache，而 Pentium 片内则有两个 8KB cache，一个作为指令 cache；另一个作为数据 cache，即双路 cache 结构。

TLB 的作用是将线性地址翻译成物理地址。指令 cache 和数据 cache 是对 Pentium 64 位总线的有力支持。

Pentium 的数据 cache 中有两个端口分别通向 U 和 V 两条流水线，以便能在相同时刻向两个独立工作的流水线进行数据交换。当向已被占满的数据 cache 写数据时(也只有在这种情况下)，将移走一部分当前使用频率最低的数据，并同时将其写回主存。这个技术称为 cache 回写技术。由于处理器向 cache 写数据和将 cache 释放的数据写回主存是同时进行的，所以，采用 cache 回写技术大大节省了处理时间。

指令和数据分别使用不同的 cache，使 Pentium 的指令预取和数据操作之间可以避免发生冲突，并允许这两个操作同时进行，从而大大提高了 Pentium 的并行操作性能。

3. 重新设计的浮点单元

Pentium 的浮点单元可执行 8 级流水，使每个时钟周期能完成一个浮点操作(某些情况下可以完成两个)。浮点单元流水线的前 4 个步骤与整数流水线相同，后 4 个步骤的前两步为二级浮点操作，后两步为四舍五入及写结果、出错报告。Pentium 的 CPU 对一些常用指令，如 ADD、MUL 和 LOAD 等，采用了新的算法；同时，用电路进行了固化，用硬件来实现，其速度得到明显提高。

在运行浮点密集型程序时，66MHz Pentium 运算速度是 33MHz 的 80486DX 的 5～6 倍。

4. 分支预测

由于循环操作在程序中使用很普遍，而每次在运行循环程序时对循环条件的判断都要占用大量的CPU时间,所以,有必要尽量减少重复性的循环条件判断。为此,Pentium提供了一个称为分支(或转移)目标缓冲器(branch target buffer,BTB)的小cache来动态地预测程序分支。当一条指令导致程序分支时,BTB将记忆这条指令和分支目标的地址,并用这些信息预测这条指令再次产生分支时的路径,预先从此处预取,保证流水线的指令预取步骤不会空置。

当BTB判断正确时,分支程序即刻得到解码,从循环程序来看,在进入循环和退出循环时,BTB会发生判断错误,需重新计算分支地址。若循环10次,2次错误,8次正确;若循环100次,2次错误,98次正确,因此,循环越多,BTB的效益越明显。

2.7 Pentium 系列微处理器及相关技术的发展

Pentium系列微处理器包括Pentium Pro、Pentium MMX、Pentium Ⅱ、Pentium Ⅲ以及Pentium 4等CPU产品。

2.7.1 Pentium Ⅱ 微处理器

Pentium Ⅱ微处理器是把多能奔腾的MMX技术加入高能奔腾Pentium Pro后的改进型产品,在核心结构上并没有什么变化。它采用了一种称为双独立总线(dual independent bus,DIB)结构(即二级高速缓存总线和处理器-主内存系统总线)的技术。这种结构使微机的总体性能比单总线结构的处理器提高了2倍。例如,双独立总线架构使266MHz Pentium Ⅱ处理器的L2缓存比Pentium处理器的L2缓存运行速度快2倍。随着Pentium Ⅱ处理器主频的不断提高,L2缓存的速度也会随之提升。管道式的系统总线使得Pentium Ⅱ能同时处理多重数据(取代单一顺序处理),加速了系统中的信息流,从而提升总体性能。总之,这些双独立总线架构比单总线架构的处理器在带宽处理上性能大约提高了3倍。此外,双独立总线架构还支持66MHz的系统存储总线在速度提升方面的发展。高带宽总线技术和高处理性能是Pentium Ⅱ处理器的两个重要特点。同时,它还保留了原有Pentium Pro处理器优秀的32位性能,并融合了MMX技术。近10年来,Intel公司的MMX技术提升了视频的加压和解压、图像处理、编码及I/O处理能力,所有这些,在办公套件、商用多媒体、通信和Internet中都得到了广泛的应用。由于Pentium Ⅱ增加了加速MMX指令的功能和对16位代码优化的特性,使得它能够同时处理两条MMX指令。

Pentium Ⅱ还采用了动态执行的随机推测设计技术,使其虚拟地址空间达到64TB,而物理地址空间达到64GB;其片内还集成了协处理器,并采用了超标量流水线结构。此外,还将其片内L1高速缓存从16KB加倍到32KB(16KB指令+16KB数据)。

Pentium Ⅱ处理器与主板的连接首次采用了Slot 1接口标准,以及与单边接触卡SEC底座连接的印刷电路板(PCB)的外套塑料封装,形成一个完整的CPU部件。

2.7.2　Pentium Ⅲ 微处理器

Pentium Ⅲ 微处理器仍然采用了同 Pentium Ⅱ 一样的 P6 内核,制造工艺为 $0.25\mu m$ 或 $0.18\mu m$ 的 CMOS 技术,有 950 万个晶体管,主频从 450MHz 和 500MHz 开始,最高达 850MHz 以上。

Pentium Ⅲ 处理器具有片内 32KB 非锁定一级高速缓存和 512KB 非锁定二级高速缓存,可访问 4~64GB 内存(双处理器)。它使处理器对高速缓存和主存的存取操作以及内存管理更趋合理,能有效地对大于 L2 缓存的数据进行处理。在执行视频回放和访问大型数据库时,高效率的高速缓存管理使 PentiumⅢ 避免了对 L2 高速缓存的不必要的存取。由于消除了缓冲失败,多媒体和其他对时间敏感的操作性能得以提高。对于可缓存的内容,PentiumⅢ 通过预先读取期望的数据到高速缓存里来提高速度,从而提高了高速缓存的命中率。

为了进一步提高 CPU 处理数据的功能,Pentium Ⅲ 增加了 SSE 新指令集。所谓 SSE,就是指 streaming SIMD extension(流式单指令多数据扩展)。新增加的 70 条 SSE 指令分成 3 组不同类型的指令:8 条内存连续数据流优化处理指令,50 条单指令多数据浮点运算指令,12 条新的多媒体指令。

2.7.3　Pentium 4 微处理器简介

Intel 公司最初于 2000 年 8 月推出的 Pentium 4 是 IA-32 结构微处理器的增强版,也是第一个基于 Intel NetBurst 微结构的处理器。

1. Pentium 4 简介

Pentium 4 的原始代号为 Willamette,是一个具有超级深层次管线化架构的微处理器。

早期的 Pentium 4 主要分为两个版本,2000 年 8 月,Intel 公司展示了第一台 1.4GHz 的 Pentium 4 系统,其 Pentium 4 芯片即是属于第一代版本,而第二代 Pentium 4 于 2000 年底才正式宣布。

Intel 公司于 2001 年 2 月 26 日发布了新的 Pentium 4,这款新 Pentium 4 采用较小的封装技术和 $0.13\mu m$ 的制程工艺,其代号为 Northwood,与原来的 Pentium 4 相比,虽然体积有所减小,但 CPU 的插脚数却增加为 478 针,可以满足 2GHz 的电压需求。

近几年,Pentium 4 处理器已逐渐演变成一个庞大的 Pentium 4 后系列,其 CPU 内部功能结构更加复杂,性能也显著提升。

2. Pentium 4 的主要功能部件与资源

Intel 公司为 Pentium 4 CPU 设计了多种类型的内部结构,包含影响 Pentium 4 性能的所有重要单元。Pentium 4 CPU 的内部功能结构框图参见主教材图 2-24。下面简要介绍 Pentium 4 主要功能部件,以及内部执行环境可以使用的一些主要资源。

(1) BTB：分支目标缓冲器，为分支目标缓冲区，用来存放所预测分支的所有可能生成的目标地址记录（通常为 256 或 512 条目标地址）。

(2) μOP：微操作运算码（micro-operation/operand），是 Intel 公司赋予微处理器的执行部件能直接理解和执行的指令集名称，简称微指令集。这种微指令集是一组非常简单而且处理器可以快速执行的指令集。

(3) ALU：逻辑运算单元，即整数运算单元。一般数学运算如加、减、乘、除，以及逻辑运算如 AND、OR、ASL、ROL 等指令都在逻辑运算单元中执行。

(4) AGU：地址生成单元（address generation unit），该单元与 ALU 一样重要，负责生成在执行指令时所需的寻址地址。而且，一般程序通常采用间接寻址，并由 AGU 来产生，所以它会一直处于忙碌状态。

(5) Instruction TLB：指令旁路转换缓冲（translation lookaside buffer，TLB），也称为转换后援缓冲器（TLB），用于把线性地址转换成数据超高速缓存所用的物理地址。

(6) 动态分支预取器：含有 4096 个入口。动态分支预测发生在译码之前，即对指令缓冲器中尚未进入译码器中的那部分标明每条指令的起始和结尾，并根据 BTB 中的信息进行预测。因此，对动态分支预测，一旦预测有误，已进入到流水线中需要清除的指令比静态分支预测时要少，从而提高了 CPU 的运行效率。

(7) 指令译码器：Pentium 4 具有设计更加合理的指令译码器，它能加快指令译码速度，提高指令流水效率，从而能有效提高处理器性能。

(8) 指令跟踪缓存：是 Pentium 4 在将指令 cache（I-cache）与数据 cache（D-cache）分开后，为了与以往的 L1 I-cache 有所区别而取名为指令跟踪缓存的。

(9) 资源配置/重命名寄存器组（allocate resources/rename registers）：基本的程序执行寄存器，包括 8 个通用寄存器、6 个段寄存器、一个 32 位的标志寄存器和一个 32 位的指令寄存器。

(10) Integer/Floating Point μOP Queue：整型/浮点 μOP 队列。

(11) Memory μOP Queue：存储器 μOP 队列。

(12) Integer Schedulers：整型运算调度。

(13) Floating Point Schedules：浮点运算调度。

(14) Integer Register File/ Bypass Network：整型运算寄存器组/旁通网络。

(15) Floating Point Register File：浮点运算寄存器组，包括 8 个 80 位的浮点数据寄存器以及控制寄存器、状态寄存器、FPU 指令指针与操作数指针寄存器等。

(16) Slow ALU/Complex Inst.：慢速 ALU/复杂指令。

(17) 2×ALU/Simple Inst.：2×ALU/简单指令。

(18) 2×AGU/Store Address Unit：2×AGU/存入地址单元。

(19) 2×AGU/Store Address Unit：2×AGU/读出地址单元。

(20) FP Store/FP Move：浮点存/浮点传送。增强的 128 位浮点装载、存储与传送操作。

(21) Fmul/Fadd：浮点乘加。增强的 128 位浮点乘加运算操作。

(22) SSE/SSE2：SSE 和 SSE2 寄存器。8 个 XMM 寄存器和 1 个 MSCSR 寄存器支

持 128 位紧缩的单精度浮点数、双精度浮点数以及 128 位紧缩的字节、字、双字、四字整型数的 SIMD 操作。

(23) MMX：MMX 寄存器。8 个 MMX 寄存器用于执行单指令多数据操作。

此外，Pentium 4 还继承了 IA-32 结构中的系统寄存器和数据结构，其存储器管理与 80386 基本相同，也采用了分段与分页两级管理。

3. Pentium 4 的主要技术特点

Pentium 4 作为 Intel 第七代处理器，有如下主要技术特点。

(1) 流水线深度由 Pentium 的 14 级提高到 20 级，使指令的运算速度成倍增长，并为设计更高主频和更好性能的微处理器提供了技术准备。Pentium 4 的最高主频设计可高达 10GHz。

(2) 采用高级动态执行引擎，为执行单元动态地提供执行指令，即在执行单元有可能空闲下来等待数据时，及时调整不需要等待数据的指令提前执行，防止了执行单元的停顿，提高了执行单元的效率。

(3) 采用执行跟踪技术跟踪指令的执行，减少了由于分支预测失效而带来的指令恢复时间，提高了指令执行速度。

(4) 增强的浮点/多媒体引擎，128 位浮点装载、存储、执行单元，大大提升了浮点运算和多媒体信息处理能力。

(5) 超高速的系统总线。第一代采用 willamette 核心的产品采用 400MHz 的系统总线，比采用 133MHz 系统总线的 Pentium Ⅲ 的传输率提高 3 倍，使其在音频、视频和 3D 等多媒体应用方面获得更好的表现。

此外，Pentium 4 还引入了其他一些相关技术。例如，快速执行引擎(rapid execution engine)及双倍算术逻辑单元架构(double pumped ALU)，它是在 P4 CPU 的核心结构中设计了两组可独立运行的 ALU，以加倍提高 CPU 执行算术逻辑运算的整体速度，使其执行常用指令时的速度是运行其他指令速度的 2 倍；4 倍爆发式总线(quad pumped bus)，它是指 Pentium 4 在一个时钟频率的周期内，可以同时传送 4 股 64 位不同的数据，以提高内存的带宽；SSE2(streaming SIMD extensions 2)指令集，它是在 SSE 技术基础上进一步增强浮点运算能力而推出的新的扩展指令集；指令跟踪缓存是 Pentium 4 在结构性能方面的一个最大的改进技术，即将指令 cache(I-cache)与数据 cache(D-cache)分开，以加快内部数据的执行速度。

2.7.4　CPU 的主要性能指标

在 Pentium 4 CPU 系列中，关注的主要性能指标如下。

1. 主频

主频也称为时钟频率，单位是兆赫(MHz)或吉赫(GHz)，用来表示 CPU 的运算、处理数据的速度。通常，主频越高，则 CPU 处理数据的速度就越快。

CPU 的主频与 CPU 实际的运算能力是没有直接关系的。CPU 的运算速度还要看

CPU 的流水线、总线等各方面的性能指标。

CPU 的主频＝外频×倍频系数。其中，外频是 CPU 的基准频率，单位是 MHz。CPU 的外频决定着整块主板的运行速度。在台式计算机中，所谓的超频都是超 CPU 的外频。

2. 前端总线

前端总线(front side bus，FSB)是将 CPU 连接到北桥芯片的总线。前端总线频率直接影响着 CPU 与内存直接数据交换的速度。

前端总线频率越高，则表示 CPU 与内存之间的数据传输量越大，更能充分发挥 CPU 的功能。

3. 缓存

缓存(cache memory)是指可以进行高速数据交换的存储器，它先于内存与 CPU 交换数据。由于速度极快，所以又称为高速缓存。它是 CPU 的重要指标之一。

1) 一级缓存

一级缓存(L1 cache)是 CPU 第一层高速缓存，分为指令缓存(instruction cache，I-cache)和数据缓存(data cache，D-cache)。一级指令缓存用于暂时存储并向 CPU 递送各类运算指令；一级数据缓存用于暂时存储并向 CPU 递送运算中所需要的数据。

缓存的容量和结构对 CPU 的性能影响较大，是整个 CPU 缓存层次中最为重要的部分。高速缓存均由静态 RAM 组成，结构较复杂，由于它集成在 CPU 内核中，受到 CPU 内部结构的限制，因此不会做得太大，通常在 32～256KB。

2) 二级缓存

二级缓存(L2 cache)是 CPU 的第二层高速缓存，其作用是协调 CPU 的运行速度与内存存取速度之间的差异。二级缓存是 CPU 性能表现的关键之一。在 CPU 核心不变的情况下，增加二级缓存容量，能使性能大幅度提高。

CPU 缓存除了有一级缓存与二级缓存外，部分高端 CPU 还具有三级缓存(L3 cache)，它对处理器的性能的提高显得并不是很重要。

4. 制造工艺

制造工艺的微米或纳米是指 IC 内电路与电路之间的距离，制造工艺的趋势是向密集度越来越高的方向发展。密度更高的 IC 电路设计，意味着在同样大小面积的 IC 中，可以拥有密度更高、功能更复杂的电路设计。IC 制造工艺有 180nm、130nm、90nm、65nm、45nm、22nm 等。

5. 多媒体指令集

为了提高计算机在多媒体、三维图形方面的应用能力，许多 CPU 指令集应运而生。例如，Intel 的 MMX、SSE/SSE2/SSE3/SSE4 和 AMD 的 3D NOW! 指令集。这些指令对图像处理、浮点运算、三维运算、视频处理和音频处理等多种多媒体应用起到全面强化的作用。

6. CPU 的封装技术

CPU 的封装技术对于芯片来说是至关重要的。采用不同封装技术的 CPU，在性能上存在着较大差距。只有高品质的封装技术才能生产出完美的CPU产品。封装不仅起着安放、固定、密封、保护芯片和增强导热性能的作用,而且还是沟通芯片内部世界与外部电路的桥梁——芯片上的接点用导线连接到封装外壳的引脚上,这些引脚又通过印刷电路板上的导线与其他器件建立连接。

2.8 嵌入式计算机系统的应用与发展

嵌入式计算机系统的应用已非常普遍,并成为计算机的一种重要应用方式。嵌入式系统之所以如此受到重视,就在于它将先进的计算机技术、半导体技术与电子技术和各个行业的具体应用有机地结合起来,在设计上体现了计算机体系结构的最新发展,在应用上开拓了当前信息化电子产品最热门的一个领域。

2.8.1 嵌入式计算机系统概述

嵌入式计算机系统简称为嵌入式系统(embedded system),是计算机系统的一个专门应用领域,或者说它是除了"桌面"计算机之外的微型计算机系统。

1. 嵌入式系统的组成

嵌入式系统作为一种专用的计算机系统,既具有计算机系统的基本结构,又有着自己的特点。它由嵌入式处理器、嵌入式外设、嵌入式操作系统和嵌入式应用系统4部分组成。

1) 嵌入式处理器

嵌入式处理器和通用处理器有着相同的基本组成与工作原理,但其最大的区别在于它的专用性特点。因此,它比通用处理器具有更多的种类和数量需求。

嵌入式处理器主要有4种:嵌入式微处理器(embedded micro processor unit,EMPU)、嵌入式微控制器(embedded micro controller unit,EMCU)、嵌入式DSP处理器(embedded digital signal processor)和嵌入式片上系统(embedded system on chip,ESOC)。

2) 嵌入式外设

嵌入式外设指除嵌入式处理器以外的、用于完成存储、通信、保护、测试和显示等功能的其他部件。它们可分为3种:①存储器类型,如RAM、SRAM、DRAM、ROM、EPROM、EEPROM与FLASH等;②接口类型,如RS-232串口、IRDA(红外线接口)、SPI(串行外设接口)、USB(通用串行接口)、Ethernet(以太接口)和普通接口;③显示类型,如CRT、LCD和触摸屏等。

3) 嵌入式操作系统

在大型嵌入式应用中,嵌入式操作系统类似于通用PC操作系统,具有复杂的功能,以便能完成诸如存储器管理、中断处理、任务间通信和定时以及多任务处理等功能。嵌入式操作系统有VxWorks、pSOS、Linux和Delta OS等。

4）嵌入式应用系统

嵌入式应用系统是基于本系统的硬件平台特点，并且结合其应用需要而开发的专用计算机软件。

2. 嵌入式系统的特点

嵌入式系统是针对特定应用领域需要而开发的应用系统，所以它有着不同于通用型计算机系统的一些特点。

（1）嵌入式系统是一个将计算机技术、半导体技术与电子技术紧密结合起来的技术密集、高度分散、不断创新的集成系统，它需要资金、技术与人才的大力支持。

（2）嵌入式系统通常是面向特定应用领域开发的，一般要求系统体积小、能耗低、成本低、专业化程度高。

（3）嵌入式系统必须紧密结合专门应用的需求，其系统升级也应同具体产品的换代同步更新。一般应保持系统有较长的生命周期。

（4）为了系统的高效与可靠运行，嵌入式系统软件一般都固化在内存或处理器芯片内部，而不是存储在外存载体中。

（5）嵌入式系统本身不具备自主开发能力，系统设计完成后，通常不能任意修改程序，而必须有一套专用开发工具和环境才能进行再开发。

需要指出的是，作为传统嵌入式系统，是由嵌入式微处理器、接口电路、总线等硬件系统以及软件系统所组成的。随着微电子技术的飞速发展，在诸如综合智能电子系统、现代通信系统与自动工程系统等高端应用领域，发展了适度并行嵌入式计算机体系结构，它们可以满足开放式、模块化、高可靠性、高稳定性以及易用性和易维护性等多种要求，能支持适度并行计算、数据与信号综合处理、动态加载等多种功能，并且具有通用化、系列化和组合化等特点，能适应硬件系统的不断提升和软件系统的不断更新。

3. 嵌入式系统的应用举例

嵌入式系统技术具有非常广阔的应用前景，其应用领域包括军事国防、消费类电子产品、公共/家居智能管理、医疗仪器设备、交通系统和环境工程等。

1）军事国防领域

军事国防历来就是嵌入式系统的重要应用领域。20世纪70年代，嵌入式计算机系统应用在武器控制系统中，后来用于军事指挥控制和通信系统。目前，在各种武器控制装置（火炮、导弹和智能炸弹制导引爆等控制装置）、坦克、舰艇、轰炸机、陆海空军用电子装备、雷达、电子对抗装备、军事通信装备以及野战指挥作战用专用设备中，都可以看到嵌入式系统的应用。

2）消费类电子产品领域

消费类电子产品是嵌入式系统需求最大的应用领域。嵌入式系统已经在很大程度上改变了人们的生活方式，人们被各种嵌入式系统的应用产品包围着，从传统的电视、冰箱、洗衣机、微波炉，到数字时代的影碟机、MP3、MP4、手机、数码相机及数码摄像机等，在可预见的将来，可穿戴计算机也将走入人们的生活。

3) 公共/家居智能管理领域

网络化、智能化将引领人们的生活步入一个崭新的空间。智能管理使用嵌入式设备进行感知和控制,通过有线和无线网络控制灯光、温湿度、安全、音视频和监控等。例如,对灯光照明进行场景设置和远程控制、电器的自动控制和远程控制等;高级暖通空调系统采用联网的恒温器更精确、高效地按天或季度控制温度;水、电、煤气表的远程自动抄表;安全防火和防盗系统,其中嵌有的专用控制芯片将代替传统的人工检查,并实现更高、更准确和更安全的性能。

4) 医疗仪器设备领域

嵌入式系统在医疗仪器中的应用普及率极高。嵌入式系统可为医疗仪器设备设计、生产和使用提供先进的技术支持。例如,使用嵌入式设备进行生命体征监测;各种医疗成像系统(正电子发射断层显像、计算机断层扫描、核磁共振成像)进行非入侵式身体内部检查等。

5) 交通系统领域

在飞机与车辆导航、流量控制、信息监测与汽车服务方面,嵌入式系统技术已经得到广泛的应用。例如,在安全要求相当高的飞机中采用先进的航空电子设备,如导航系统、全球卫星定位接收器。

随着汽车产业的飞速发展,汽车电子近年来也有了较快的发展。其中,电子导航系统在汽车电子中占据的比重较大。汽车电子领域的另外一个发展趋势是与汽车本身机械结合,从而实现故障诊断定位等功能。

6) 环境工程领域

嵌入式系统广泛应用于水文资料实时监测、防洪体系及水土质量监测、堤坝安全监测、地震监测、实时气象信息监测、水源和空气污染监测。在很多环境恶劣,地况复杂的地区,嵌入式系统将实现无人监测。

2.8.2 嵌入式计算机体系结构的发展

计算机的体系结构随着芯片集成度的提高而不断发展。提高芯片集成度有 3 种途径:一是缩小晶体管的特征尺寸;二是扩大芯片面积,或者研制多维(如三维或四维)芯片;三是研究并设计规则的芯片体系结构。

芯片的制造工艺技术正在从微电子技术进入纳米技术时代。推进这一发展进程有两个基本途径:一是体系结构的发展,即主流的大规模并行处理(massively parallel processing,MPP)体系结构的发展;二是新器件的发展。通常在计算机中采用 CMOS 器件,虽然一直在改进,但改进的幅度很有限;而未来的发展趋势是仿生芯片。目前,计算机已经进入 MPP 时代,在过去几年,计算机的体系结构主要是传统计算的 MPP 体系结构;2010 年以后,计算机的体系结构逐步向自主计算的 MPP 体系结构转化;若干年之后,计算机的体系结构将进一步向自然计算的 MPP 体系结构发展,例如仿生计算的体系结构。

嵌入式计算机体系结构主要有以下 3 种基本类型。

(1) SIMD 体系结构:这种并行的体系结构的处理元(processor element,PE)阵列,经常与接收并转换物理信号的传感阵列(如 CCD)相连接,完成图像帧的实时计算。

(2) 基于数据流计算的 MPP 体系结构:它的处理部件不是处理器,而是 ASIC 电路;没有指令流,而是数据流。

(3) 基于指令流计算的 MPP 体系结构:由于人们不满足静态可重构的 FPGA,于是就研制了可动态改变电路的结构,即一边计算一边改变。

以上讨论的 3 种类型芯片的体系结构:第 1 种是基于指令流的体系结构;第 2 种是基于数据流计算的体系结构;第 3 种是基于指令流计算的体系结构。实际上,在一个系统芯片 SOC 中,可以有 2 种或 3 种结构。

1. 自主计算的 MPP 体系结构

现在的新工艺技术不仅为研制微型化的嵌入式计算机提供了新的实现手段,同时也给计算机体系结构的设计实现带来新的难点。

自主计算涉及细胞元计算、模糊计算、神经元计算与进化计算等领域。其中,模糊计算是将现在的确定计算扩展到了确定的计算范畴。神经元计算的主要难点是连接线太多,因为人脑的能力是体现在连接神经元的突触之中的,有 $10^{13} \sim 10^{14}$ 个突触互连关系,还只能采用等效于每秒能执行 10^{14} 次指令的传统计算的体系结构来模仿它。进化计算又称仿生计算,人们企图通过基因算法与可重构电路的结合来实现仿生计算。

2. 自然计算的 MPP 体系结构

自然计算的 MPP 体系结构是未来嵌入式系统结构的发展方向。

自然计算除了自主计算之外,还包括化学计算(DNA computing)与量子计算(quantum computing)等领域。实现这些领域的自主计算会遇到新的研究难点:一是自顶向下的光刻技术将因为波长太短可能损坏材料而不能采用,代替它的将是自底向上的自组装(self-assembling)技术;二是取代传统 CMOS 的新器件研究;三是接口技术 NAMIX(the Nano-micro-interface)的研究;四是 DNA 计算机的体系结构。实现自然计算的 MPP 体系结构有着诱人的前景,一些新的计算机正在加紧研究,例如,纳米计算机、DNA 计算机和量子计算机等。

本 章 小 结

微处理器的设计有 CISC 与 RISC 两种基本架构。深入理解 16 位微处理器 8086 的内部结构及其工作原理,是掌握微型计算机工作原理的基础和关键。Intel 系列高档微处理器内部的复杂结构及其工作原理,都是在 8086 CPU 的结构基础上逐步分解结构和细化流水线操作而发展起来的。透彻地掌握 8086 CPU 的基础,有利于理解高档微处理器的技术发展。

8086/8088 CPU 的内部结构由总线接口单元(BIU)和执行单元(EU)两部分组成。其内部有 3 组共 14 个寄存器,必须了解它们各自的功能,并能掌握它们的使用方法。

总线周期是理解 CPU 按时序工作的重要概念。8086/8088 CPU 一个最基本的总线周期由 4 个时钟周期组成,简称为 4 个状态,即 T_1、T_2、T_3、T_4 这 4 个状态。

微处理器的引脚及其功能是其重要的外部特性。

在 8086/8088 CPU 的外部引脚中,首先要深入理解对地址和数据信号分时复用这一类总线(地址/数据总线 $AD_{15} \sim AD_0$)。

掌握控制总线的功能对系统应用很重要,注意有的控制线在 8086 与 8088 中的设置是不同的。例如,第 34 引脚在 8086 中设置的是 $\overline{BHE}/S_7$,当其为低电平时表示高 8 位数据总线上的数据有效;而该引脚线在 8088 中设置的是双功能信号线:在最小模式时,它为 $\overline{SS_0}$,和 $DT/\overline{R}$、$\overline{M}/IO$ 一起决定了 8088 当前总线周期的读写动作;在最大模式时,它恒为高电平。

8086/8088 系统有最小工作模式与最大工作模式两种不同的模式,由 $MN/\overline{MX}$ 引脚的电平转换,接电源电压时系统就工作于最小模式工作,接地时就按最大模式工作。这两种模式分别适合于单处理器系统与多处理器系统。两种模式的主要区别在于最大工作模式中要加入 8288 总线控制器,由 8288 提供系统对存储器与 I/O 端口所需要的各种控制信号。

当 8086/8088 系统按两种不同模式工作时,某些引脚的功能有不同设置。在最小模式时,第 24~31 引脚分别设置为 $\overline{INTA}$(中断响应信号),ALE(地址锁存信号),$\overline{DEN}$(数据允许信号),$DT/\overline{R}$(数据收发信号),$M/\overline{IO}$ 或 $\overline{M}/IO$(存储器/输入输出控制信号),$\overline{WR}$(写信号),HLDA(总线保持响应信号),HOLD(总线保持请求信号)。而在最大模式时,这些引脚分别为 QS_1、QS_0(指令队列状态信号),$\overline{S_0}$、$\overline{S_1}$、$\overline{S_2}$(状态信号),$\overline{LOCK}$(总线封锁信号),$\overline{RQ}/\overline{GT_1}$、$\overline{RQ}/\overline{GT_0}$(总线请求信号输入/总线请求允许信号)。由于某些引脚功能的设置在 8086 与 8088 两种 CPU 以及在两种模式下都有所区别,很容易混淆,所以,要熟悉这些引脚的功能应结合系统的实际应用反复理解才能真正掌握。

总线时序是描述总线操作的一种表示方法,是人们把 CPU 在操作时总线上各有关信号(包括地址信号、数据信号和控制信号)的变化,按时间序列以特定波形表示出来的一组曲线。这些曲线严格规定了 CPU 与存储器以及输入输出接口之间各功能部件相互配合协调动作的时空关系。由于时序的复杂性,特别是在 80286 以后各种时序已经相当复杂,所以,这里只是对 8086/8088 的一般时序操作给出了简要说明。

Intel 80x86 系列微处理器的结构是由 8086/8088 微处理器进化而来的,其最重要的几个关键技术是 80286 首次引入的虚拟存储管理、80386 首次增设的存储器分页管理、80486 的 5 级流水线以及 Pentium 的双流水线等技术。所有这些技术更新,都体现了微处理器结构不断细分与进化,并保持兼容性与连续性的特点。这些是更深入地学习和掌握高档微处理器关键技术的基础,务必仔细领会。

了解 Pentium 系列与 Pentium 4 后系列微处理器及其相关技术的发展和特点,是掌握现代微处理器硬件技术所必需的基础知识。

嵌入式计算机系统作为计算机的一种重要应用方式正在普及应用,应了解嵌入式系统的发展趋势和自行设计的重要性。

第 3 章 微处理器的指令系统

【学习目标】

8086/8088 CPU 的指令系统是 Intel 80x86 系列 CPU 共同的基础,其后续高型号微处理器的指令系统都是在此基础上新增了一些指令逐步扩充形成的。同时,它也是目前应用最广的一种指令系统。因此,本章重点讨论 8086/8088 CPU 的指令系统。

通过本章对 8086/8088 CPU 寻址方式和指令系统的学习,掌握汇编语言程序设计所需要的汇编语言和编写程序段的基础知识。

【学习要求】

- 在理解与掌握各种寻址方式的基础上,着重掌握存储器寻址的各种寻址方式。
- 熟练掌握 4 类数据传送指令。难点是 XLAT、IN、OUT 指令。
- 学习算术运算类指令中的难点是带符号乘、除指令与十进制指令。
- 学习逻辑运算和移位循环类指令时,要着重理解 CL 的设置以及进位位的处理。
- 学习串操作类指令时,着重理解重复前缀(REP)的使用。
- 学习程序控制类指令时,着重理解条件转移的条件及测试条件。

3.1 8086/8088 的寻址方式

要熟悉指令的操作,先要了解指令的寻址方式。8086/8088 的寻址方式分为两种不同的类型:数据寻址方式和程序存储器寻址方式。前者是寻址操作数地址;后者是寻址程序地址(在代码段中)。

3.1.1 数据寻址方式

数据寻址方式有多种,都是寻找操作数。在指令格式中,所有操作数的流向都是由源到目标,即它们在指令汇编语言格式的操作数区域中都是规定由右到左。源和目标可以是寄存器或存储器,但不能同时为存储器(除个别串操作指令 MOVS 外)。

1. 立即寻址

立即寻址的操作数就在指令中,当执行指令时,CPU 直接从紧跟着指令代码的后续地址单元中取得该立即数。立即数可以是 8 位,也可以是 16 位,并规定其只能是整数类型的源操作数。这种寻址主要用来给寄存器赋初值,指令执行速度快。

下面列出了各种立即数寻址的 MOV 指令示例。

```
MOV AH,4CH            ;把 4CH 传送到 AH 中
MOV AX,1234H          ;把 1234H 传送到 AX 中
MOV CL,100            ;把 100(64H)传送到 CL
MOV AX,'AB'           ;把 ASCII 码 BA*(4241H)传送到 AX 中
MOV CL,10101101B      ;把二进制数 10101101 传送到 CL 中
MOV WORD PTR[SI],6180H ;把立即数 6180H 传送到数据段由 SI 和 SI+1 所指的两存储单元中
```

2. 寄存器寻址

寄存器寻址的操作数就放在寄存器中,而寄存器名在指令中指出。在一条指令中,源操作数和目的操作数都可以采用寄存器寻址方式。这种寻址的指令长度短,操作数就在 CPU 内部,执行速度快。注意,使用时源与目标操作数应有相同的数据类型长度。

下面列出了各种寄存器寻址的 MOV 指令示例。注意,代码段寄存器不能用 MOV 指令来改变,因为若只改变 CS 而 IP 为未知数,则下一条指令的地址将是不确定的。

```
MOV BH,BL    ;把 BL 复制到 BH 中
MOV CX,AX    ;把 AX 复制到 CX 中
MOV DI,SI    ;把 SI 复制到 DI 中
MOV AX,ES    ;把 ES 复制到 AX 中
```

下面将讨论属于存储器寻址的各种数据寻址方式。存储器寻址比较复杂,当 CPU 寻找存储器操作数时,应根据指令给出的寻址方式,由 EU 先计算出操作数地址的偏移量(即有效地址 EA)。EA 的值由汇编程序根据指令所采用的寻址方式自动计算得出。计算 EA 的通式为:

$$EA = 基址值(BX 或 BP) + 变址值(SI 或 DI) + 位移量 DISP$$

3. 直接数据寻址

直接数据寻址有两种基本形式:直接寻址和位移寻址。

1) 直接寻址

直接寻址是指令中以位移量方式直接给出存储器操作数的偏移地址,即有效地址 EA=DISP。这种寻址方式的指令执行速度快,用于存储单元与 AL、AX 之间的 MOV 指令。

下面列出了使用 AX、AL 的直接寻址指令示例。

```
MOV AX,[1680H]①   ;把数据段存储器地址 1680H 和 1681H 两单元的字内容复制到 AX 中
MOV AX,NUMBER     ;把数据段存储器地址 NUMBER 中的字内容复制到 AX 中
MOV TWO,AL        ;把 AL 的字节内容复制到数据段存储单元 TWO 中
```

---

① 注意:汇编语言中很少采用绝对偏移地址(如 1680H),通常采用符号地址。

```
MOV ES:[3000H],AX        ;把 AX 的字内容复制到附加数据段存储单元 3000H 中
MOV AX,DATA              ;把数据段存储单元 DATA 的字内容复制到 AX 中
```

2) 位移寻址

位移寻址也以位移量方式直接给出存储器操作数的偏移地址,但适合几乎所有将数据从存储单元传送到寄存器的指令。

下面列出了使用位移量的直接数据寻址的示例。

```
MOV CL,COW               ;把数据段存储单元 COW 的字节内容复制到 CL 中
MOV ES,NUMBER            ;把数据段存储器地址 NUMBER 中的字内容复制到 ES 中
MOV CX,DATA2             ;把数据段存储单元 DATA2 中的字内容复制到 CX 中
MOV DATA3,BP             ;把基址指针寄存器 BP 的内容复制到数据段存储单元 DATA3 中
MOV DI,SUM               ;把数据段存储单元 SUM 的字内容复制到 DI 中
MOV NUMBER,SP            ;把 SP 的内容复制到数据段存储单元 NUMBER 中
```

位移寻址与直接寻址的操作相同,只是它的指令为 4 字节而不是 3 字节。

4. 寄存器间接寻址

寄存器间接寻址的操作数一定是在存储器中,而存储单元的有效地址 EA 则由寄存器保存,这些寄存器是基址寄存器 BX、基址指针寄存器 BP、变址寄存器 SI 和 DI 之一或它们的某种组合。书写指令时,这些寄存器带有方括号。

下面给出了寄存器间接寻址的指令示例。

```
MOV AL,[BX]              ;把数据段中用 BX 寻址的存储单元的字节内容复制到 AL 中
MOV [SI],BL              ;把寄存器 BL 的内容复制到数据段由 SI 寻址的存储单元
MOV CX,[DX]              ;把数据段由 DX 寻址的存储单元的字内容复制到 CX 中
MOV [BP],CL①             ;把寄存器 CL 的内容复制到堆栈段由 BP 寻址的存储单元中
MOV [SI],[BX]            ;除数据串操作指令外,不允许由存储器到存储器的传送
```

5. 基址加变址寻址

基址加变址寻址类似于间接寻址,其操作数的有效地址 EA 由基址寄存器(BX 或 BP)的内容与变址寄存器(SI 或 DI)的内容之和来确定。

在使用基址加变址寻址时,通常,用基址寄存器保持存储器数组的起始地址,而变址寄存器保持数组元素的相对位置。如果是用 BP 寄存器寻址存储器数组,则由 BP 寄存器和变址寄存器两者生成有效地址。

下面给出了基址加变址寻址的指令示例。

```
MOV CL,[BX+SI]           ;把由 BX+SI 寻址的数据段存储单元的字节内容复制到 CL
MOV CX,[BP+DI]           ;把由 BP+DI 寻址的堆栈段存储单元内的数据字内容复制到 CX
MOV [BX+DI],SP           ;把 SP 的字内容存入由 BX+DI 寻址的数据段存储单元
MOV [BP+SI],CH           ;把寄存器 CH 的字节内容存入到由 BP+SI 寻址的堆栈段存储单元
```

6. 寄存器相对寻址

寄存器相对寻址是带有位移量 DISP 的基址或变址寄存器(BX、BP 或 DI、SI)寻址。

---

① 注意:系统把由 BP 寻址的数据默认为在堆栈段中,其他间接寻址方式均默认为数据段。

下面给出了寄存器相对寻址的指令示例。

```
MOV CL,[SI+200H]        ;把由 SI+200H 寻址的数据段存储单元的字节内容装入 CL
MOV ARRAY[DI],BL        ;把 BL 中的字节内容存入由 ARRAY+DI 寻址的数据段存储单元
MOV LIST[DI+3],AX       ;把 AX 的字内容存入由 LIST+DI+3 之和寻址的数据段存储单元
MOV AX,ARRAY[BX]        ;把数据段中由 ARRAY+BXD 寻址的字内容装入 AX
MOV SI,[AL+12H]         ;把由 AL+12H 寻址的数据段存储单元的字内容装入 SI
```

注意：位移量可以是在方括号内加到寄存器上的一个带符号的数。例如，可以是指令 MOV AL,[SI+4],也可以是指令 MOV AL,[SI−2]。位移量还可以是加在[]前面的符号偏移地址,如 MOV AL,DATA[SI];也可以同时出现两种形式的位移量,如 MOV AL,DATA[SI+3]。在 8086/8088 中,位移量的取值范围为 −32 768(8000H)～+32 767(7FFFH)。

7. 相对基址加变址寻址

相对基址加变址寻址是用基址、变址与位移量 3 个分量之和形成有效地址的寻址方式。下面给出了相对基址加变址寻址的指令示例。

```
MOV BL,[BX+SI+100H]     ;把由 BX+SI+100H 寻址的数据段存储单元的字节内容装入 BL
MOV AX,ARRAY[BX+DI]     ;把由 ARRAY+BX+DI 之和寻址的数据段存储单元的字内容装入 AX
MOV LIST[BP+DI],BX      ;把 BX 的字内容存入由 LIST+BP+DI 之和寻址的数据段存储单元
MOV FILE[BP+DI+2],DL    ;把 DL 存入由 BP+DI+2 之和寻址的堆栈段存储单元
```

相对基址加变址寻址方式一般很少使用,通常用来寻址存储器的二维数组数据。

3.1.2 程序存储器寻址方式

程序存储器寻址方式即转移类指令(转移指令 JMP 和调用指令 CALL)的寻址方式。这种寻址方式最终是要确定一条指令的地址。

在 8086/8088 系统中,由于存储器采用分段结构,所以转移类指令有段内转移和段间转移之分。所有的条件转移指令只允许实现段内转移,而且是段内短转移,即只允许转移的地址范围在 −128～+127 字节内,由指令中直接给出 8 位地址位移量。对于无条件转移和调用指令又可分为段内短转移、段内直接转移、段内间接转移、段间直接转移和段间间接转移 5 种不同的寻址方式。

3.1.3 堆栈存储器寻址方式

堆栈是存储器中一个很重要的特定存储区,用来暂时存放数据,并为程序保存返回地址。堆栈存储器是按"后进先出"(LIFO)原理操作的。用 PUSH 指令将数据压入堆栈,用 POP 指令将其弹出堆栈。CALL 指令用堆栈保存程序返回地址,而 RET(返回)指令从堆栈取出返回地址。

堆栈存储器由堆栈段寄存器 SS 和堆栈指针 SP 寻址。SS 中记录的是其 16 位的段地址,它将确定堆栈段的段基址,而 SP 的 16 位偏移地址将指定当前堆栈的栈顶,即指出从堆

栈段的段基址到栈顶的偏移量;栈顶是堆栈操作的唯一出口,它是堆栈地址较小的一端。

下面列出了可使用的一些 PUSH 和 POP 指令的示例。

```
PUSHF       ;把标志寄存器的内容复制到堆栈中
POPF        ;把从堆栈弹出的一个字装入标志寄存器 FLAGS
PUSH DS     ;把 DS 的内容复制到堆栈中
POP CS      ;非法操作
PUSHA       ;把通用寄存器 AX、CX、DX、BX、SP、BP、DI、SI 的内容复制到堆栈中
POPA        ;从堆栈中弹出数据并顺序装入 SI、DI、BP、SP、BX、DX、CX、AX 中
```

3.1.4 其他寻址方式

1. 串操作指令寻址方式

数据串(或称字符串)指令不能使用正常的存储器寻址方式来存取数据串指令中使用的操作数。执行数据串指令时,源串操作数第 1 字节或字的有效地址应存放在源变址寄存器 SI 中(不允许修改),目标串操作数第 1 字节或字的有效地址应存放在目标变址寄存器 DI 中(不允许修改)。在重复串操作时,8086/8088 能自动修改 SI 和 DI 的内容,以使它们能指向后面的字节或字。

2. I/O 端口寻址方式

1) 直接端口寻址

端口地址以 8 位立即数方式在指令中直接给出。例如,IN AL,n 指令是将端口号为 8 位立即数 n 的端口地址中的字节操作数输入到 AL,它所寻址的端口号只能在 0~255 范围内。

2) 间接端口寻址

这类似于寄存器间接寻址,16 位的 I/O 端口地址在 DX 寄存器中,即通过 DX 间接寻址,故可寻址的端口号为 0~65 535。例如,OUT DX,AL 指令是将 AL 的字节内容输出到由 DX 指出的端口中。

3.2 数据传送类指令

数据传送类指令包括 4 类:通用数据传送指令、目标地址传送指令、标志位传送指令、I/O 数据传送指令。

3.2.1 通用数据传送指令

通用数据传送指令包括基本的传送指令 MOV、堆栈操作指令 PUSH 和 POP、数据交换指令 XCHG 与字节翻译指令 XLAT。

1. 基本的传送指令

MOV d,s；d←s

指令功能：将由源 s 指定的源操作数送到目标 d。

MOV 指令可实现的数据传送类型可归纳为以下 7 种。

1) MOV mem/reg1,mem/reg2

该指令将由 mem/reg2 所指定的存储单元或寄存器中的 8 位数据或 16 位数据传送到由 mem/reg1 所指定的存储单元或寄存器中,但不允许从存储器传送到存储器。

2) MOV mem/reg,data

该指令将 8 位或 16 位立即数 data 传送到由 mem/reg 所指定的存储单元或寄存器中。

3) MOV reg,data

该指令将 8 位或 16 位立即数 data 传送到由 reg 所指定的寄存器中。

4) MOV ac,mem

该指令将存储单元中的 8 位或 16 位数据传送到累加器 ac 中。

5) MOV mem,ac

该指令将累加器 AL(8 位)或 AX(16 位)中的数据传送到由 mem 所指定的存储单元中。

6) MOV mem/reg,segreg

该指令将由 segreg 所指定的段寄存器(CS、DS、SS、ES 之一)的内容传送到由 mem/reg 所指定的存储单元或寄存器中。

7) MOV segreg,mem/reg

该指令允许将由 mem/reg 指定的存储单元或寄存器中的 16 位数据传送到由 segreg 所指定的段寄存器(但代码段寄存器 CS 除外)中。

注意：MOV 指令不能直接实现从存储器到存储器之间的数据传送,但可以通过寄存器作为中转站完成这种传送。

2. 堆栈操作指令

1) PUSH s

字压入堆栈指令,允许将源操作数 s(16 位)压入堆栈。

2) POP d

字弹出堆栈指令,允许将堆栈中当前栈顶两相邻单元的数据字弹出到 d。

这是两条成对使用的进栈与出栈指令。其中,s 和 d 可以是 16 位寄存器或存储器两相邻单元,以保证堆栈按字操作。

PUSH 和 POP 是两条很重要的指令,用来保存并恢复来自堆栈存储器的数据。例如,在子程序调用或中断处理过程时,分别要保存返回地址或断点地址,在进入子程序或中断处理后,还需要保留通用寄存器的值；而在由子程序返回或由中断处理返回时,则要恢复通用寄存器的值,并分别将返回地址或中断地址恢复到指令指针寄存器中。

3. 数据交换指令

```
XCHG d,s
```

本指令的功能是将源操作数与目标操作数(字节或字)相互对应交换位置。交换可以在通用寄存器与累加器之间、通用寄存器之间、通用寄存器与存储器之间进行。但不能在两个存储单元之间交换,段寄存器与 IP 也不能作为源或目标操作数。例如:

```
XCHG AX,[SI+0400H]
```

设当前 CS=1000H,IP=0064H,DS=2000H,SI=3000H,AX=1234H,则该指令执行后,将把 AX 寄存器中的 1234H 与物理地址 23400H(=DS×16+SI+0400H=20000H+3000H+0400H)单元开始的数据字(设为 ABCDH)相互交换位置,即 AX=ABCDH;(23400H)=34H,(23401H)=12H。

4. 字节翻译指令

```
XLAT
```

字节翻译指令也称为代码转换指令,用于对不规则代码的转换。其具体功能是:可以将 AL 寄存器中设定的 1 字节数值,变换为内存一段连续表格中的另一个相应的代码,以实现编码制的转换。

该指令是通过查表方式完成代码转换功能的,执行的操作是 AL←[BX+AL]。执行结果是将待转换的序号转换成对应的代码,并送回 AL 寄存器中,即执行 AL←[BX+AL]的操作。

例如,假设 0~9 的 7 段显示码表存放在偏移地址为 0030H 开始的内存区,如果要取出 5 所对应的 7 段码(12H),则可以用如下 3 条指令完成。

```
MOV BX,0030H
MOV AL,5
XLAT
```

3.2.2 目标地址传送指令

目标地址传送指令是一类专用于 8086/8088 中传送地址码的指令,可传送存储器的逻辑地址(即存储器操作数的段地址或偏移地址)至指定寄存器中。

1. LEA d,s

这是取有效地址指令,其功能是把用于指定源操作数(它必须是存储器操作数)的 16 位偏移地址(即有效地址),传送到一个指定的 16 位通用寄存器中。例如:

```
LEA BX,[SI+ 100AH]
```

设当前 CS=1500H,IP=0200H,DS=2000H,SI=0030H,源操作数 1234H 存放在 [SI+100AH]开始的存储器内存单元中,则该指令执行的结果,是将源操作数 1234H 的有效地址 103AH 传送到 BX 寄存器中。

注意:LEA 指令与 MOV 指令的功能不同,例如 LEA BX,[SI]指令是将 SI 指示的偏移地址(SI 的内容)装入 BX;而 MOV BX,[SI]指令则是将由 SI 寻址的存储单元中的数据装入 BX。

2. LDS d,s

这是取某变量的 32 位地址指针的指令,其功能是从由指令的源 s 所指定的存储单元开始,由 4 个连续存储单元中取出某变量的地址指针(共 4 字节),将其前两字节(即变量的偏移地址)传送到由指令的目标 d 所指定的某 16 位通用寄存器,后两字节(即变量的段地址)传送到 DS 段寄存器中。例如:

```
LDS SI,[DI+100AH]
```

设当前 CS=1000H,IP=0604H,DS=2000H,DI=2400H,待传送的某变量的地址指针其偏移地址为 0180H,段地址为 2230H,则该指令执行后,将物理地址 2340AH 单元开始的 4 字节中前两字节(偏移地址值)0180H 传送到 SI 寄存器中,后两字节(段地址)2230H 传送到 DS 段寄存器中,并取代它的原值 2000H。

3. LES d,s

这条指令与 LDS d,s 指令的操作基本相同,其区别仅在于将把由源所指定的某变量的地址指针中后两字节(段地址)传送到 ES 段寄存器,而不是 DS 段寄存器。例如:

```
LES DI,[BX]
```

设当前 DS=B000H,BX=080AH,B080AH 单元指定的存储字为 05A2H,B080CH 单元指定的存储字为 4000H,该指令执行后,则将某变量地址指针的前两字节(即偏移地址)05A2H 装入 DI,而将地址指针的后两字节(即段地址)4000H 装入 ES,于是,DI=05A2H,ES=4000H。

3.2.3 标志位传送指令

标志位传送指令共有 4 条:LAHF、SAHF、PUSHF 和 POPF。

1. LAHF

指令功能:将标志寄存器(FLAGS)的低字节(共包含 5 个状态标志位)传送到 AH 寄存器中。

LSHF 指令执行后,AH 的 D_7、D_6、D_4、D_2、D_0 这 5 位将分别被设置成 SF(符号标志)、ZF(零标志)、AF(辅助进位标志)、PF(奇偶标志)、CF(进位标志)5 位,而 AH 的 D_5、D_3、D_1 这 3 位没有意义。

2. SAHF

指令功能:将 AH 寄存器内容传送到 FLAGS 的低字节。

SAHF 与 LAHF 的功能相反,它常用来通过 AH 对标志寄存器的 SF、ZF、AF、PF、CF 标志位分别置 1 或复 0。

3. PUSHF

指令功能:将 16 位 FLAGS 内容入栈保护。其操作过程与前述的 PUSH 指令类似。

4. POPF

指令功能:将当前栈顶和次栈顶中的数据字弹出送回到 FLAGS 中。

PUSHF 与 POPF 这两条指令常成对出现,一般用在子程序和中断处理程序的首尾,用来保护和恢复主程序涉及的标志寄存器内容;必要时可用来修改标志寄存器的内容。

3.2.4 I/O 数据传送指令

1. IN 累加器,端口号

端口号可以用 8 位立即数直接给出,也可以将端口号事先安排在 DX 寄存器中,间接寻址 16 位长端口号(可寻址的端口号为 0~65 535)。IN 指令是将指定端口中的内容输入到累加器 AL/AX 中。其指令如下。

```
IN AL,PORT      ;AL←(端口 PORT),即把端口 PORT 中的字节内容读入 AL
IN AX,PORT      ;AX←(端口 PORT),即把由 PORT 两相邻端口中的字内容读入 AX
IN AL,DX        ;AL←(端口(DX)),即从 DX 所指的端口中读取一字节内容送 AL
IN AX,DX        ;AX←(端口(DX)),即从 DX 和 DX+1 所指的两个端口中读取一字内容送 AX
```

2. OUT 端口号,累加器

与 IN 指令相同,端口号可以由 8 位立即数给出,也可由 DX 寄存器间接给出。OUT 指令是把累加器 AL/AX 中的内容输出到指定的端口。其指令如下。

```
OUT PORT,AL     ;端口 PORT←AL,即把 AL 中的字节内容输出到由 PORT 直接指定的端口
OUT PORT,AX     ;端口 PORT←AX,即把 AX 中的字内容输出到由 PORT 直接指定的端口
OUT DX,AL       ;端口(DX)←AL,即把 AL 中的字节内容输出到由 DX 所指定的端口
OUT DX,AX       ;端口(DX)←AX,即把 AX 中的字内容输出到由 DX 所指定的端口
```

注意:I/O 指令只能用累加器作为执行 I/O 数据传送的机构,而不能用其他寄存器代替。另外,当用直接寻址的 I/O 指令时,寻址范围仅为 0~255,这适用于较小规模的微机系统;当需要寻址大于 255 的端口地址时,则必须用间接寻址的 I/O 指令。

3.3 算术运算类指令

算术运算类指令包括加、减、乘、除与十进制调整 5 类指令。

3.3.1 加法指令

1. ADD d,s;d←d+s

指令功能：将源操作数与目标操作数相加，结果保留在目标中。并根据结果置标志位。

源操作数可以是 8/16 位通用寄存器、存储器操作数或立即数；目标操作数不允许是立即数，其他同源操作数。而且不允许两者同时为存储器操作数。例如：

```
ADD WORD PTR[BX+106BH],1234H
```

设当前 CS=1000H,IP=0300H,DS=2000H,BX=1200H,则该指令执行后，将立即数 1234H 与物理地址为 2226BH 和 2226CH 中的存储器字 3344H 相加，结果 4578H 保留在目标地址 2226BH 和 2226CH 单元中。

2. ADC d,s;d←d+s+CF

带进位加法(ADC)指令的操作过程与 ADD 指令基本相同，唯一的不同是进位标志位 CF 的原状态也将一起参与加法运算，待运算结束，CF 将重新根据结果置成新的状态。

ADC 指令一般用于 16 位以上的多字节数字相加的软件中。

3. INC d;d←d+1

指令功能：将目标操作数当作无符号数，完成加 1 操作后，结果仍保留在目标中。

目标操作数可以是 8/16 位通用寄存器或存储器操作数，但不允许是立即数。

注意：对于间接寻址的存储单元加 1 指令，数据的长度必须用 TYPE PTR、WORD PTR 或 DWORD PTR 类型伪指令加以说明；否则，汇编程序不能确定是对字节、字还是双字加 1。

另外，INC 指令只影响 OF、SF、ZF、AF、PF 5 个标志，而不影响进位标志 CF，故不能利用 INC 指令来设置进位位，否则程序会出错。

3.3.2 减法指令

1. SUB d,s;d←d−s

指令功能：将目标操作数减去源操作数，其结果送回目标，并根据运算结果置标志位。源操作数可以是 8/16 位通用寄存器、存储器操作数或立即数；目标操作数只允许是通用寄存器或存储器操作数。并且，不允许两个操作数同时为存储器操作数，也不允许做段寄存器的减法。例如：

```
SUB AX,[BX]
```

设当前 CS=1000H,IP=60C0H,DS=2000H,BX=970EH,则该指令执行后，将 AX 寄存器中的目标操作数 8811H 减去物理地址 2970EH 和 2970FH 单元中的源操作数 00FFH,并把结果 8712H 送回 AX 中。各标志位的改变为：O=0(没有溢出),S=1(结果为负),Z=0(结果不为0),A=1(有半进位),P=1(奇偶性为偶),C=0(没有借位)。

2. SBB d,s;d←d－s－CF

本指令与 SUB 指令的功能、执行过程基本相同,唯一不同的是完成减法运算时还要再减去进位标志 CF 的原状态。运算结束时,CF 将被置成新状态。这条指令通常用于比 16 位数宽的多字节减法,在多字节减法中,如同多字节加法操作时传递进位一样,它需要传递借位。

例如,假定从存于 BX 和 AX 中的 4 字节数减去存于 SI 和 DI 中的 4 字节数,则程序段为:

```
SUB AX,DI
SBB BX,SI
```

3. DEC d;d←d－1

减 1 指令功能:将目标操作数的内容减 1 后送回目标。

目标操作数可以是 8/16 位通用寄存器和存储器操作数,但不允许是立即数。

注意:对于间接寻址存储器数据减 1 指令,要求用 TYPE PTR 类型伪指令来标识数据长。

例如:

```
DEC BYTE PTR[DI]        ;由 DI 寻址的数据段字节存储单元的内容减 1
DEC WORD PTR[BP]        ;由 BP 寻址的堆栈段字存储单元的内容减 1
```

4. NEG d; d←$\bar{d}$＋1

NEG 是一条求补码的指令,简称求补指令。

指令功能:将目标操作数取负后送回目标。

目标操作数可以是 8/16 位通用寄存器或存储器操作数。

NEG 指令是把目标操作数当成一个带符号数,如果原操作数是正数,则 NEG 指令执行后将其变成绝对值相等的负数(用补码表示);如果原操作数是负数(用补码表示),则 NEG 指令执行后将其变成绝对值相等的正数。例如:

```
NEG BYTE PTR[BX]
```

设当前 CS=1000H,IP=200AH,DS=2000H,BX=3000H,且由目标[BX]所指向的存储单元(=DS×16＋BX=23000H)已定义为字节变量(假定为 FDH),则该指令执行后,将物理地址 23000H 中的目标操作数 FDH=[－3]$_{补}$,变成＋3 送回物理地址 23000H 单元中。

5. CMP d,s;d－s,只置标志位

指令功能:将目标操作数与源操作数相减但不送回结果,只根据运算结果置标志位。

源操作数可以是 8/16 位通用寄存器、存储器操作数或立即数;目标操作数只可以是 8/16 位通用寄存器或存储器操作数。但不允许两个操作数同时为存储器操作数,也不允许做段寄存器比较。比较指令使用的寻址方式与前面介绍过的加法和减法指令相同。例如：

```
CMP [DI],BL              ;DI 寻址的数据段存储单元的字节内容减 BL
CMP CL,[BP]              ;用 CL 减由 BP 寻址的堆栈段存储单元的字节内容
CMP SI,TEMP[BX]          ;由 SI 减由 TEMP+BX 寻址的数据段存储单元的字内容
```

注意：执行比较指令时，会影响标志位 OF、SF、ZF、AF、PF、CF。当判断两比较数的大小时，应区分无符号数与有符号数的不同判断条件：对于两无符号数比较，只需根据借位标志 CF 即可判断；而对于两有符号数比较，则要根据溢出标志 OF 和符号标志 SF 两者的异或运算结果来判断。具体判断方法为：若为两无符号数比较，当 ZF=1 时，则表示 d=s；当 ZF=0 时，则表示 d≠s。如 CF=0 时，表示无借位或够减，即 d≥s；如 CF=1 时，表示有借位或不够减，即 d<s。若为两有符号数比较，当 OF⊕SF=0 时，则 d≥s；当 OF⊕SF=1 时，则 d<s。通常，比较指令后面跟一条条件转移指令，检查标志位的状态以决定程序的转向。

假如，要将 CL 的内容与 64H 做比较，当 CL≥64H 时，则程序转向存储器地址 SUBER 处继续执行。其程序段如下。

```
CMP CL,64H               ;CL 与 64H 作比较
JAE SUBER                ;如果等于或高于则跳转
```

以上的 JAE 为一条等于或高于的条件转移指令。

3.3.3 乘法指令

乘法指令用来实现两个二进制操作数的相乘运算，包括两条指令：无符号数乘法指令 MUL 和有符号数乘法指令 IMUL。

1. MUL s

MUL s 是无符号乘法指令，完成两个无符号的 8/16 位二进制数相乘的功能。被乘数隐含在累加器 AL/AX 中；指令中由 s 指定的源操作数作乘数，它可以是 8/16 位通用寄存器或存储器操作数。相乘所得双倍位长的积，按其高 8/16 位与低 8/16 位两部分分别存放到 AH 与 AL 或 DX 与 AX 中去，即对 8 位二进制数乘法，其 16 位积的高 8 位存于 AH，低 8 位存于 AL；而对 16 位二进制数乘法，其 32 位积的高 16 位存于 DX，低 16 位存于 AX。若运算结果的高位字节或高位字有效，即 AH≠0 或 DX≠0，则将 CF 和 OF 两标志位同时置 1；否则，CF=OF=0。据此，利用 CF 和 OF 标志可判断相乘结果的高位字节或高位字是否为有效数值。例如：

```
MUL BYTE PTR[BX+2AH]
```

设当前 CS=3000H，IP=0250H，AL=12H，DS=2000H，BX=0234H，且源操作数已被定义为字节变量(66H)，则该指令执行后，乘积 072CH 存放于 AX 中。

2. IMUL s

IMUL s 是有符号乘法指令，完成两个带符号的 8/16 位二进制数相乘的功能。

对于两个带符号的数相乘,不能简单采用与无符号数乘法相同的操作过程,否则会产生完全错误的结果。为此,专门设置了 IMUL 指令。

IMUL 指令除计算对象是带符号二进制数以外,其他都与 MUL 是一样的,但结果不同。

IMUL 指令对 OF 和 CF 的影响是:若乘积的高一半是低一半的符号扩展,则 OF＝CF＝0;否则,均为 1。它仍然可用来判断相乘的结果中高一半是否含有有效数值。另外,IMUL 指令对其他标志位没有定义。例如:

```
IMUL CL              ;AX←(AL)×(CL)
IMUL CX              ;DX、AX←(AX)×(CX)
IMUL BYTE PTR[BX]    ;AX←(AL)×[BX],即 AL 中的和 BX 所指内存单元中的两个 8 位有
                     ;符号数相乘,结果送 AX 中
IMUL WORD PTR[DI]    ;DX、AX←(AX)×[DI],即 AX 中的和 DI、DI+1 所指内存单元中的两个
                     ;16 位有符号数相乘,结果送 DX 和 AX 中
```

有关 IMUL 指令的其他约定都与 MUL 指令相同。

3.3.4 除法指令

除法指令包括无符号二进制数除法指令 DIV 和有符号二进制数除法指令 IDIV。

1. DIV s

DIV s 指令完成两个不带符号的二进制数相除的功能。被除数隐含在累加器 AX(字节除)或 DX、AX(字除)中。指令中由 s 给出的源操作数作除数,可以是 8/16 位通用寄存器或存储器操作数。

对于字节除法,所得的商存于 AL,余数存于 AH。对于字除法,所得的商存于 AX,余数存于 DX。根据 8086 的约定,余数的符号应与被除数的符号一致。例如:

```
DIV BYTE PTR[BX+SI]
```

设当前 CS＝1000H,IP＝0406H,BX＝2000H,SI＝050EH,DS＝3000H,AX＝1500H,存储器中的源操作数已被定义为字节变量 22H,则该指令执行后,所得商数 9EH 存于 AL 中,余数 04H 存于 AH 中。

2. IDIV s

IDIV s 指令完成将两个带符号的二进制数相除的功能。它与 DIV s 指令的主要区别在于对符号位处理的约定,其他约定相同。具体地说,如果源操作数是字节/字数据,被除数应为字/双字数据并隐含存放于 AX/DX、AX 中。如果被除数也是字节/字数据在 AL/AX 中,那么,应将 AL/AX 的符号位 $(AL_7)/(AX_{15})$ 扩展到 AH/DX 寄存器后,才能开始字节/字除法运算,运算结果商数在 AL/AX 寄存器中,AL_7/AX_{15} 是商数的符号位;余数在 AH/DX 中,AH_7/DX_{15} 是余数的符号位,它应与被除数的符号一致。在这种情况下,允许的最大商数为 ＋127/＋32 767,最小商数为 －127/－32 767。例如:

```
IDIV BX              ;将 DX 和 AX 中的 32 位数除以 BX 中的 16 位数,商在 AX 中,余数在 DX 中
IDIV BYTE PTR[SI]    ;将 AX 中的 16 位数除以 SI 所指内存单元的 8 位数,所得的商在 AL 中,
                     ;余数在 AH 中
```

3. CBW 和 CWD

CBW 和 CWD 是两条专门为 IDIV 指令设置的符号扩展指令,用来扩展被除数字节/字为字/双字的符号,所扩充的高位字节/字部分均为低位的符号位。它们在使用时应安排在 IDIV 指令之前,执行结果对标志位没有影响。

CBW 指令将 AL 的最高有效位 D_7 扩展至 AH,即:若 AL 的最高有效位是 0,则 AH=00H;若 AL 的最高有效位为 1,则 AH=FFH。该指令在执行后,AL 不变。

CWD 指令将 AX 的最高有效位 D_{15} 扩展形成 DX,即:若 AX 的最高有效位为 0,则 DX=0000H;若 AX 的最高有效位为 1,则 DX=FFFFH。该指令在执行后,AX 不变。

符号扩展指令常用来获得除法指令所需要的被除数。例如,AX=FF00H 表示有符号数-256;执行 CWD 指令后,则 DX=FFFFH,DX、AX 仍表示有符号数-256。

对无符号数除法应该采用直接使高 8 位或高 16 位清 0 的方法,以获得倍长的被除数。

3.3.5 十进制调整指令

十进制数在计算机中也是用二进制来表示的,这就是二进制编码的十进制数——BCD 码。8086 支持压缩 BCD 码和非压缩 BCD 码,相应的十进制调整指令也分为压缩 BCD 码调整指令和非压缩 BCD 码调整指令。

1. DAA

DAA 是加法的十进制调整指令,必须跟在 ADD 或 ADC 指令之后使用。其功能是将存于 AL 中的 2 位 BCD 码加法运算的结果调整为 2 位压缩型十进制数,仍保留在 AL 中。

AL 中的运算结果在出现非法码(1010B~1111B)或本位向高位(指 BCD 码)有进位(由 AF=1 或 CF=1 表示低位向高位或高位向更高位有进位)时,由 DAA 自动进行加 6 调整。由于 DAA 指令只能对 AL 中的结果进行调整,因此,对于多字节的十进制加法,只能从低字节开始,逐字节地进行运算和调整。例如,设当前 AX=6698,BX=2877,如果要将这两个十进制数相加,结果保留在 AX 中,则需要用下列几条指令完成。

```
ADD AL,BL           ;低字节相加
DAA                 ;低字节调整
MOV CL,AL
MOV AL,AH
ADC AL,BH           ;高字节相加
DAA                 ;高字节调整
MOV AH,AL
MOV AL,CL
```

2. DAS

DAS 是减法的十进制调整指令,必须跟在 SUB 或 SBB 指令之后,将 AL 寄存器中的减法运算结果调整为 2 位压缩型十进制数,仍保留在 AL 中。

减法是加法的逆运算,对减法的调整操作是减 6 调整。

3. AAA

AAA 是加法的 ASCII 码调整指令,也是只能跟在 ADD 指令之后使用。其功能是将存于 AL 寄存器中的一位 ASCII 码数加法运算的结果调整为一位非压缩型十进制数,仍保留在 AL 中;如果向高位有进位(AF=1),则进到 AH 中。调整过程与 DAA 相似。

4. AAS

AAS 是减法的 ASCII 码调整指令,也必须跟在 SUB 或 SBB 指令之后,用来将 AL 寄存器中的减法运算结果调整为一位非压缩型十进制数;如果有借位,则保留在借位标志 CF 中。

5. AAM

AAM 是乘法的 ASCII 码调整指令。由于 8086/8088 指令系统中不允许采用压缩型十进制数乘法运算,故只设置了一条 AAM 指令,用来将 AL 中的乘法运算结果调整为两位非压缩型十进制数,其高位在 AH 中,低位在 AL 中。参加乘法运算的十进制数必须是非压缩型,故通常在 MUL 指令之前安排两条 AND 指令。例如:

```
AND AL,0FH
AND BL,0FH
MUL BL
AAM
```

执行 MUL 指令的结果,会在 AL 中得到 8 位二进制数结果,用 AAM 指令可将 AL 中的结果调整为两位非压缩型十进制数,并保留在 AX 中。其调整操作是:将 AL 寄存器中的结果除以 10,所得商数即为高位十进制数置入 AH 中,所得余数即为低位十进制数置入 AL 中。

6. AAD

AAD 是除法的 ASCII 码调整指令。它与上述调整指令的操作不同,是在除法之前进行调整操作的。

AAD 指令的调整操作是将累加器 AX 中的两位非压缩型十进制的被除数调整为二进制数,保留在 AL 中。其具体做法是将 AH 中的高位十进制数乘以 10,与 AL 中的低位十进制数相加,结果保留在 AL 中。例如,一个数据为 67,用非压缩型 BCD 码表示时,则 AH 中为 00000110,AL 中为 00000111;调整时执行 AAD 指令,该指令将 AH 中的内容乘以 10,再加到 AL 中,故得到的结果为 43H。

3.4 逻辑运算和移位循环类指令

这类指令可分为 3 种类型：逻辑运算、移位、循环移位。

3.4.1 逻辑运算指令

1. AND d,s；　　d←d∧s,按位"与"操作

源操作数可以是 8/16 位通用寄存器、存储器操作数或立即数；目标操作数只允许是通用寄存器或存储器操作数。例如：

```
AND AX,ALPHA
```

设当前 CS=2000H,IP=0400H,DS=1000H,AX=F0F0H,ALPHA 是数据段中偏移地址为 0500H 和 0501H 地址中的字变量 7788H 的名字。则执行该指令后，将累加器 AX 中的 F0F0H 与物理地址 10500H 和 10501H 地址中的数据字 7788H 进行逻辑"与"运算后得结果为 7080H,并把它送回 AX 寄存器中。

2. OR d,s　　；d←d∨s,按位"或"操作

源操作数与目标操作数的约定同 AND 指令。

3. XOR d,s　　；d←d⊕s,按位"异或"操作

源操作数与目标操作数的约定同 AND 指令。

4. NOT d　　；d←$\bar{d}$,按位取反操作

5. TEST d,s　　；d∧s,按位"与"操作,不送回结果

有关的约定和操作过程与 AND 指令相同，只是 TEST 指令不传送结果。

3.4.2 移位指令与循环移位指令

移位指令分为算术移位和逻辑移位。算术移位是对带符号数进行移位,在移位过程中必须保持符号不变;而逻辑移位是对无符号数移位,总是用 0 填补已空出的位。根据移位操作的结果置标志寄存器中的状态标志（AF 标志除外）。若移位位数是 1 位,移位结果使最高位（符号位）发生变化,则将溢出标志 OF 置 1;若移位多位,则 OF 标志将无效。

循环移位指令是将操作数首尾相接进行移位,分为不带进位位与带进位位循环移位。这类指令只影响 CF 和 OF 标志。CF 标志总是保持移出的最后一位的状态。若只循环移 1 位,且使最高位发生变化,则 OF 标志置 1;若循环移多位,则 OF 标志无效。

所有移位与循环移位指令的目标操作数只允许是 8/16 位通用寄存器或存储器操作数,指令中的 count(计数值)可以是 1,也可以是 n(n≤255)。若移 1 位,指令的 count 字段直接写 1；若移 n 位时，则必须将 n 事先装入 CL 寄存器中，故 count 字段只能书写 CL 而不能用立即数 n。例如：

```
SAL BX,1            ;BX 的内容算术左移 1 位
ROR AX,1            ;AX 的内容循环右移 1 位
```

又例如：

```
MOV CL,6
SAR DX,CL           ;DX 的内容算术右移 6 位
RCL AX,CL           ;AX 的内容连同 CF 循环左移 6 位
```

3.5　串操作类指令

串操作类指令是唯一能在存储器内的源与目标之间进行操作的指令。

串操作指令对向量和数组操作提供了很好的支持，可有效地加快处理速度、缩短程序长度。它们能对字符串进行各种基本的操作，如传送（MOVS）、比较（CMPS）、搜索（SCAS）、读（LODS）和写（STOS）等。对任何一个基本操作指令，可以用加一个重复前缀指令来指示该操作要重复执行，所需重复的次数由 CX 中的初值确定。被处理的串长度可达 64KB。

为缩短指令长度，串操作指令均采用隐含寻址方式，源数据串一般在当前数据段中，即由 DS 段寄存器提供段地址，其偏移地址必须由源变址寄存器 SI 提供；目标串必须在附加段中，即由 ES 段寄存器提供段地址，其偏移地址必须由目标变址寄存器 DI 提供。

为加快串操作的执行，可在基本串操作指令的前方加上重复前缀，共有无条件重复（REP）、相等/为 0 时重复（REPE/REPZ）和不等/不为 0 重复（REPNE/REPNZ）5 种重复前缀。带有重复前缀的串操作指令，每处理一个元素能自动修改 CX 的内容（按字节/字处理减 1/减 2），以完成计数功能。当 CX≠0 时，继续串操作，直到 CX＝0 才结束串操作。

无条件重复前缀（REP）常与串传送（MOVS）指令连用，完成传送整个串操作，即执行到 CX＝0 为止。REPE 和 REPZ 具有相同的含义，只有当 ZF＝1 且 CX≠0 时才重复执行串操作，常与串比较（CMPS）指令连用，比较操作一直进行到 ZF＝0 或 CX＝0 时为止。与此相反，REPNE 和 REPNZ 具有相同的含义，只有当 ZF＝0 且 CX≠0 时才重复执行串操作，常与串搜索（SCAS）指令连用，搜索操作一直进行到 ZF＝1 或 CX＝0 为止。

串操作指令对 SI 和 DI 寄存器的修改与两个因素有关：一是和被处理的串是字节串还是字串有关；二是和当前的方向标志 DF 的状态有关。当 DF＝0，表示串操作由低地址向高地址进行，SI 和 DI 内容应递增，其初值应该是源串和目标串的首地址；当 DF＝1 时，则情况正好相反。

下面分别介绍 8086/8088 的 5 种基本的串操作指令。

3.5.1 MOVS 目标串,源串

串传送(MOVS)指令的功能:将由 SI 作为指针的源串中的一字节或字,传送到由 DI 作为指针的目标串中,且相应地自动修改 SI/DI,使之指向下一个元素。如果加上 REP 前缀,则每传送一个元素,CX 自动减 1,直到 CX=0 为止。例如:

```
REP MOVSB
```

设当前 CS=6180H,IP=120AH,DS=1000H,SI=2000H,ES=3000H,DI=1020H,CX=0064H,DF=0。则该指令执行后,将源串的 100 字节传送到目标串,每传送 1 字节,SI+1,DI+1,CX−1,直到 CX=0 为止。

3.5.2 CMPS 目标串,源串

串比较(CMPS)指令的功能:将由 SI 作为指针的源串中的一个元素减去由 DI 作为指针的目标串中相对应的一个元素,不回送结果,只根据结果特征置标志位;并相应地修改 SI 和 DI 内容指向下一个元素。通常,在 CMPS 指令前加重复前缀 REPE/REPZ,用来确定两个串中的第一个不相同的数据。

3.5.3 SCAS 目标串

串搜索(SCAS)指令的功能:用来从目标数据串中搜索(或查找)某个关键字,要求将待查找的关键字在执行该指令之前事先置入 AX 或 AL 中,取决于 W=1 或 W=0。

搜索的实质是将 AX 或 AL 中的关键字减去由 DI 所指向的数据段目标数据串中的一个元素,不传送结果,只根据结果置标志位,然后修改 DI 的内容指向下一个元素。通常,在 SCAS 前加重复前缀 REPNE/REPNZ,用来从目标数据串中寻找关键字,操作一直进行到 ZF=1(查到了某关键字)或 CX=0(终未查找到)为止。

3.5.4 LODS 源串

读串(LODS)指令的功能:用来将源串中由 SI 所指向的元素取到 AX/AL 寄存器中,修改 SI 的内容指向下一个元素。该指令一般不加重复前缀,常用来和其他指令结合起来完成复杂的串操作功能。

3.5.5 STOS 目标串

写串(STOS)指令的功能:用来将 AX/AL 寄存器中的一个字或字节写入由 DI 作为指针的目标串中,同时修改 DI 以指向串中的下一个元素。该指令一般不加重复前缀,常与其

他指令结合起来完成较复杂的串操作功能。若利用重复操作,可以建立一串相同的值。

3.6 程序控制指令

程序控制指令就是用来控制程序流向的一类指令。本节介绍无条件转移、条件转移、循环控制和中断 4 种程序控制指令。

3.6.1 无条件转移指令

在无条件转移类指令中,除介绍无条件转移指令 JMP 外,也一并介绍无条件调用过程指令 CALL 与从过程返回指令 RET,因为,后两条指令在实质上也是无条件地控制程序流向的转移的,但它们在使用上与 JMP 有所不同。

1. JMP 目标标号

JMP 指令允许程序流无条件地转移到由目标标号指定的地址,去继续执行从该地址开始的程序。

转移可分为段内转移和段间转移两类。段内转移是指在同一代码段的范围之内进行转移,此时,只需要改变指令指针 IP 寄存器的内容,即用新的转移目标地址(指偏移地址)代替原有的 IP 值就可实现转移;而段间转移则是要转移到一个新的代码段去执行指令,此时不仅要修改 IP 的内容,还要修改段寄存器(CS)的内容才能实现转移。当然,此时的转移目标地址应由新的段地址和偏移地址两部分组成。根据目标地址的位置与寻址方式的不同,JMP 指令有以下 4 种基本格式。

1)段内直接转移

段内直接转移是指目标地址就在当前代码段内,其偏移地址(即目标地址的偏移量)与本指令当前 IP 值(即 JMP 指令的下一条指令的地址)之间的字节距离即位移量将在指令中直接给出。此时,目标标号偏移地址为:

$$目标标号偏移地址 = (IP) + 指令中位移量$$

式中,(IP)是指 IP 的当前值。位移量的字节数则根据微处理器的位数而定。

对于 16 位微处理器而言,段内直接转移的指令格式又分为 2 字节和 3 字节两种,它们的第 1 字节是操作码,而第 2 字节或第 2、3 字节为位移量(最高位为符号位)。若位移量只有 1 字节,则称为段内短转移,其目标标号与本指令之间的距离不能超过 +127 和 -128 字节范围;若位移量占 2 字节,则称为段内近转移,其目标标号与本指令之间的距离不能超过 ±32KB 范围。注意,段的偏移地址是周期性循环计数的,这意味着在偏移地址 FFFFH 之后的一个位置是偏移地址 0000H。由于这个原因,如果指令指针 IP 指向偏移地址 FFFFH,而要转移到存储器中的后两字节地址,则程序流将在偏移地址 0001H 处继续执行。

2)段内间接转移

段内间接转移是一种间接寻址方式,是将段内的目标地址(指偏移地址或按间接寻址方式计算出的有效地址)先存放在某通用寄存器或存储器的某两个连续地址中,这时指令中只需给出该寄存器号或存储单元地址即可。例如:

```
JMP BX
```

此指令中的 BX 没有方括号,但仍表示间接指向内存区的某地址单元。BX 中的内容即转移目标的偏移地址。设当前 CS=1200H,IP=2400H,BX=3502H,则该指令执行后,BX 寄存器中的内容 3502H 取代原 IP 值,CPU 将转到物理地址 15502H 单元中去执行后续指令。

注意: 为区分段内的短转移(位移量为 8 位)和近转移(位移量为 16 位),其指令格式常以 JMP SHORT ABC 和 JMP NEAR PTR ABC 的汇编语言形式表示。

3) 段间直接转移

段间转移是指程序由当前代码段转移到其他代码段,由于其转移的范围超过±32KB,故段间转移指令也称为远转移。在远转移时,目标标号是在其他代码段中,若指令中直接给出目标标号的段地址和偏移地址,则构成段间直接转移指令。例如:

```
JMP FAR PTR ADDR2
```

这是一条段间直接远转移指令,ADDR2 为目标标号。设当前 CS=2100H,IP=1500H,目标地址在另一代码段中,其段地址为 6500H,偏移地址为 020CH,则该指令执行后,CPU 将转移到另一代码段中物理地址为 6520CH 目标地址中去执行后续指令。

一般来说,在执行段间直接(远)转移指令时,目标标号的段内偏移地址送入 IP,而目标标号所在段的段地址送入 CS。在汇编语言中,目标标号可使用符号地址,而机器语言中则要指定目标(或转向)地址的偏移地址和段地址。

4) 段间间接转移

段间间接转移是指以间接寻址方式来实现由当前代码段转移到其他代码段。例如:

```
JMP DWORD PTR [BX+ADDR3]
```

设当前 CS=1000H,IP=026AH,DS=2000H,BX=1400H,ADDR3=020AH,(2160AH)=0EH,(2160BH)=32H,(2160CH)=00H,(2160DH)=40H,则执行指令时,目标地址的偏移地址 320EH 送入 IP,而其段地址 4000H 送入 CS,于是,该指令执行后,CPU 将转到另一代码段物理地址为 4320EH 的单元中去执行后续程序。

需要指出的是,段间转移和段内间接转移都必须用无条件转移指令;而条件转移指令则只能用段内直接寻址方式,并且,其转移范围只能是本指令所在位置前后的−128~+127 字节。

2. CALL 过程名

这是无条件调用过程指令。

这里的过程即子程序;调用过程也即调用子程序。CALL 指令将迫使 CPU 暂停执行调用程序(或称为主程序)后续的下一条指令(即断点),转去执行指定的过程;待过程执行完毕,再用返回指令 RET 将程序返回到断点处继续执行。

8086/8088 指令系统中把处于当前代码段的过程称为近过程,用 NEAR 表示;而把其他代码段的过程称为远过程,用 FAR 表示。当调用过程时,如果是近过程,只需将当前 IP 值入栈;如果是远过程,则必须将当前 CS 和 IP 的值一起入栈。

CALL 指令与 JMP 类似,也有 4 种不同的寻址方式和 4 种基本格式,举例如下。

1) CALL N_PROC

N_PROC 是一个近过程名,采用段内直接寻址方式。

执行段内直接调用指令 CALL 时,第 1 步操作是把过程的返回地址(即调用程序中 CALL 指令的下一条指令的地址)压入堆栈中,以便过程返回调用程序(主程序)时使用。第 2 步操作则是转移到过程的入口地址去继续执行。指令中的近过程名将给出目标(转向)地址(即过程的入口地址)。

2) CALL BX

这是一条段内间接寻址的调用过程指令,事先已将过程入口的偏移地址置入 BX 寄存器中。在执行该指令时,调用程序将转向由 BX 寄存器的内容所指定的某内存单元。

3) CALL F_PROC

F_PROC 是一个远过程名,它可以采用段间直接和段间间接两种寻址方式来实现调用过程。在段间调用的情况下,则把返回地址的段地址和偏移地址先后压入堆栈。例如:

```
CALL 2000H:5600H
```

这是一条段间直接调用指令,调用的段地址为 2000H,偏移地址为 5600H。执行该指令后,调用程序将转移到物理地址为 25600H 的过程入口去继续执行。又如:

```
CALL DWORD PTR[DI]
```

这是一条段间间接调用指令,调用地址在 DI、DI+1、DI+2、DI+3 所指的 4 个连续内存单元中,前 2 字节为偏移地址,后 2 字节为段地址。若 DI=0AH,DI+1=45H,DI+2=00H,DI+3=63H,则执行该指令后,将转移到物理地址为 6750AH 的过程入口去继续执行。

4) RET 弹出值

过程返回(RET)指令应安排在过程的出口即过程的最后一条指令处,它的功能是从堆栈顶部弹出由 CALL 指令压入的断点地址值,迫使 CPU 返回到调用程序的断点去继续执行。RET 指令与 CALL 指令相呼应,CALL 指令安排在调用过程中,RET 指令安排在被调用的过程末尾处。并且,为了能正确返回,返回指令的类型要和调用指令的类型相对应。也就是说,如果一个过程是供段内调用的,则过程末尾用段内返回指令;如果一个过程是供段间调用的,则末尾用段间返回指令。此外,如果调用程序通过堆栈向过程传送了一些参数,过程在运行中要使用这些参数,一旦过程执行完毕,这些参数也应当弹出堆栈作废,这就是 RET 指令有时还要带弹出值的原因,其取值就是要弹出的数据字节数,因此,带弹出值的 RET 指令除了从堆栈中弹出断点地址(对近过程为 2 字节的偏移量,对远过程为 2 字节的偏移量和 2 字节的段地址)外,还要弹出由弹出值 n 所指定的 n 字节偶数的内容。n 可以为 0~FFFFH 范围中的任何一个偶数。但是弹出值并不是必需的,这取决于调用程序是否向过程传送了参数。

3.6.2 条件转移指令

条件转移指令是根据 CPU 执行上一条指令时,某一个或某几个标志位的状态而决定是否控制程序转移。如果满足指令中所要求的条件,则产生转移;否则,将继续往下执行紧接着条件转移指令后面的一条指令。条件转移指令的测试条件如主教材中的表 3.10 所示。注意,为缩短指令长度,所有的条件转移指令都被设计成短转移,即转移目标与本指令之间的字节距离在 $-128 \sim +127$ 内。例如:

```
JZ ADDR
```

设当前 CS=1000H,IP=300BH,ZF=1,目标地址 ADDR 相对于本指令的字节距离为 -9,则该指令执行后,由于 ZF=1 满足条件,故 CPU 将转到目标地址为 13004H(CS×16+IP+2-9)的单元去执行后续程序。

3.6.3 循环控制指令

循环控制指令实际上是一组增强型的条件转移指令,但它是根据自己进行某种运算后来设置状态标志的。

循环控制指令都与 CX 寄存器配合使用,CX 中存放着循环次数。另外,这些指令所控制的目标地址的范围都在 $-128 \sim +127$ 字节之内。

1. LOOP 目标标号

LOOP 指令的功能是先将 CX 寄存器内容减 1 后送回 CX,再判断 CX 是否为 0,若 CX≠0,则转移到目标标号所给定的地址继续循环;否则,结束循环顺序执行下一条指令。这是一条常用的循环控制指令,使用 LOOP 指令前,应将循环次数送入 CX 寄存器。其操作过程与条件转移指令类似,只是它的位移量应为负值。

2. LOOPE/LOOPZ 目标标号

LOOPE 和 LOOPZ 是同一条指令的两种不同的助记符,其指令功能是先将 CX 减 1 送 CX,若 ZF=1 且 CX≠0,则循环;否则,顺序执行下一条指令。

3. LOOPNE/LOOPNZ 目标标号

LOOPNE 和 LOOPNZ 也是同一条指令的两种不同的助记符,其指令功能是先将 CX 减 1 送 CX,若 ZF=0 且 CX≠0,则循环;否则,顺序执行下一条指令。

4. JCXZ 目标标号

JCXZ 指令不对 CX 寄存器内容进行操作,只根据 CX 内容控制转移。它既是一条条件转移指令,也可用来控制循环,但循环控制条件与 LOOP 指令相反。

循环控制指令在使用时放在循环程序的开头或结尾处,以控制循环程序的运行。

3.6.4 中断指令

1. INT 中断类型

8086/8088 系统中允许有 256 种中断类型(0～255)，各种类型的中断在中断向量表中占 4 字节，前两字节用来存放中断入口的偏移地址，后两字节用来存放中断入口的段地址(即段值)。

CPU 执行 INT 指令时，首先将标志寄存器的内容入栈，然后清除中断标志 IF 和单步标志 TF，以禁止可屏蔽中断和单步中断进入，并将当前程序断点的段地址和偏移地址入栈保护，于是，从中断向量表中获得的中断入口的段地址和偏移地址，可分别置入段寄存器 CS 和指令指针 IP 中，CPU 将转向中断入口去执行相应的中断服务程序。例如：

```
INT 20H
```

设当前 CS＝2000H，IP＝061AH，SS＝3000H，SP＝0240H，则 INT 20H 指令执行时，标志寄存器内容先压入堆栈原栈顶 30240H 之上的两个单元 3023FH 和 3023EH；然后，再将断点地址的段地址 CS＝2000H 和指令指针 IP＝061AH＋2＝061CH 入栈保护，分别放入 3023DH、3023CH 和 3023BH、3023AH 连续 4 个单元中；最后，根据指令中提供的中断类型号 20H 得到中断向量的存放地址为 80H～83H，假定这 4 个单元中存放的值分别为 00H、30H、00H、40H，则 CPU 将转到物理地址为 43000H 的入口去执行中断服务程序。

2. INTO

为了判断有符号数的加减运算是否产生溢出，专门设计了一条 1 字节的 INTO 指令，用于对溢出标志 OF 进行测试；当 OF＝1，立即向 CPU 发出溢出中断请求，并根据系统对溢出中断类型的定义，可从中断向量表中得到类型 4 的中断服务程序入口地址。该指令一般安排在带符号的算术运算指令之后，用于处理溢出中断。

3. IRET

IRET 指令总是安排在中断服务程序的出口处，控制从堆栈中弹出程序断点送回 CS 和 IP 中，弹出标志寄存器内容送回标志寄存器中，迫使 CPU 返回到断点继续执行后续程序。IRET 也是一条 1 字节指令。

3.7 处理器控制类指令

处理器控制指令只完成对 CPU 的简单控制功能。

3.7.1 对标志位操作指令

1. CLC、STC、CMC 指令

CLC、STC、CMC 指令用来对进位标志 CF 清 0、置 1、取反操作。

2. CLD、STD 指令

CLD、STD 指令用来将方向标志 DF 清 0、置 1，常用于串操作指令之前。

3. CLI、STI 指令

CLI、STI 指令用来将中断标志 IF 清 0、置 1。当 CPU 需要禁止可屏蔽中断进入时，应将 IF 清 0；允许可屏蔽中断进入时，应将 IF 置 1。

3.7.2 同步控制指令

8086/8088 CPU 构成最大方式系统时，可与其他处理器一起构成多处理器系统，当 CPU 需要协处理器帮助它完成某个任务时，CPU 可用同步指令向协处理器发出请求，待它们接受这一请求，CPU 才能继续执行程序。为此，专门设置了 3 条同步控制指令。

1. ESC 外部操作码，源操作数

外部操作码是用于外部处理器的操作码，源操作数是用于外部处理器的源操作数。

ESC 指令是在最大方式系统中，CPU 要求协处理器完成某种任务的命令，它的功能是实现 8086 对 8087 协处理器的控制，使 8087 协处理器可以从 CPU 的程序中取得一条指令或一个存储器操作数。ESC 指令与 WAIT 指令、$\overline{\text{TEST}}$ 引线结合使用时，能够启动一个在某个协处理器中执行的子程序。

协处理器平时处于查询状态，一旦查询到 CPU 执行 ESC 指令且发出交权命令，被选协处理器便可开始工作，根据 ESC 指令的要求完成某种操作；待协处理器操作结束，便在 $\overline{\text{TEST}}$ 状态线上向 8086 CPU 回送一个有效低电平信号，当 CPU 测试到 $\overline{\text{TEST}}$ 有效时才能继续执行后续指令。

2. WAIT

WAIT 指令通常用在 CPU 执行完 ESC 指令后，用来挂起当前进程，等待外部事件，即等待 $\overline{\text{TEST}}$ 线上的有效信号。当 $\overline{\text{TEST}}=1$ 时，表示 CPU 正处于等待状态，并继续执行 WAIT 指令，CPU 每隔 5 个时钟周期就测试一次 $\overline{\text{TEST}}$ 状态；一旦测试到 $\overline{\text{TEST}}=0$，则 CPU 结束 WAIT 指令，继续执行后续指令。WAIT 与 ESC 两条指令是成对使用的，它们之间可以插入一段程序，也可以相连。

3. LOCK

LOCK 是 1 字节的指令前缀，而不是一条独立的指令，常作为指令的前缀，可位于任何指令的前端。凡带有 LOCK 前缀的指令，在该指令执行过程中都禁止其他协处理器占用总线，故它可称为总线锁定前缀。

总线封锁常用于资源共享的最大方式系统中。可利用 LOCK 指令，使任一时刻只允许子处理器之一工作，而其他的子处理器均被封锁。

3.7.3 其他控制指令

1. HLT

HLT 是一条暂停指令,它用于迫使 CPU 暂停执行程序,直到接收到复位或中断信号为止。

2. NOP

NOP 是一条空操作指令,它并未使 CPU 完成任何有效功能,只是每执行一次该指令要占用 3 个时钟周期的时间,常用作延时,或取代其他指令作调试之用。

本 章 小 结

8086/8088 寻址方式与指令系统的分类方法在不同版本的教材中基本上是一致的,但它们之间也有一些细微的差别。本章叙述的分类是典型的分类方法之一。

要熟悉指令的操作首先要掌握指令的寻址方式。8086/8088 的寻址方式主要分为数据寻址方式和程序存储器寻址方式两种。

数据寻址方式有立即寻址、寄存器寻址、直接数据寻址、寄存器间接寻址、基址加变址寻址、寄存器相对寻址、相对基址加变址寻址等多种。其中,除立即寻址与寄存器寻址外,其他的寻址方式都需要对存储器操作数(不包括立即数)进行寻址。它们的一个共同寻址机理就是先要由汇编程序根据书写的寻址方式汇编语句计算出有效地址(EA,即偏移地址)。计算 EA 的通式为:EA=基址值(BX 或 BP)+变址值(SI 或 DI)+位移量 DISP。然后,再在地址加法器中将它与 16 位段地址左移 4 位后的 20 位段基地址相加,便得出寻址存储器某段中的一个 20 位的物理地址。

程序存储器寻址方式也就是转移类指令的寻址方式,是寻址程序的地址(在代码段中)。其具体寻址方式可进一步分为 4 种类型:转移(包括无条件转移 JMP 与各种条件转移——其格式为 JX 的指令)、循环控制(包括无条件循环指令 LOOP 与 5 种条件循环指令)、过程调用(CALL 与 RET)和中断控制(INT 与 IRET)。

此外,还有堆栈存储器寻址方式。它是由堆栈段寄存器(SS)和堆栈指针(SP)寻址。CPU 与堆栈之间的数据操作,是用 PUSH 指令压入堆栈,用 POP 指令弹出堆栈。

其他类的寻址方式包括有串操作指令寻址方式与 I/O 端口寻址方式两种。

8086/8088 的指令按功能可分为 6 类:数据传送、算术运算、逻辑运算、串操作、程序控制和 CPU 控制。主教材中的表 3-11 列出了 8086/8088 指令系统中的全部指令助记符。要正确使用指令,必须掌握指令的功能,并理解它对标志寄存器的影响以及使用中的某些特定限制。学会指令的有效方法是亲自动手进行编程练习与上机调试,只有实践,才会熟能生巧。

第 4 章 汇编语言程序设计

【学习目标】

汇编语言程序设计是开发微机系统软件的基本功,在程序设计中占有十分重要的地位。本章选择 IBM PC 作为基础机型,着重讨论 8086/8088 汇编语言的基本语法和程序设计的基本方法,以掌握一般汇编语言程序设计的初步技术。

【学习要求】

理解 8086/8088 汇编语言的一般概念。

- ◆ 通过学习 8086/8088 汇编源程序实例,理解源程序结构:分段、行语句、字段。
- ◆ 学习汇编语言语句的类型及格式,掌握指令语句与伪指令语句的异同点。
- ◆ 学习 8086/8088 汇编语言的数据项时,要着重分清变量与标号的区别。变量是标定伪指令的符号地址,而标号是标定指令的符号地址。
- ◆ 学习表达式和运算符时,要重点掌握地址表达式的 3 个属性。
- ◆ 汇编语言程序有顺序结构、分支结构、循环结构及其组合结构等形式,熟练掌握和灵活运用顺序结构、分支结构、循环结构 3 种基本结构。

4.1 程序设计语言概述

程序设计语言有 3 种:机器语言、汇编语言和高级语言。

汇编语言是用指令的助记符、符号地址等书写的语言,简称符号语言。它的特点是易读、易写、易记。其缺点是不能为计算机所直接识别。

在理解和应用汇编语言时,先要分清汇编源程序、汇编、手工汇编与机器汇编、汇编程序等几个与汇编语言相关的名词。

汇编程序分为小汇编程序 ASM 和宏汇编程序 MASM 两种,后者功能比前者强,可支持宏汇编。

4.2 8086/8088 汇编语言源程序

4.2.1 8086/8088 汇编源程序实例

首先要通过汇编源程序实例分清程序段与汇编源程序的区别。程序段是指用汇编语言编写的程序，但这些程序都还不是完整的汇编语言源程序，在计算机上不能通过汇编生成目标代码，因而也就不能在机器上运行。而汇编源程序是指按照严格的汇编语法规则编写的程序，它可以在计算机上通过汇编生成目标代码，因而能在机器上运行。

汇编源程序在结构和语句格式上具有以下几个特点。

(1) 汇编源程序一般由若干段组成，每个段都有一个名字（叫段名），以 SEGMENT 作为段的开始，以 ENDS 作为段的结束，这两者(伪指令)前面都要冠以相同的名字。从段的性质上看，可分为代码段、堆栈段、数据段和附加段4种，但代码段与堆栈段是不可少的，数据段与附加段可根据需要设置。各段在源程序中的顺序可任意安排，段的数目原则上也不受限制。

(2) 汇编源程序的每段由若干行汇编语句组成的，每行只有一条语句，且不能超过128个字符，但一条语句允许有后续行，最后均以回车结束。整个源程序必须以 END 语句来结束，它通知汇编程序停止汇编。END 后面的标号 START 表示该程序执行时的起始地址。

(3) 每条汇编语句最多由 4 个字段组成，它们均按照一定的语法规则分别写在一个语句的 4 个区域内，各区域之间用空格或制表符(Tab 键)隔开。汇编语句的 4 个字段是：名字或标号、操作码(指令助记符)或伪操作命令、操作数表(操作数或地址)、注释。

4.2.2 汇编语言语句的类型及格式

1. 汇编语言语句的类型

汇编语言源程序的语句可分为两大类：指令性语句(简称指令语句)和指示性语句(简称伪指令语句)。

指令性语句是指由指令组成的一种可执行的语句，它在汇编时，汇编程序将产生与它一一对应的机器目标代码。

指示性语句是指由伪指令组成的一种只起说明作用而不能执行的语句，它在汇编时只为汇编程序提供进行汇编所需要的有关信息，如定义符号、分配存储单元、初始化存储器等，而本身并不生成目标代码。

2. 汇编语言语句格式

汇编语言源程序的语句一般由 4 个字段组成，但它们在指令性语句和指示性语句中的含义有些区别。

1) 指令性语句的格式

[标号:][前缀]指令助记符[操作数表][;注释]

其中,[ ]表示可以任选的部分;操作数表是由逗号分隔开的多个操作数。

(1) 标号:代表后面的指令所在的存储地址,供 JMP、CALL 和 LOOP 等指令作为操作数使用,以寻找转移目标地址。除此之外,它还具有一些其他"属性"。

(2) 前缀:8086/8088 中有些特殊指令,它们常作为前缀同其他指令配合使用,例如,和"串操作指令"(MOVS、CMPS、SCAS、LODS、STOS)连用的 5 条"重复指令"(REP、REPE、REPZ、REPNE、REPNZ),以及总线封锁指令 LOOK 等,都是前缀。

(3) 指令助记符:包括 8086/8088 的全部指令助记符,以及用宏定义语句定义过的宏指令名。宏指令在汇编时将用相应指令序列的目标代码插入。

(4) 操作数表:对 8086/8088 的一般性执行指令来说,操作数表可以是一个或两个操作数,若是两个操作数,则称左边的操作数为目标操作数,右边的操作数为源操作数;对宏指令来说,可能有多个操作数。操作数之间用逗号分隔开。

(5) 注释:以";"开始,用来简要说明该指令在程序中的功能,以提高程序的可读性。

2) 伪指令语句的格式

[名字]伪操作命令[操作数表][;注释]

其中,"名字"可以是标识符定义的常量名、变量名、过程名、段名等。所谓标识符是由字母开头,由字母、数字、特殊字符(如"?"、下画线、"@"等)组成的字符串。

注意:名字的后面没有冒号,这是它同指令语句中的标号在格式上的主要区别。

4.3 8086/8088 汇编语言的数据项与表达式

操作数是汇编语言语句中的一个重要字段。可以是寄存器、存储器单元或数据项。而汇编语言能识别的数据项又可以是常量、变量、标号、表达式和运算符。

4.3.1 常量

常量是指汇编时已经有确定数值的量,有多种表示形式,常见的有二进制数、十六进制数、十进制数和 ASCII 码字符串。其中,十六进制数的第一个数值必须是 0~9,如 7A65H、0FA9H 等;ASCII 字符串是用单引号括起来的一个或多个字符,如 'IBM PC'、'OK' 等。

常量可以用数值形式直接写在汇编语言的语句中,也可以用符号形式预先给它定义一个"名字",供编程时直接引用。用"名字"表示的常量称为符号常量,符号常量是用伪指令 EQU 或 = 定义的。

常量是没有属性的纯数据,它的值是在汇编时确定的。

4.3.2 变量

变量是内存中一个数据区的名字,即数据所存放地址的符号地址,它可以作为指令中的存储器操作数来引用。由于存储器是分段使用的,因而对源程序中所定义的变量也有 3 种属性:段属性(变量所在段的段地址)、偏移值属性(该变量与起始地址之间相距的字节数)和类型属性(数据项的存取长度单位)。

应当注意,"变量"与"标号"有两点区别。

(1) 变量指的是数据区的名字;而标号是某条执行指令起始地址的符号表示。

(2) 变量的类型是指数据项存取单位的字节数大小(即字节、字、双字、四字或十字),而标号的类型则指使用该标号的两条指令之间的距离远近(即 NEAR 或 FAR)。

变量名应由字母开头,其长度不能超过 31 个字符。在定义变量时,变量名对应的是数据区的首地址。若需对数据区中其他数据项进行操作时,必须修改地址值以指出哪个数据项是指令中的操作数。

例如,MOV SI,[WDATA+2]语句是指要取 WDATA 存储单元下面的第 2 个数据项给 SI。

4.3.3 标号

标号是为指令性语句所在地址所起的名字,它是指令的符号地址,表明该指令在存储器中的位置,用来作为程序转移的转向地址(目标地址)。标号具有 3 个属性:段属性、偏移地址属性和类型属性(距离属性)。标号的段属性和偏移地址属性分别指它的段地址和段内偏移地址,而距离属性(或类型属性)则分 NEAR 与 FAR 两种。

标号是用标识符定义的一个字符串。它通常只在循环、转移和调用指令中使用。

4.3.4 表达式和运算符

8086/8088 汇编语言中使用的表达式有两类:数值表达式与地址表达式。数值表达式在汇编时产生一个数值,只有大小而无其他属性,可作为立即数或数据区中的初值使用;地址表达式表示的是存储器地址,其值一般是段内的偏移地址,主要用来表示指令中的多种形式的操作数。

表达式由运算对象和运算符组成。运算对象可根据不同的运算符选用常量、变量或标号,常用的运算符主要包括以下几种类型。

1. 算术运算符

常用的算术运算符包括+(加)、-(减)、*(乘)、/(除)、MOD(模除取余数)、SHL(左移)和 SHR(右移)共 7 种。其中,MOD 运算符表示两整数相除以后取余数,例如,17 MOD 7 结果为 3。SHR 为右移运算符,SHL 为左移运算符。例如,设 NUMB=01010101B,则 NUMB SHL 1=10101010B。

算术运算符用于数值表达式时,其汇编结果是一个数值。

注意:除了加和减运算符可以使用变量或标号外,其他算术运算符只适用于常量的数值运算。

2. 逻辑运算符

逻辑运算符包括 AND(与)、OR(或)、XOR(异或)、NOT(非)共 4 种。逻辑运算符只能用于数值表达式,用来对数值进行按位逻辑运算,并得到一个数值;而对地址进行逻辑运算,则无意义。这 4 种运算符与逻辑运算指令中的助记符书写的名称一样,但它们在语句中的位置和作用不同。表达式中的逻辑运算符出现在语句的操作数部分,并且是在汇编时由汇编程序完成的;而逻辑运算指令中的助记符出现在指令的操作码部分,其运算是在指令执行时完成的。例如,MOV AL,0ADH AND 0EAH 等价于 MOV AL,0A8H。

3. 关系运算符

关系运算符有 6 个,即 EQ(或=)、NE(或≠)、LT(或<)、GT(或>)、LE(或≤)、GE(或≥)。

在数值表达式中参与关系运算的必须是两个数值,或同一段中的两个存储单元地址,关系运算的结果是一个逻辑值(常数),其数值在汇编时获得。当关系成立(为真)时,结果为 0FFFFH;当关系不成立(为假)时,结果为 0。例如:

```
AND AX,((NUMB LT 5)AND 30)OR((NUMB GE 5)AND 20)
```

当 NUMB<5 时,指令含义为 AND AX,30;
当 NUMB≥5 时,指令含义为 AND AX,20。
此例中,操作符 AND 与操作数表达式中的 AND 具有不同的含义,前者是助记符,后者是伪运算。

4. 数值返回运算符

数值返回运算符用来分析一个存储器操作数(即变量或标号)的属性,即将它分解为其组成部分(段地址、偏移值、类型、数据字节总数、数据项总数等),并在汇编时以数值形式返回给存储器操作数。运算符总是加在运算对象之前,返回的结果是一个数值。这里介绍几个常用的数值返回运算符 SEG、OFFSET、TYPE、SIZE 和 LENGTH。

1) SEG 运算符

SEG 运算符加在变量名或标号之前,它返回的数值是位于其后的变量或标号的段地址。例如:

```
MOV AX,SEG DATA              ;将变量 DATA 的段地址送 AX
```

如果变量 DATA 的段地址为 0618H,则该指令执行后 AX=0618H。

2) OFFSET 运算符

OFFSET 运算符加在变量或标号之前,它返回的数值是位于其后的变量或标号的偏移值。例如:

```
MOV SI,OFFSET DATA1            ;将变量 DATA1 的偏移地址送 SI
```

3）TYPE 运算符

TYPE 运算符加在变量或标号之前，它返回的数值是反映该变量或标号类型的一个数值，如果是变量，则返回数值为字节数：DB 为 1，DW 为 2，DD 为 4，DQ 为 8，DT 为 10；如果是标号，则返回数值为代表该标号类型的数值：NEAR 为 −1（FFH），FAR 为 −2（FEH）。

4）SIZE 运算符

SIZE 运算符加在变量之前，它返回的数值是变量所占数据区的字节总数。

5）LENGTH 运算符

LENGTH 运算符加在变量之前，它返回的数值是变量数据区的数据项总数。如果变量是用重复数据操作符 DUP 说明的，则返回外层 DUP 前面的数值；如果没有 DUP 说明，则返回的数值总是 1。例如：

```
DATA1 DW 100 DUP(?)
```

则 LENGTH DATA1 的值为 100，SIZE DATA1 的值为 200，TYPE DATA1 的值为 2。

5. 属性运算符

属性运算符用来说明或修改存储器操作数的某个属性。这里介绍常用的 PTR 和 THIS。

1）PTR 运算符

PTR 运算符用来说明或修改位于其后的存储器操作数的类型。

```
CALL DWORD PTR[BX]             ;说明存储器操作数为 4 字节长，即调用远过程
MOV AL,BYTE PTR[SI]            ;将 SI 指向的存储器字节数送 AL
```

如果一个变量已经定义为字变量，利用 PTR 运算符可以修改它的属性。例如，变量 VAR 已定义为字类型，若要将 VAR 当作字节操作数写成 MOV AL,VAR 则会出错，因为两个操作数的字长类型不同；如果将指令写成 MOV AL,BYTE PTR VAR 就是合法的，因为指令中已经用 BYTE PTR 将 VAR 修改为字节类型操作数。

注意：PTR 运算符只对当前指令有效。

2）THIS 运算符

THIS 运算符用来把它后面指定的类型和距离属性赋给当前的变量、标号或地址表达式，但不分配新的存储单元，它所定义的存储器地址的段和偏移量部分与下一个能分配的存储单元的段和偏移量相同。

```
DATAB EQU THIS BYTE
DATAW DW ?
```

上面语句中 DATAB 与 DATAW 的段地址和偏移量相同，但变量 DATAB 的类型是字节，而变量 DATAW 的类型是字。

注意：运算符 THIS 和 PTR 有类似的功能，但具体用法有所不同。其中，THIS 是为当前存储单元定义一个指定类型的变量或标号，也就是为下一个能分配存储单元的变量或标号定义新的类型，因此它必须放在被修改的变量之前；运算符 PTR 则是对已经定义的变量或标号修改其属性，它可以放在被修改的变量之前，也可以放在被修改的变量之后。

4.4　8086/8088 汇编语言的伪指令

伪指令其实是微处理器指令表中所没有的一个伪操作命令集。汇编语言的伪指令较多，而且版本越高则伪指令功能越强。本节介绍 8086/8088 汇编语言中常用的几种伪指令。

4.4.1　数据定义伪指令

数据定义伪指令用来为数据项定义变量的类型、分配存储单元，并且为该数据项提供一个任选的初始值。

常用的数据定义伪指令有 DB、DW、DD、DQ、DT。它们分别用于定义字节、定义字、定义双字、定义四字和定义十字节。

数据定义伪指令后面的操作数可以是常数、表达式或字符串。一个数据定义伪指令可以定义多个数据元素，但每个数据元素的值不能超过由伪指令所定义的数据类型限定的范围。

DB、DW、DD 可用于初始化存储器。这些伪指令的右边有一个表达式，表达式的值即该存储"单位"的初值。一个存储单位可以是字节、字、双字。

表达式有数值表达式与地址表达式之分，在使用地址表达式来初始化存储器时，这样的表达式只可在 DW 或 DD 伪指令中出现，绝不允许出现在 DB 中。"DW 变量"语句表示利用该变量的偏移量来初始化相应的存储字；"DD 变量"语句表示利用该变量的段地址和偏移量来初始化相应的两个连续的存储字，低位字中是偏移量，高位字中是段地址。

一个字节的操作数也可以是某个字符的 ASCII 代码，注意只允许在 DB 伪指令中用字符串来初始化存储器。

在数据定义伪指令中的操作数还可以是问号"?"，表示只给变量保留相应的存储单元，而不给变量赋予确定的值。

另外，若操作数有多次重复时，可用重复操作符 DUP 表示。

4.4.2　符号定义伪指令

符号定义伪指令是用来给一个表达式赋予名字的，包括 EQU(赋值伪指令)、=(等号伪指令)与 LABEL(类型定义伪指令)。

4.4.3 段定义伪指令

8086 的存储器是分段管理的,段定义伪指令就用来定义汇编语言源程序中的逻辑段,即指示汇编程序如何按段来组织程序和使用存储器。段定义的命令主要有 SEGMENT、ENDS、ASSUME 与 ORG。

1. SEGMENT 和 ENDS 伪指令

SEGMENT 和 ENDS 伪指令用来把程序模块中的指令或语句分成若干逻辑段,其格式为:

```
段名    SEGMENT    [定位类型][组合类型]['类别名']
        …          ;一系列汇编指令
段名    ENDS
```

其中,SEGMENT 与 ENDS 必须成对出现,它们两者之间为段体,给其赋予一个名字,名字由用户指定,是不可省略的,而定位类型、组合类型和类别名是可选的。

注意,各常数之间用空格分隔。在选用时,可以只选其中一个或两个参数项,但不能改变它们之间的顺序。

2. ASSUME 伪指令

ASSUME 伪指令一般出现在代码段中,它仅用来告诉汇编程序,源程序中定义的段或组应由哪个段寄存器去寻址。它也可以用来取消某段寄存器与其原来设定段之间的对应关系(使用 NOTHING 即可)。其格式为:

```
ASSUME 段寄存器:段名[,段寄存器名:段名]
```

其中,段寄存器是 CS、DS、SS、ES 中的一个,"段名"可以是 SEGMENT/ENDS 伪指令语句中已定义过的任何段名或组名,也可以是表达式"SEG 变量"或"SEG 标号",或者是关键字 NOTHING。

注意,使用 ASSUME 伪指令,仅告诉汇编程序,有关段寄存器将被设定为内存中哪一个段的段地址寄存器,而其中段地址值(CS 的值除外)的真正装入还必须通过给段寄存器赋值的执行性指令来完成。至于代码段寄存器 CS 的值,则是由系统在初始化时自动设置的,程序中不能装入代码段的段值。

3. ORG 伪指令

ORG 伪指令用来指出其后的程序段或数据块所存放的起始地址的偏移量。其格式为:

```
ORG 表达式
```

汇编程序把语句中表达式之值作为起始地址,连续存放程序和数据,直到出现一个新的 ORG 指令。若省略 ORG,则从本段起始地址开始连续存放。

4.4.4 过程定义伪指令

这里的"过程"也称为"子程序",在主程序中任何需要的地方都可以调用它。控制从主程序转移到过程,被定义为调用;过程执行结束后将返回主程序。在汇编语言中,用 CALL 指令来调用过程,用 RET 指令结束过程并返回 CALL 指令的后续指令。过程定义伪指令格式为:

```
过程名    PROC   [类型]
          ⋮              ;指令序列
          RET
过程名    ENDP
```

其中,伪指令 PROC 和 ENDP 必须成对出现,过程名是为该过程起的名字,但它被 CALL 指令调用时作为标号使用。过程的属性除了段和偏移量之外,其类型属性可选作 NEAR 或 FAR。如果类型省略,则系统取 NEAR 类型。由于过程是被 CALL 语句调用的,因此过程中必须包含返回指令 RET。

4.5　8086/8088 汇编语言程序设计基本方法

4.5.1　顺序结构程序

顺序结构程序又称直线程序。其特点是顺序执行,无分支、无循环,也无转移。

4.5.2　分支结构程序

分支结构程序是根据某条指令运行的结果是否满足一定的条件来改变程序执行的顺序,从而去执行不同的分支程序。

实现分支结构的基本方法有两种:一是利用比较与条件转移指令实现分支;二是利用跳表表实现分支。根据表中存放的内容性质不同,又可细致地分为地址分支、指令分支和关键字分支 3 种。

4.5.3　循环结构程序

循环结构程序主要是利用循环指令 LOOP、LOOPZ、LOONZ 或条件转移指令实现某些需要重复进行的操作。

循环程序一般由初始化、循环体、修改和循环控制 4 部分组成。

对循环程序设计要求着重掌握循环结束的控制方式,常用的循环控制方式有计数控制、条件控制、状态控制和逻辑尺控制。

需要着重指出的是,在实际应用中,程序结构通常是顺序、分支、循环等多种基本结构的复合。为了增强程序的可读性,使程序功能的层次性更加分明,便于较大软件设计的分工合作,往往将一个大的程序中的诸多功能用功能子程序来实现,主程序采用"调用"的形式来组装这些功能子程序。

本 章 小 结

汇编语言程序设计是编程人员必须掌握的基本功;而对大多数非编程人员来说,学习它的语法特点、程序结构和编程方法,对于深入理解硬软件的相互关系和工作原理,也是重要的基础。

在理解和应用汇编语言时,先要弄清汇编源程序、汇编、手工汇编与机器汇编、汇编程序等名词的含义。要分清程序段与源程序的区别,理解用汇编语言书写的程序(.ASM 文件)是不能被机器所识别和执行的,而必须翻译成机器代码组成的目标文件(.OBJ 文件)。

汇编语言源程序的语句可分为指令性语句和指示性语句两大类。它们的区别在于语句中是使用指令还是使用伪指令。在表达两种语句时,常用变量和标号来分别表示它们后面的两个不同含义的符号地址,前者表示某个数据在数据存储段中的地址,而后者表示某条指令在代码存储段中的地址。变量后面没有冒号(:)号,而标号后面一定带":"号。

汇编语言中的伪指令有数据定义伪指令(DB、DW、DD、DQ、DT 等)、符号定义伪指令(EQU、= 与 LABEL)、段定义伪指令(SEGMENT 与 ENDS、ASSUME、ORG)、过程定义伪指令(PROC 与 ENDP)等类。

编写汇编语言程序的基本步骤是:分析问题,建立数学模型,确定算法;设计程序的逻辑结构,编制程序流程图;合理分配内存空间;编制程序与静态检查;程序调试(动态检查)。

汇编程序设计的一般方法有顺序结构、分支结构和循环结构 3 种程序结构设计。主要掌握分支结构和循环结构程序结构设计。

最后需要指出的是,不同的汇编程序版本所支持的 CPU 指令集和伪指令有所不同,汇编程序的版本越高,支持的硬指令和伪指令越多,功能也就越强。

第 5 章 存储器系统

【学习目标】

本章首先以半导体存储器为对象,在讨论存储器及其基本电路、基础知识的基础上,讨论存储芯片及其与 CPU 之间的连接和扩充问题;然后,介绍内存的技术发展以及外部存储器;最后,简要介绍存储器系统的分层结构。

【学习要求】

- 熟悉存储器的分类、组成及功能,着重理解行选与列选对一位信息的读出。
- 重点掌握位扩充与地址扩充技术。
- 理解存储器与 CPU 的连接方法。
- 着重理解内存技术的发展。
- 理解存储器系统的分层结构概念。

5.1 存储器的分类与组成

计算机的存储器可分为两大类:一类为内部存储器,简称内存或主存,其基本存储元件多以半导体材料制造;另一类为外部存储器,简称外存,多以磁性材料或光学材料制造。

5.1.1 半导体存储器的分类

半导体存储器按使用的功能可分为两大类:随机存取存储器(random access memory,RAM)和只读存储器(read only memory,ROM)。

RAM 按工艺又可分为双极型 RAM 和 MOS RAM 两类,而 MOS RAM 又可分为静态和动态 RAM 两种。

只读存储器(ROM)按工艺也可分为双极型和 MOS 型两类,但一般根据信息写入的方式不同,而分为掩膜式 ROM,可编程 ROM(PROM)和可擦除、可再编程 ROM(紫外线擦除 EPROM 与电子擦除 EEPROM 以及 Flash ROM)等几种。

5.1.2 半导体存储器的组成

半导体存储器一般是由存储体、地址选择电路、读写电路与控制电路组成。

1. 存储体

存储体是存储 1 或 0 信息的电路实体,它由许多个存储单元组成,对每个存储单元赋予一个编号,称为地址单元号。而每个存储单元由若干相同的位组成,每个位需要一个存储元件。

存储器的地址用一组二进制数表示,其地址线的位数 n 与存储单元的数量 N 之间的关系为 $N=2^n$。

2. 地址选择电路

地址选择电路包括地址码缓冲器、地址译码器等。

地址译码器用来对地址码译码。设其输入端的地址线根数为 n,输出线数为 N,则它分别对应 2^n 个不同的地址码,作为对存储体地址单元的选择线。这些输出的选择线又称字线。

地址译码方式有两种。

1) 单译码方式(或称字结构)

单译码方式的全部地址码只用一个地址译码器电路译码,译码输出的字选择线直接选中与输入地址码对应的存储单元。单译码方式需要的选择线数较多,只适用于容量较小的存储器。

2) 双译码方式(或称重合译码)

双译码方式是将地址码分为 X 与 Y 两部分,用两个译码电路分别译码。X 向译码又称行译码,其输出线称为行选择线,它选中存储矩阵中一行的所有存储单元。Y 向译码又称列译码,其输出线称为列选择线,它选中存储矩阵中一列的所有存储单元。只有 X 向和 Y 向的选择线同时选中的那一位存储单元,才能进行读或写操作。由于双译码方式所需要的选择线数目较少,也简化了存储器的结构,故它适用于大容量的存储器。

3. 读写电路与控制电路

读写电路包括读写放大器、数据缓冲器(三态双向缓冲器)等,是数据信息输入和输出的通道。

外界对存储器的控制信号有读信号($\overline{RD}$)、写信号($\overline{WR}$)和片选信号($\overline{CS}$)等,通过控制电路以控制存储器的读或写操作以及片选。只有片选信号处于有效状态时,存储器才能与外界交换信息。

5.2 随机存取存储器

RAM 既可以读出,也可以写入。RAM 可分为静态内存(static RAM,SRAM)和动态内存(dynamic RAM,DRAM)两大类。常用静态内存作为系统的高速缓存(通常用于一级缓存和二级缓存),而平常所提到的内存指的是动态内存。

5.2.1 静态随机存取存储器

1. SRAM 基本存储电路

SRAM 的基本存储电路,是由 6 个 MOS 管组成的 RS 触发器。每一个触发器就构成存储体的一位。

2. SRAM 的组成

SRAM 一般由存储体、译码电路和控制电路组成。

存储体由存储矩阵构成。在存储矩阵中,只有行、列均被选中的某个单元存储电路(即一位),在其 X 向选通门与 Y 向选通门同时被打开时,才能进行读出信息和写入信息的操作。

存储体中的每一位,仅有一个 I/O 电路用于存取各存储单元中的一位信息。如果要组成字长为 4 位或 8 位的存储器,则 I/O 电路也应有 4 个或 8 个。这样,当存储体的某个存储单元在一次存取操作中被地址译码器输出端的有效输出电平选中时,则该单元内的 4 位或 8 位信息将被一次读写完毕。

通常,一个 RAM 芯片的存储容量是有限的,需要用若干片才能构成一个实用的存储器。这样,地址不同的存储单元,可能处于不同的芯片中,因此,在选中地址时,应先选择其所属的芯片。对于每块芯片,都有一个片选控制端($\overline{CS}$),只有当片选端加上有效信号时,才能对该芯片进行读或写操作。一般片选信号由地址码的高位译码(通过译码器输出端)产生。

3. SRAM 的读写过程

SRAM 的读写过程参见主教材的图 5-5。

1) 读出过程

(1) 地址码 $A_0 \sim A_{11}$ 加到 RAM 芯片的地址输入端,经 X 与 Y 地址译码器译码,产生行选与列选信号,选中某一存储单元,该单元中存储的代码,经一定时间,出现在 I/O 电路的输入端。I/O 电路对读出的信号进行放大、整形,送至输出缓冲寄存器。缓冲寄存器一般具有三态控制功能,没有开门控制信号,所存数据还不能送到数据总线 DB 上。

(2) 在送上地址码的同时,还要送上读写控制信号($R/\overline{W}$ 或 $\overline{RD}$、$\overline{WR}$)和片选信号($\overline{CS}$)。读出时,使 $R/\overline{W}=1$,$\overline{CS}=0$,这时,输出缓冲寄存器的三态门将被打开,所存信息送至 DB 上。于是,存储单元中的信息被读出。

2) 写入过程

(1) 同上述读出过程(1),先选中相应的存储单元,使其可以进行写操作。

(2) 将要写入的数据放在 DB 上。

(3) 加上片选信号 $\overline{CS}=0$ 及写入信号 $R/\overline{W}=0$。这两个有效控制信号打开三态门,使 DB 上的数据进入输入电路,送到存储单元的位线上,从而写入该存储单元。

需要着重理解,无论是存储器读还是存储器写,都必须保证能从存储器中读出或写入存储器中一个稳定的数据。在读写信号有效期间,数据线和地址线也必须是稳定的。

4. SRAM 芯片举例

常用的 SRAM 芯片有 2114、2142、6116、6264 等。

本书选用了 Intel 6116 和 6264。6116 是一个 2K×8 位的 CMOS SRAM 芯片,属双列直插式、24 条引脚封装。它的存储容量为 2K×8 位。6264 芯片的结构及工作原理与 6116 芯片相似,是一个存储容量为 8K×8 位的 CMOS SRAM 芯片,其引脚有 28 条。

5.2.2 动态随机存取存储器

动态随机存取存储器(DRAM)芯片是以 MOS 管栅极电容是否充有电荷来存储信息的,其基本单元电路一般由四管、三管和单管组成,以三管和单管较为常用。由于它所需要的管子较少,故可以扩大每片存储器芯片的容量,并且其功耗较低,所以在微型计算机系统中,大多数采用 DRAM 芯片。

1. 动态基本存储电路

这里重点介绍常用的三管和单管这两种基本存储电路。

1) 三管动态基本存储电路

三管动态基本存储电路由 T_1、T_2、T_3 三个管子和两条字选择线(读、写选择线)、两条数据线(读、写数据线)组成。T_1 是写数控制管;T_2 是存储管,用它的栅极电容 C_g 存储信息;T_3 是读数控制管;T_4 管是一列基本存储电路上共同的预充电管,以控制对输出电容 C_D 的预充电。

写入操作时,信息被保存在电容 C_g 上。

读出操作时,在读数据线上可以读出与原存储相反的信息。若再经过读出放大器反相后,就可以得到原存储信息了。

对于三管动态基本存储电路,必须每隔 1~3ms 定时对 C_g 充电,以保持原存储信息不变,此即动态存储器的刷新(或称为再生)。

刷新要由刷新电路来实现。

2) 单管动态基本存储电路

单管动态基本存储电路仅由一个 T_1 管和寄生电容 C_S 组成。

写入时,使字选线上为高电平,T_1 管导通,待写入的信息由位线 D(数据线)存入 C_S;读出时,存储在 C_S 上的信息通过 T_1 管送到 D 线上,再通过放大,即可得到存储信息。由于单管动态基本存储电路使用管子少,4KB 以上容量较大的 RAM,大多采用单管电路。

2. 动态 RAM 芯片举例

Intel 2116 是单管动态 RAM 芯片。它的存储容量为 16K×1 位。本来这需用 14 条地址输入线,但由于受封装引线的限制,2116 芯片只有 16 条引脚,其中只有 7 条地址输入线。

为了解决用 7 条地址输入线传送 14 位地址码的矛盾,2116 芯片采用地址线分时复用技术。

2116 芯片没有片选信号 $\overline{CS}$，它的行地址选通信号 $\overline{RAS}$ 兼作片选信号，且在整个读、写周期中均处于有效状态，这是与其他芯片的不同之处。

此外，地址输入线 $A_0 \sim A_6$ 还用作刷新地址的输入端，刷新地址由 CPU 内部的刷新寄存器 R 提供。

与 Intel 2116 芯片类似的还有 2164、3764、4164 等 DRAM 芯片。

5.3 只读存储器

5.3.1 只读存储器存储信息的原理和组成

ROM 的存储元件可以看作一个单向导通的开关电路。

ROM 的组成结构与 RAM 相似，一般也是由地址译码电路、存储矩阵、读出电路及控制电路等部分组成的。

5.3.2 只读存储器的分类

1. 不可编程掩膜式 MOS 只读存储器

不可编程掩膜式 MOS ROM 又称固定存储器。它是由器件制造厂家根据用户编好的机器码程序，把 0、1 信息存储在掩膜图形中而制成的 ROM 芯片。这种芯片制成以后，它的存储矩阵中每个 MOS 管所存储的信息 0 或 1 被固定下来，不能再改变，而只能读出。如果要修改其内容，那么只有重新制作。

2. 可编程只读存储器

为了克服上述掩膜式 MOS ROM 芯片不能修改内容的缺点，设计了一种可编程序的只读存储器（programmable ROM，PROM），用户在使用前可以根据自己的需要编制 ROM 中的程序。

3. 可擦除、可再编程的只读存储器

PROM 芯片虽然可供用户进行一次修改程序，但有很大局限。为了便于研究工作，试验各种 ROM 程序方案，就研制了一种可擦除、可再编程的 ROM（erasable PROM，EPROM）。在 EPROM 芯片出厂时，它是未编程的。若 EPROM 中写入的信息有错或不需要时，可利用专用的紫外线灯对准芯片上的石英窗口照射 15～20min，即可擦除原写入的信息。

还有一种方法是采用金属-氮-氧化物-硅（MNOS）工艺生产的 MNOS 型 PROM，它是一种利用电来改写的可编程只读存储器，即 EEPROM（或称 E^2PROM）。用这种方法可改写数万次，且每次只需要 0.1～0.6s，信息存储时间可达十余年之久，这给需要经常修改程序和参数的应用领域带来极大的方便。但是，E^2PROM 有存取时间较慢，完成改写程序需要较复杂的设备等缺点，现在正在迅速发展和应用高密度、高存取速度的

E^2PROM 技术和闪存(flash memory)技术。

5.3.3 常用 ROM 芯片举例

1. Intel 2732 芯片

2732 EPROM 芯片的容量为 4K×8 位,采用 HNMOS-E(高速 NMOS 硅栅)工艺制造和双列直插式封装,其引脚有 24 条。

与 2732 芯片属于同一类的常用 EPROM 芯片还有 2764、27128、27256、27512、271024 等,它们的内部结构与外部引脚分配基本相同,主要是存储容量逐次成倍递增为 4K×8 位、8K×8 位、16K×8 位、32K×8 位、64K×8 位、128K×8 位等。

2. E^2PROM 芯片举例

常用的 E^2PROM 芯片有 2816/2816A、2817/2817A、2864A 等。其中,以 2864A 的 8K×8 位容量大,且与 6264 兼容。其主要特点是能像 SRAM 芯片一样读写操作,读访问时间可为 45～450ns,在写之前自动擦除原内容。但它并不能像 RAM 芯片那样随机读写,而只能有条件地写入,即只有当一字节或一页数据编程写入结束后,方可以写入下一字节或下一页数据。在 E^2PROM 的应用中,若需读其某个单元的内容,只要执行一条存储器读指令,即可读出;若需对其内容重新编程,可在线直接用字节写入或页写入方式写入。

3. Flash ROM 芯片

在 Pentium CPU 以上的主板中普遍采用了 Flash ROM 芯片来作为 BIOS 程序的载体。Flash ROM 也称为闪速存储器,在本质上属于 E^2PROM。

5.4 存储器的扩充及其与 CPU 的连接

存储器的连接主要解决两个问题:一个是如何用容量较小、字长较短的芯片,组成微机系统所需的存储器;另一个是存储器与 CPU 的连接方法与应注意的问题。

5.4.1 存储器芯片的扩充技术

1. 位扩充

一块实际的存储芯片,其存储单元的位数(即字长)通常与实际内存单元的字长并不相等,如 SRAM 芯片 2114 的 1K×4 位,DRAM 芯片 2164 为 64K×1 位等。显然,要用这些芯片构成实际上按字节组织的内存空间,就需要进行位的扩充,以满足字长的要求。

用 1 位或 4 位的存储器芯片构成 8 位字长的存储器,可采用位并联的方法。例如,可以用两片 4K×4 位的存储器芯片经过位扩充构成 4KB 的存储器。

2. 字扩充

地址的扩充即存储容量的扩充(又称字扩充)。当扩充存储容量时,采用地址串联的方法。这时,要用到地址译码电路,以其输入的地址码来区分高位地址,而以其输出端的控制线来对具有相同低位地址的几片存储器芯片进行片选。

地址译码电路是一种可以将地址码翻译成相应控制信号的电路,有 2-4 译码器、3-8 译码器等。

当需要同时位扩充与字扩充时,可以将上述两种方法结合起来使用。例如,当用 16K×1 位的芯片组成 64K×8 位的存储器时,共需用 32 片 16K×1 位的芯片。先用位线并联方法将每 8 片组成一组 16K×8 位存储器,再用字扩充方法,选用 2-4 译码器组成的译码电路,组成 4 组 16K×8 位共 64K×8 位存储器。

5.4.2 存储器与 CPU 的连接

1. 只读存储器与 8086 CPU 的连接

ROM、PROM、EPROM 芯片都可以与 8086 系统总线连接,以组成程序存储器。例如,Intel 2716、2732、2764、27128 这一类 EPROM 芯片,由于它们是属于以 1 字节宽度输出组织的,因此,在连接到 8086 系统时,为了存储 16 位指令字,要使用两片这类芯片并联组成一组。

注意:在由两片 2732 组成的 4K 字程序存储器中,两片的片选端 $\overline{CE}$ 一起连到译码器的片选端 $\overline{CS}$。

2. 静态 RAM 与 8086 CPU 的连接

一般,当微型计算机系统的存储器容量少于 16K 字时,宜采用静态 RAM 芯片,因为大多数动态 RAM 芯片都是以 16K×1 位或 64K×1 位来组织的,并且动态 RAM 芯片还要求动态刷新电路,这种附加的支持电路会增加存储器的成本。

8086 CPU 无论是在最小模式或最大模式下,都可以寻址 1MB 的存储单元,存储器均按字节编址。

注意:在由两片 6116 组成的 2K 字数据存储器中,两片的片选端 $\overline{CE}$ 分别连到系统的 A_0、$\overline{BHE}$ 端。

3. EPROM、SRAM 与 8086 CPU 连接的实例

主教材中的图 5.24 给出了 8086 单处理器系统连接实例,它就是一个实际单板机的电路图。深入理解本系统的原理和电路,就能综合掌握和灵活运用有关存储器与 CPU 的连接知识。

4. 32 位或 64 位存储器接口

32 位存储器接口或 64 位存储器接口原理同上面介绍的 16 位存储器接口基本一样。其主要区别在于 32 位存储器接口与 64 位存储器接口需要的存储体个数分别为 4 个与 8 个。此外,由于 16 位、32 位或 64 位微处理器地址线数目的不同,分别所能寻址的空间大小是不同的。例如,在 32 位存储器接口中,微处理器有 32 条地址线,其寻址空间为 4GB;而在 Pentium 系统中,微处理器可以被设置为 36 条地址线,其最大寻址空间则为 64GB。至于在存储器接口中,存储体与微处理器之间的具体连接方法还涉及译码器的选用与连接等问题。

5.5 内存的技术发展

内存历来都是系统中最大的性能瓶颈之一。随着 PC 技术的发展，内存条从规格、技术到总线带宽等不断更新换代，使内存的性能瓶颈问题获得较大改善。图 5-1 为多个内存条的针脚与接口设计的示意图。

(a) 30线 SIMM

(b) 72线 SIMM

(c) 184线 RAMBus RDRAM RIMM

(d) 168线 SDRAM DIMM

(e) 184线 DDR DIMM

(f) 240线 DDR-2 DIMM

图 5-1 内存条的针脚与接口设计

1. SIMM 内存

1982 年最初出现在 80286 主板上的"内存条"，采用的是单边接触内存模组（single inline memory modules，SIMM）接口，容量为 30 线、256KB，由 8 片数据位和 1 片校验位组成 1 个存储区块（bank），因此，一般见到的 30 线 SIMM 都是 4 条一起使用的。

在 1988 年至 1990 年，PC 技术进入 32 位的 386 和 486 时代，推出了 72 线 SIMM 内存，它支持 32 位快速页模式内存，内存带宽得以大幅度提升。72 线 SIMM 内存单条容量一般为 512KB～2MB，要求两条同时使用。

2. EDO DRAM 内存

外扩充数据模式动态存储器（extended date out DRAM，EDO DRAM）是 1991 年至 1995 年盛行的内存条。工作电压一般为 5V，带宽 32 位，主要应用在当时的 486 及早期的 Pentium 计算机中。随着 EDO DRAM 在成本和容量上的突破，加上制作工艺的飞速发展，当时单条 EDO DRAM 内存的容量已达到 4～16MB。

3. SDRAM 时代

自 Intel Celeron 系列和 AMD K6 处理器以及相关的主板芯片组推出后，EDO DRAM 内存性能再也无法满足需要，于是内存又开始进入比较经典的 SDRAM 时代。

第一代 SDRAM 内存为 PC66 规范，之后有 PC100、PC133、PC150 等规范，其频率从早期的 66MHz，发展到 100MHz、133MHz 等。由于 SDRAM 的带宽为 64 位，正好对应 CPU 的 64 位数据总线宽度，因此，它只需要一条内存便可工作，便捷性进一步提高。

4. Rambus DRAM 内存

Intel 公司在推出高频 Pentium Ⅲ和 Pentium 4 CPU 的同时，推出了 Rambus DRAM 内存。Rambus DRAM 内存以高时钟频率来简化每个时钟周期的数据量，因此，内存带宽相当出色,如 PC 1066,1066MHz、32 位带宽可达到 4.2GB/s,它曾一度被认为是 Pentium 4 的绝配。

5. DDR 时代

双倍速率 SDRAM(double date rate SDRAM,DDR SDRAM,简称 DDR),实际上是 SDRAM 的升级版本,在时钟信号的上升沿和下降沿都可以传输数据,因而时钟率可以加倍提高,传输速率和带宽也相应提高。

内存发展到 SDRAM 末期,出现了 RDRAM 和 DDR 的路线之争。RDR AM 的技术核心是串行,DDR 的技术核心是数据预取。

DDR SDRAM 内存有 184 条引脚,第一代 DDR200 规范未得到普及,第二代 PC266 DDR SRAM(133MHz 时钟×2 倍数据传输=266MHz 带宽)是由 PC133 SDRAM 内存衍生而来(不少赛扬和 AMD K7 处理器都采用了 DDR266 规格的内存),其后来的 DDR333 内存也属于一种过渡;双通道 DDR400 内存已经成为前端总线 800FSB 处理器搭配的基本标准。

6. DDR2 时代

随着 CPU 性能的不断提高,对内存性能的要求也逐步升级。针对 PC 等市场的 DDR2 内存拥有 400MHz、533MHz、667MHz 等不同的时钟频率,高端的 DDR2 内存速度已经提升到 800MHz/1066MHz。DDR2 内存采用 200/220/240 针脚的 FBGA 封装形式,它可以提供更良好的电气性能与散热性。LGA775 接口的 915/925 和 945 等平台都支持 DDR2 内存。

7. DDR3 时代

2007 年 JEDEC 确定了 DDR3 内存规范。DDR3 在 DDR2 基础上采用新型设计,其工作电压更低,从 DDR2 的 1.8V 降落到 1.5V,性能更好、更省电;从 DDR2 的 4 位预读升级为 8 位预读;等效频率从 DDR3 800 提升到 DDR3 1600 甚至 DDR3 2133。

面向 64 位构架的 DDR3 显然在频率和速度上拥有更多的优势。市场对 DDR3 内存的需求顶点在 2012 年达成,其市场占有率约为 71%。

8. DDR4 时代

2012 年 JEDEC 又发布了新的 DDR4 规范。JEDEC 的内存规范极其详尽,包括芯片设计、PCB 层数、频率等重要参数。

内存发展的核心目标是不断提升速度。DDR 在发展过程中,一直都以增加数据预取值为主要的性能提升手段。在 DDR3 上使用了 8 位预取。预取在已达到 $8n$ 的情况下难以进一步提升。设计者想出了新的办法:在内部设计了 Bank Group 架构。这样的技术只是在内存内部的结构做出优化设计,并没有直接提升最根本的数据预取值,相当于组建了内存内部的多通道。Bank Group 带来了 DDR4 内部数据传输能力的大幅度提升,让 DDR4 在物理频率没有太大提升的情况下大幅度提升数据存取能力。

Bank Group 是 DDR4 提升内存带宽的关键技术,而点对点总线则是 DDR4 整个存储系统的关键性设计。在传统的 DDR3 等内存上,内存和内存控制器连接依靠的是多点分支总线(multi-drop bus)。这种总线允许在一个接口上挂接许多同样规格的芯片。

点对点的优点很多,例如设计比较简单、容易达到更高的频率等。它的问题也很明显:一个重要因素是点对点总线每个通道只能支持一根内存,因此,如果 DDR4 内存单条容量不足,将很难有效提升系统的内存总量。

DDR4 启用了 3DS 堆叠封装技术来增大单个芯片的容量,这也是 DDR4 内存中最关键的技术之一。常见的大容量内存单条容量为 8GB(单个芯片 512MB,共 16 个),而 DDR4 最大容量可以达到 64GB,甚至 128GB,彻底解决了点对点总线容量不足的问题。

总之,DDR4 采用了 Bank Group 技术,再加上全新的点对点传输、大量的功控制和信号完整性控制技术,呈现出极为优异的发展态势。图 5-2 为内存的工作电压规格路线图,图 5-3 为内存频率规格的发展示意图。

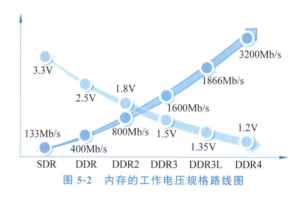

图 5-2 内存的工作电压规格路线图

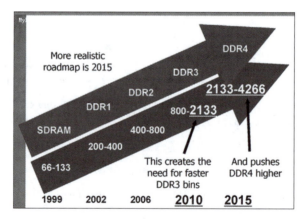

图 5-3 内存频率规格的发展示意图

DDR4 2014 年开始生产,已经取代 DDR3 成为主流产品。

5.6 外部存储器

硬盘(hard disk)是计算机最重要的外部存储设备,包括操作系统在内的各种软件、程序、数据都需要保存在硬盘上,其性能直接影响计算机的整体性能。光盘存储技术是采用磁盘以来最重要的新型数据存储技术,它具有容量大、速度高、工作稳定可靠以及耐用性强等许多独特的优良性能,特别适合多媒体应用技术发展的需要。

5.6.1 硬盘

硬盘是一种固定的存储设备,其存储介质是若干钢性磁盘片。硬盘特点是:速度快、容量大、可靠性高,几乎不存在磨损问题。常见的硬盘接口是 IDE 接口和 SATA 接口。主要厂商有迈拓(Maxtor)、希捷(Seagate)、IBM 等。

硬盘作为一种重要的存储部件,其容量决定着个人计算机的数据存储量大小的能力。1956 年 9 月 IBM 公司制造的世界上第一台磁盘存储系统只有 5MB,而现今更大容量的硬盘还将不断推出。2014 年 12 月,希捷发布了 Archive HDD 系列硬盘,接口均为 SATA 6Gb/s,缓存 128MB,转速 5900RPM,最大持续数据传输率 190MB/s,平均读写速度 150MB/s。该系列有 5TB、6TB、8TB 三种容量,其中 5TB 的是四碟装,单碟容量为 1.25TB;6/8TB 的是六碟装,单碟容量达到了 1.33TB,都使用了叠瓦式磁记录(SMR)技术。硬盘技术还将继续发展。

5.6.2 硬盘的接口

硬盘接口决定着硬盘与计算机之间数据的传输速度。本书简要介绍 IDE 接口硬盘和 SATA 接口硬盘。

1. IDE 硬盘

IDE(Integrated Device Electronics)硬盘曾在计算机中使用广泛,采用 PATA 接口。通过专用的数据线(40 芯 IDE 排线)与主板的 IDE 接口相连。人们也习惯用 IDE 称谓最早出现的 IDE 类型硬盘 ATA-1,而其后发展分支出更多类型的硬盘接口,例如 ATA、Ultra ATA、DMA、Ultra DMA 等接口都属于 IDE 硬盘。

2. SATA 硬盘

SATA(serial ATA,串行 ATA)接口的硬盘又称串口硬盘。2001 年正式确立了 Serial ATA 1.0 规范,2002 年确立了 Serial ATA 2.0 规范。

SATA Ⅱ是 Intel 公司与 Seagate(希捷)公司合作在 SATA 的基础上发展起来的,其主要特征是外部传输率从 SATA 的 150MB/s 进一步提高到 300MB/s。SATA Ⅲ (SATA Revision 3.0)是串行 ATA 国际组织(SATA-IO)在 2009 年 5 月份发布的规范,主要传输速度达到 600MB/s。

值得注意的是,无论是 SATA 还是 SATA Ⅱ,其实对硬盘性能的影响都不大。因为硬盘性能的瓶颈集中在由硬盘内部机械机构和硬盘存储技术、磁盘转速所决定的硬盘内部数据传输率。

从 2011 年开始,行标制定者开始构建 SATA 3.0 之后的 SATA 规范。作为 SATA 6Gb/s 的后继者,其被命名为 SATA Express,它的最大改变在于实现了从传统 SATA 环境到 PCI-E 的转变。

5.6.3 硬盘的主要参数

1. 单碟容量

单碟容量是硬盘重要的参数之一,在一定程度上决定着硬盘的性能档次的高低。一块硬盘是由多个存储碟片组合而成,单碟容量就是一个存储碟片所能存储的最大数据量。

单碟容量越大技术越先进,而且更容易控制成本及提高硬盘工作稳定性。

2. 硬盘的转速

转速是指硬盘内主轴的转动速度。转速的快慢是决定硬盘内部传输率的关键因素之一,硬盘的转速越快,硬盘寻找文件的速度就越快,传输速度也就越快。

较高的转速可以缩短硬盘的平均寻道时间,但同时也会产生硬盘温度升高、电机主轴磨损加大、工作噪声增大等影响。

3. 硬盘的传输速率

不同的硬盘接口,其传输速率不同,IDE 接口硬盘有 ATA/66、ATA/100、ATA/133 多种规格,在理论上的外部最大传输速率分别为 66MB/s、100MB/s、133MB/s;SATA 1.0 的传输速率为 150MB/s,SATA 2.0 的传输速率为 300MB/s,SATA 3.0 的传输速率为 600MB/s。

4. 缓存容量

硬盘的缓存是集成在硬盘控制器上的一块内存芯片,用于缓存硬盘内部和外界接口之间的交换数据。缓存的大小与速度是直接关系到硬盘的传输速度的重要因素,较大的缓存可以大幅度地提高硬盘整体性能。

主流硬盘的缓存容量为 8MB、16MB 等,一些高端产品的缓存容量达到 64MB 甚至更高。

5. 平均寻道时间

平均寻道时间(average seek time)是指硬盘在收到系统指令后,硬盘磁头移动到数据所在磁道时所需要的平均时间,是影响硬盘内部数据传输率的重要参数,单位为毫秒(ms)。

平均寻道时间是由转速、单碟容量等多个因素决定的,一般来说,硬盘的转速越高,单碟容量越大,其平均寻道时间就越小。

5.7 光盘驱动器

光盘存储技术是采用磁盘以来最重要的新型数据存储技术,它具有容量大、速度快、工作稳定可靠以及耐用性强等许多独特的优良性能,特别适合于多媒体应用技术发展的需要。

按照读取方式和读取光盘类型的不同,可以将光盘驱动器分为 CD-ROM、DVD-ROM 与刻录机 3 种。

(1) 只读光盘驱动器 CD-ROM:曾是使用最广泛的光驱类型,可读取 CD 和 VCD 两种格式的光盘。随着 DVD-ROM 逐渐占据主流市场,CD-ROM 已逐渐停止生产。

(2) DVD-ROM:既可以读 CD 光盘,也可读取容量更大的 DVD 光盘,是只读光盘驱动器。

(3) 刻录机:可以分为 CD 刻录机、COMBO 刻录机以及 DVD 刻录机。其中,CD 刻录机和 COMBO 刻录机已逐渐淡出市场。DVD 刻录机不仅可以读取 DVD 光盘,还可将数据刻录到 DVD 或 CD 光盘中,是市场上的主流产品。

由于 CD 刻录盘性价比(容量/价格)上的劣势,一般都倾向于选择容量更大的 DVD 刻录盘。这里简要介绍 DVD 刻录盘。

1) DVD-R 与 DVD+R

DVD-R 与 DVD+R 是市面上较多的两种 DVD 刻录盘。这里的 R 是 Recordable(可记录)的意思。DVD-R/DVD+R 代表光盘可以写入数据,但只能一次性写入,刻录上数据后不能再被删除或更改。

DVD-R 是先锋(Pioneer)公司主导研发的一种一次性 DVD 刻录规格(1997 年面世)。现在的 DVD-R 盘片都是后续的 Ver.2.0 版本,容量 4.7GB(12cm 光盘)/1.46GB(8cm 光盘)。

第一张 DVD+R 诞生于 2002 年,容量也是 4.7GB。从物理结构上 DVD+R 更好一些。

2) DVD±RW

RW 是 Re-Writable(可覆写)的缩写,它可实现光盘的重复写入/删除数据。由于光盘的光感层上使用的有机染料的不同,DVD±RW 的可覆写次数从几百次到一千次不等。

3) DVD+R DL 与 DVD-R DL

DVD±R DL(Dual Layer)有两个数据层,容量是 8.5GB,而普通 DVD 只有一个数据层,容量是 4.7GB。常见 DVD 的格式分为 4 种:DVD-5(单面单层)、DVD-9(单面双层)、DVD-10(双面单层)以及 DVD-18(双面双层)。几种盘片容量的比较如表 5-1 所示。

表 5-1 常见光盘的参数比较

盘片规格	标称容量	面数/层数	播放时间
CD-ROM	650MB	单面	最多 74 分钟音频
DVD-5	4.7GB	单面单层	超过 2 小时视频
DVD-9	8.5GB	单面双层	约 4 小时视频
DVD-10	9.4GB	双面单层	约 4.5 小时视频
DVD-18	17GB	双面双层	超过 8 小时视频

4) 光盘随机存储器(DVD random access memory,DVD-RAM)

DVD-RAM 是以日本的日立、松下、东芝等公司为首的集团开发的一种可复写 DVD。DVD-RAM 盘片的最大优点是可以复写 10 万次以上,1999 年后改为单层 4.7GB,2000 年时,其双层容量为 9.4GB。不过 DVD-RAM 盘片易碎。

5) 蓝光光盘

蓝光(blue-ray)是由索尼、松下、日立、先锋等多家公司共同推出的新一代 DVD 光盘标准,并以 SONY 为首于 2006 年开始全面推出相关产品。蓝光光盘可存储高品质的影音和高容量的数据,由于采用波长 405nm 的蓝色激光光束来进行读写操作(DVD 采用 650nm 波长的红光读写器,CD 是采用 780nm 波长)而得名。蓝光技术已在数字娱乐和数据备份等方面发挥了重要作用。

蓝光有着不可取代的优势,例如其备份数据的可靠性要比硬盘高。超硬涂层极大提高了蓝光光盘表面抗磨损、抗刮擦、抗污垢的能力,强度完全超越了 CD、DVD 光盘,保存和拿取都不用再小心翼翼。常见的蓝光光盘有单层(SL)和双层(DL)两种,数据容量分别是 25GB 和 50GB。2010 年 6 月,蓝光光盘协会发布了 BDXL 标准规格,即容量为 100GB 的三层(TL)可擦写和一次性刻录光盘,以及 128GB 的四层(QL)一次性刻录光盘的技术标准,如表 5-2 所示。

表 5-2 蓝光光盘的缩标及其容量参数

蓝光光盘格式	含 义	数据容量(GB)
BD-R(SL/DL/TL/QL)	蓝光刻录光盘(单层/双层/三层/四层)	25GB/50GB/100GB/128GB
BD-RE(SL/DL/TL)	蓝光可擦写光盘(单层/双层/三层)	25GB/50GB/100GB
BD-ROM(SL/DL)	蓝光只读光盘(单层/双层)	25GB/50GB

5.8 存储器系统的分层结构

存储系统的性能在计算机中的地位日趋重要,主要原因是:①冯·诺依曼体系结构是构建在存储程序概念的基础上,访存操作约占中央处理器(CPU)时间的 70% 左右;②存储管理与组织的好坏影响到整机效率;③现代的信息处理,如图像处理、数据库、知识库、语音识别、多媒体等对存储系统的要求很高。

在计算机系统中存储层次可分为高速缓冲存储器、主存储器、辅助存储器三级。高速缓冲存储器用来改善主存储器与中央处理器的速度匹配问题。辅助存储器用于扩大存储空间。

图 5-4 给出了存储器的层次结构示意图,从图中可以看出,最内层是 CPU 中的通用寄存器,很多运算可直接在其中进行,减少了 CPU 与主存的数据交换,很好地解决了速度匹配的问题,但通用寄存器的数量有限。高速缓冲存储器(cache)设置在 CPU 和主存之间,可以放在 CPU 内部或外部。其作用也是解决主存与 CPU 的速度匹配问题。cache

一般是由高速 SRAM 组成,有一级 cache、二级 cache 和三级 cache 等。

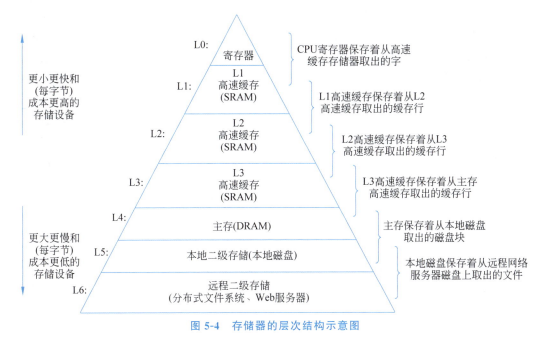

图 5-4　存储器的层次结构示意图

以上两层仅解决了速度匹配问题,存储器的容量仍受到内存容量的制约。因此,在多级存储结构中又增设了辅助存储器和大容量存储器(如硬盘、光盘等)。随着操作系统和硬件技术的完善,主存之间的信息传送均可由操作系统中的存储管理部件和相应的硬件自动完成,从而弥补了主存容量不足的问题。

采用由多级存储器组成的存储体系,可以把几种存储技术结合起来,较好地解决存储器大容量、高速度和低成本这三者之间的矛盾,满足了计算机系统的应用需要。

本 章 小 结

本章重点介绍了半导体存储器。半导体存储器由存储体、地址选择电路、读写电路等组成。

存储体是存储 1 或 0 信息的电路实体,由许多个存储单元组成,对每个存储单元要赋予一个编号,称为地址单元号。每个存储单元由若干相同的位组成,每个位需要一个存储元件。存储器的地址用一组二进制数表示,其地址线的位数 n 与存储单元的数量 N 之间的关系为 $2^n = N$。

地址选择电路包括地址码缓冲器、地址译码器以及读写电路与控制电路等部分。地址译码方式有两种:单译码方式(或称字结构)、双译码方式(或称重合译码)。

读写电路包括读写放大器、数据缓冲器(三态双向缓冲器)等。它是数据信息输入和输出的通道。外界对存储器的控制信号有读信号($\overline{RD}$)、写信号($\overline{WR}$)和片选信号($\overline{CS}$)

等,通过控制电路以控制存储器的读或写操作以及片选。

SRAM 由 6 个 MOS 管组成的 RS 触发器组成。每一个触发器构成存储体的一位。

SRAM 的存储体由存储矩阵构成。在存储矩阵中,只有行、列均被选中的某个单元存储电路(即 1 位),在其 X 向选通门与 Y 向选通门同时被打开时,才能进行读出信息和写入信息的操作。

通常,一个 RAM 芯片的存储容量是有限的,需要用若干片才能构成一个实用的存储器。地址不同的存储单元,可能处于不同的芯片中,在选中地址时,应先选择其所属的芯片。对于每块芯片,都有一个片选控制端($\overline{CS}$),只有当片选端加上有效信号时,才能对该芯片进行读或写操作。一般片选信号由地址码的高位译码(通过译码器输出端)产生。

需要着重理解,无论是存储器读或存储器写,都必须保证能从存储器中读到或写入到存储器中一个稳定的数据。在读写信号有效期间,数据线和地址线也必须是稳定的。

DRAM 芯片是以 MOS 管栅极电容是否充有电荷存储信息的,其基本单元电路一般由四管、三管和单管组成,以三管和单管较为常用。它所需要的管子较少,可以扩大每片存储器芯片的容量,并且其功耗较低,所以在微型计算机系统中,大多数采用 DRAM 芯片。

ROM 的存储元件可以视为一个单向导通的开关电路。其组成结构与 RAM 相似,一般也是由地址译码电路、存储矩阵、读出电路及控制电路等组成。ROM 包括:不可编程掩膜式 ROM,可编程序的只读存储器 PROM,可擦除、可再编程的只读存储器 EPROM,电改写的可编程只读存储器 EEPROM(或称 E^2PROM),闪速 E^2PROM 等。

为了使存储器与 CPU 正确地接口,必须了解存储器芯片的扩充技术和存储器芯片的接口特性。

内存历来是系统中最大的性能瓶颈之一,随着 PC 技术的发展,内存条从规格、技术、总线带宽等已不断更新换代。

硬盘是计算机最重要的外部存储设备;光盘存储技术是采用磁盘以来重要的新型数据存储技术。

微机中都采用了分层结构的存储系统,其目的是使整个存储器系统达到速度、容量与价格三者优势互补和均衡发展。

第 6 章 浮点部件

【学习目标】

浮点部件是为提高微处理器计算浮点数能力而专门设计的电路。本章简要介绍浮点部件的发展演变与基础知识。

【学习要求】

- 了解 80x86 微处理器的几种浮点部件(如 8087、8089、80130 及 80387 等协处理器)的基本功能。
- 了解 80486 浮点部件的主要设计特点。
- 了解 Pentium 微处理器的浮点部件流水线组成及其基本功能。

6.1 80x86 微处理器的浮点部件概述

浮点部件(floating point unit,FPU)是为提高微处理器计算浮点数能力而专门设计的电路。

学习本章时,要了解有关 80x86 和 Pentium 微处理器浮点部件的基本知识。

6.1.1 iAPX86/88 系统中的协处理器

iAPX86/88 系列的几个主要协处理器是 8087、8089、80130。

1. 数值数据协处理器 8087

8087 是一种专门为提高系统处理数值数据运算能力而设计的协处理器(numeric data processor,NDP)。

8087 内部结构可分为两大部分:控制单元(CU)和数值处理单元(NEU)。CU 保持与 CPU 同步操作,一旦 CPU 取指,CU 就与 CPU 一起并行对指令译码,从中识别并取得由 8087 执行的指令。CU 执行控制类指令,并读写存储器以获得操作数和传送运算结果。NEU 中设置有指令队列,而且与 8086/8088 CPU 中的指令队列一致;并且由 CU 来检测 8087 所配合的主 CPU 是 8086 还是 8088。CU 将设置与 CPU 相同长度的指令队列。NDP 执行所有的数值运算指令,并以交权指令(ESC)的形式给出。当 CU 得到一条

ESC 指令时,就根据指令的类型确定是应该由 CU 本身完成的控制类指令,还是应由 NEU 执行的数值运算指令。NEU 完成的运算任务包括算术运算、逻辑运算、超越函数运算、数据传送类及常数类指令。NEU 内部数据宽度可达到 80 位(64 位尾数,15 位阶码和 1 位符号位),因此,其数据传送速率很高。

2. 输入输出协处理器 8089

8089 是一种专门为提高系统输入输出处理功能而设计的协处理器(input/output processor,IOP)。它可方便地将 8086/8088 CPU 与 8/16 位的外部设备连接起来相互通信;由于它具有自己的指令系统,能执行程序,除了可完成输入输出操作外,还可对传送的数据进行装配、拆卸、变换、校验或比较等,从而可大大减轻 CPU 在输入输出处理过程中的开销,有效地提高系统的性能。当系统中设置了 8089 IOP 以后,8086/8088 CPU 必须以最大方式工作。对配有 8089 的 CPU 来说,所有的输入输出操作中,数据都是整块地成批发送或接收。在整个数据块的输入输出过程中,CPU 都不必去干预,而可以并行地执行其他操作。

8089 IOP 与 8086/8088 CPU 协同工作时,有两种基本的结构方式。第一种是本地方式,在这种方式下,8089 与 8086/8088 CPU 共享系统总线和 I/O 总线,可在不增设其他硬件的情况下完成两个 DMA 通道的功能。这时,8086/8088 CPU 是系统总线和 I/O 总线的主控者,而 8089 IOP 是 CPU 的从属设备。当需要使用总线时,8089 可向 CPU 申请总线使用权;CPU 响应这一请求后,可将总线使用权授予 8089。一旦 8089 使用完总线,将自动放弃总线使用权,然后才能由 CPU 重新接管总线。第二种是远程方式,这是一种高效率的工作方式,在这种方式下,8089 与 CPU 之间仍然共享系统总线,但 8089 还具有它自己的局部 I/O 总线。由于系统总线与局部 I/O 总线可并行操作,因此,可大大提高 8089 IOP 与 CPU 之间并行工作的程度。

3. 操作系统固件 80130

80130 是以固件形式提供的一个定义完好并已调试的多任务操作系统原型,为 iAPX86/88 系统的实时多任务系统的实现提供了一个方便的硬件平台。当 80130 与 8086/8088 CPU 配接后,就构成了一个完整的操作系统处理机(Operation System Processor,OSP)。

6.1.2 80386/80486 系统中的浮点部件

1. 80387 协处理器

1) 80387 的内部体系结构与功能

80387 的内部体系结构基本上由两部分组成:一个是总线控制逻辑部件,可把它当成 80387 的专用总线控制器用;另一个是 80387 的核心部件,用来完成各种运算。

2) 80387 的内部寄存器

80387 的内部寄存器组包括 8 个 80 位的堆栈寄存器(R0~R7)组成运算寄存器,1 个 16 位的状态寄存器,1 个 16 位的控制寄存器,1 个 16 位的标记字寄存器,1 个 48 位的指令指示寄存器和 1 个 48 位的数据指示寄存器。

80387 使用 80 位的内部结构，实现了 IEEE 浮点格式。其中包括 32 位单精度实型数、64 位双精度实型数、80 位的扩展实型数、16 位字整型数、32 位短整型数、64 位长整型数和 18 位 BCD 整数共 7 种数据类型的运算，并且它还扩充了 80386 的指令系统。

由于 80387 支持 7 种数据类型，在取指令的同时，可以把数据放在协处理器堆栈上，并把 7 种数据中的一种自动转换成扩展的实型数据格式。当存储指令时，从协处理器的堆栈中带回数据存到存储器中，这样就以相反的方向完成转换处理。

80387 的软件与 8087 和 80287 软件完全兼容。

2. 80486 的浮点部件

由于 80386 CPU 采用外部分离的协处理器部件，在制造和使用方面都存在一些不足，于是，从 80486 CPU 开始，就将具有 80387 功能的类似协处理器部件集成到 CPU 模块内部，这就是 80486 CPU 内部的浮点运算单元(FPU)。

80486 片内的 4KB 指令 cache 和 4KB 数据 cache，具有极高的命中率。在 cache 中存放了最频繁使用的指令和数据信息，大大加快了存取速度。特别是，80486 采用了 EISA (extended industrial system architecture)扩展的工业标准结构总线以及双层的总线插座，保证了在开发多处理器系统时其他处理器能正常工作。

此外，由于 80486 片内含有浮点运算数学单元，相当于把 80387 也集中到片内，因此，具有强大的浮点处理能力，适用于处理三维图像。

6.2 Pentium 微处理器的浮点部件

Pentium 微处理器的浮点部件是在 80486 微处理器浮点部件的基础上重新设计而成的。在 Pentium 及其之后的微处理器，都像 80486 一样继续把浮点部件与整数部件、分段部件、分页部件等集成到同一芯片之内，而且执行流水线操作方式。为了充分发挥浮点部件的运算功能，把整个浮点部件设计成每个时钟周期都能够进行一次浮点操作，利用 Pentium CPU 的 U、V 双流水线使其在每个时钟周期内可以接受两条浮点指令(但其中的一条浮点指令必须是交换类的指令)。

从程序设计模型的观点来说，可以把 Pentium 微处理器片内的浮点部件 FPU 看成一组辅助寄存器，只不过是数据类型的扩展；还可以把浮点部件的指令系统看成 Pentium 微处理器指令系统的一个子集。要了解 Pentium 微处理器片内浮点部件的流水线操作。

Pentium 体系结构中最重要的特点之一就是它设计了 3 条流水线：1 条浮点流水线和 2 条整数流水线(即 U、V 管道)。这种能同时执行多条流水线的体系结构就称为超标量流水线体系结构。

Pentium 的两条独立的整数流水线都是由 5 级流水线组成的，即预取 PF；首次译码 D1(对指令译码)；二次译码 D2(生成地址和操作数)；存储器和寄存器的读操作 EX(由 ALU 执行指令)；WB(将结果写回到寄存器或存储单元中)。

Pentium 的 1 条浮点流水线由 8 级组成，其前 5 级与整数流水线一样，只是在第 5 级

WB重叠了用于浮点执行开始步骤的X1级(浮点执行步骤1,它是将外部存储器数据格式转换成内部浮点数据格式,并且还要把操作数写到浮点寄存器上),此级也称为WB/X1级;而后3级是:二次执行X2(浮点执行步骤2);写浮点数WF完成舍入操作,并把计算后的浮点结果写到浮点寄存器;出错报告ER(报告出现的错误/更新状态字的状态)。

Pentium流水线的操作步骤如下。

(1) Pentium处理器在每个时钟周期可以发出两条整数指令或一条浮点指令。

(2) 当执行整数指令时,先要在D1译码级作出决定,是否将两条整数指令同时发送给U、V整数流水线,再由两个平行的译码部件D1同时工作,去确定这两条当前整数指令是否可以同时执行。

(3) 当整数指令执行后,要将所得整数结果送入高速缓存(即数据cache),或写回ALU中去继续计算。

(4) 浮点流水线实际上是U管道的扩充,它是在5级整数流水线的基础上,增加了后3级,总共为8级。

(5) 在执行一条浮点指令时,到了X1级就将浮点数据先变换成浮点部件使用的格式,并将变换结果写入某个寄存器中。

(6) 将浮点指令送入采用新电路的X2级,它可以将一些常用操作(如LOAD、ADD、MUL等)的执行速度提高3倍以下。

(7) 在WF级,对浮点数据进行四舍五入操作。

(8) 由ER级报告浮点操作是否有出错信息,并修改状态标志。

本 章 小 结

浮点部件在提高微处理器计算浮点数性能方面具有十分重要的作用。从iAPX86/88中的数值数据协处理器8087、输入输出协处理器8089与操作系统固件80130到80386系统中的协处理器80387,都是独立设计于微处理器之外的单独部件;而从80486系统开始,现代微处理器系统中的浮点部件则都是重新设计成嵌入在微处理器之内的几个电路模块。

在Pentium及其后的微处理器系统中,浮点部件设计的特点是扩充了辅助寄存器组的数量及扩展了其存取数据的类型。

Pentium微处理器中的浮点部件具有8级浮点流水线,并引入了新的快速算法,使一些常用的加法(ADD)、乘法(MUL)以及装入(LOAD)指令的速度提高了3倍以上。

了解Pentium浮点流水线的基本组成及其操作功能,可进一步加深对Pentium体系结构特点的理解。

第 7 章 输入输出与中断技术

【学习目标】

输入输出(I/O)设备是计算机的主要组成部分。I/O 接口是 CPU 同输入输出设备之间进行信息交换的重要枢纽。由于输入输出设备的多样性以及 I/O 接口电路的复杂性,因此,CPU 同外设之间不能简单地连接,而必须通过 I/O 接口来实现。

本章首先介绍 I/O 接口的基本概念、CPU 与 I/O 设备的数据传送方式及控制方式,然后重点讨论 8086/8088 的中断系统以及中断控制器 8259A 芯片的功能与应用。

【学习要求】

- ◆ 着重理解接口基本结构的特点。
- ◆ 掌握 CPU 与外设之间数据的传送方式与控制方式。
- ◆ 理解中断源、向量中断、中断优先权等基本概念。
- ◆ 重点掌握 8086/8088 中断系统及其用户定义的内部中断处理方法。能正确理解和灵活运用中断向量表。
- ◆ 掌握 8259A 内部 8 个部件的功能及其关系。
- ◆ 重点掌握 8259A 初始化编程。

7.1 输入输出接口概述

7.1.1 CPU 与外设间的连接

CPU 与外设的连接不能像存储器那样直接挂到总线(DB、AB、CB)上,而必须通过各自的专用接口电路(或接口芯片)来实现,这些接口电路简称 I/O 接口。I/O 接口和存储器接口虽然都是接口,但由于存储器通常是在 CPU 的同步控制下工作的,所以它的接口电路比较简单;而 I/O 接口由于其连接的外设品种繁多,其相应的接口电路也就比较复杂。通常,人们所说的接口都是指 I/O 接口。

7.1.2 接口电路的基本结构

接口电路的基本结构同它传送的信息种类有关。信息可分为 3 类:数据信息、状态信息、控制信息。

1. 数据信息

数据信息是最基本的一种信息。它包括以下内容。

(1) 数字量：通常为 8 位二进制数或 ASCII 代码。

(2) 模拟量：当计算机用于检测、数据采集或控制时，大量的现场信息是连续变化的物理量(如温度、压力、流量、位移、速度等)，经传感器把非电量转换成电量并经放大即得到模拟电流或电压，这些模拟量必须通过 A/D(模/数)转换才能输入计算机；而计算机输出的数字量也必须经 D/A(数/模)转换后才能去控制执行机构。

(3) 开关量：是一些 0 或 1 两个状态的量，用一位 0 或 1 二进制数表示。一台字长为 8 位的微机一次输入或输出可控制 8 个这类物理量。

2. 状态信息

状态信息是反映外设当前所处工作状态的信息，以作为 CPU 与外设之间可靠交换数据的条件。当输入时，它告知 CPU：有关输入设备的数据是否准备好(READY＝1?)；输出时，它告知 CPU：输出设备是否空闲(Busy＝0?)。CPU 是通过接口电路来掌握输入输出设备的状态，以决定可否输入或输出数据。

3. 控制信息

控制信息用于控制外设的启动或停止。接口电路根据传送不同信息的需要，其基本结构安排有以下特点。

(1) 3 种信息(数据、状态、控制)的性质不同，应通过不同的端口分别传送。例如，数据输入输出寄存器(缓冲器)、状态寄存器与命令控制寄存器各占一个端口，每个端口都有自己的端口地址。

(2) 在用输入输出指令来寻址外设(实际寻址端口)的 CPU(如 8086/8088)中，外设的状态作为一种输入数据，而 CPU 的控制命令是作为一种输出数据，从而可通过数据总线来分别传送。

(3) 端口地址由 CPU 地址总线的低 8 位或低 16 位(如在 8086 用 DX 间接寻址外设端口时)地址信息来确定，CPU 根据 I/O 指令提供的端口地址来寻址端口，然后同外设交换信息。

7.2 CPU 与外设数据传送的方式

本节以 8086/8088 为例，说明 CPU 与外设之间数据传送的方式。为了实现 CPU 与外设之间的数据传送，通常采用程序传送、中断传送和直接存储器存取传送 3 种 I/O 传送方式。

7.2.1 程序传送

程序传送是指 CPU 与外设间的数据交换在程序控制(即 IN 或 OUT 指令控制)下

进行。

1. 无条件传送

无条件传送方式(又称同步传送)只对固定的外设(如开关、继电器、7段显示器、机械式传感器等简单外设),在规定的时间用 IN 或 OUT 指令来进行信息的输入或输出,其实质是用程序来定时同步传送数据。对少量数据传送来说,它是最省时间的一种传送方法,适用于各类巡回检测和过程控制。

在理解输入与输出数据传送的不同特点时,先要弄清有关输入缓冲与输出锁存的基本概念。

输入数据时,因简单外设输入数据的保持时间相对于 CPU 的接收速度来说较长,故输入数据通常不用加锁存器来锁存,而直接使用三态缓冲器与 CPU 数据总线相连即可。

输出数据时,一般都需要锁存器将要输出的数据保持一段时间,其长短和外设的动作相适应。

2. 程序查询传送

程序查询传送也是一种程序传送,但它是有条件的异步传送。该条件是:在执行输入(IN 指令)或输出(OUT 指令)前,要先查询接口中状态寄存器的状态。

1) 程序查询输入

下面是程序查询输入部分的程序:

```
POLL: IN AL,STATUS_PORT    ;读状态端口的信息
      TEST AL,80H           ;设"准备就绪"(READY)信息在 D7 位
      JE POLL               ;未"准备就绪"(READY=0),则循环再查
      IN AL,DATA_PORT       ;已"准备就绪"(READY=1),则读入数据
```

2) 程序查询输出

下面是程序查询输出部分的程序:

```
POLL: IN   AL,STATUS_PORT   ;查状态端口中的状态信息 D7
      TEST AL,80H            ;
      JNE  POLL              ;D7=1 即忙线=1,则循环再查
      MOV  AL,STORE          ;否则,外设空闲,则由内存读取数据
      OUT  DATA_PORT,AL      ;输出到 DATA 地址端口单元
```

其中,STATUS 和 DATA 分别为状态端口和数据端口的符号地址;STORE 为待输出数据的内存单元的符号地址。

3) 一个采用程序查询方式的数据采集系统

主教材中的例 7.2 给出了一个有 8 个模拟量输入的数据采集系统,用程序查询方式与 CPU 传送信息的例子。

当计算机工作任务较轻或 CPU 不太忙时,可以应用程序查询输入输出传送方式,它能较好地协调外设与 CPU 之间定时的差别;程序和接口电路比较简单。其主要缺点是:CPU 必须进行程序等待循环,不断测试外设的状态,直至外设为交换数据准备就绪时为止。这种循环等待方式很花费时间,大大降低了 CPU 的运行效率。

7.2.2 中断传送

所谓中断,是指外设或其他中断源中止 CPU 当前正在执行的程序,而转向为该外设服务(如完成它与 CPU 之间传送一个数据)的程序,一旦服务结束,又返回原程序继续工作。这样,外设处理数据期间,CPU 就不必浪费大量时间去查询它们的状态,只待外设处理完毕主动向 CPU 提出请求(向 CPU 发中断请求信号),而 CPU 在每一条指令执行的结尾阶段,均查询是否有中断请求信号(这种查询是由硬件完成的,不占用 CPU 的工作时间),若有中断请求信号,则暂停执行现行的程序,转去为申请中断的某个外设服务,以完成数据传送。

中断传送方式的好处是大大提高了 CPU 的工作效率。

7.2.3 直接存储器存取传送

直接存储器存取(direct memory access,DMA)方式,又称数据通道方式,是一种由专门的硬件电路执行 I/O 交换的传送方式,它让外设接口可直接与内存进行高速的数据传送,而不必经过 CPU,这样就不必进行保护现场之类的额外操作,可实现对存储器的直接存取。这种专门的硬件电路就是 DMA 控制器,简称为 DMAC。

7.3 中 断 技 术

中断是一种十分重要而复杂的软硬件相结合的技术,它的出现给计算机结构与应用带来了新的突破。这里只介绍中断的基本概念、中断的响应与处理过程、优先权的安排等有关问题。

7.3.1 中断概述

1. 中断与中断源

中断是指 CPU 正常执行程序时,由于某种随机出现的事件(包括外设请求或 CPU 内部的异常事件),使 CPU 暂停运行原来的程序,而应更为急迫事件的需要转向去执行为中断源服务的程序(称为中断服务程序),待该程序处理完后,再返回运行原程序,这一控制过程就称为中断(或中断技术)。

所谓中断源,是指引起中断的事件或原因,或发出中断申请的来源。中断源可分为外部中断源和内部中断源两类。

1) 外部中断源

外部中断源是指由 CPU 的外部事件引发的中断,主要包括:

(1) 一般中、慢速外设,如键盘、打印机、鼠标等。

(2) 数据通道,如磁盘、数据采集装置、网络等。

(3) 实时时钟,如定时器定时已到,发出中断申请。

(4) 故障源,如电源掉电、外设故障、存储器读出出错以及越限报警等事件。

2) 内部中断源

内部中断源是指由 CPU 的内部事件(异常)引发的中断,主要包括:

(1) 由 CPU 执行中断指令 INT n 引起的中断。

(2) 由 CPU 的某些运算错误引起的中断,如除数为 0 或商数超过了寄存器所能表达的范围、溢出等。

(3) 为调试程序设置的中断,如单步中断、断点中断。

(4) 由特殊操作引起的异常,如存储器越限、缺页等。

2. 中断系统及其功能

中断系统是指为实现中断而设置的各种硬件与软件,包括中断控制逻辑及相应管理中断的指令。

中断系统应该具有下列功能。

1) 能响应中断、处理中断与从中断返回

当某个中断源发出中断请求时,CPU 能根据条件决定是否响应该中断请求。若允许响应,则 CPU 必须在执行完现行指令后,保护断点和现场(即把断点处的断点地址和各寄存器的内容与标志位的状态推入堆栈),然后再转到需要处理的中断服务程序的入口,同时,清除中断请求触发器。当处理完中断服务程序后,再恢复现场和断点地址,使 CPU 返回断点,继续执行主程序。

2) 能实现优先权排队

在系统中有多个中断源时,有可能出现两个或两个以上中断源同时提出中断请求的情况。这时,要求 CPU 能根据中断源被事先确定的优先权由高到低依次处理。

3) 高级中断源能中断低级的中断处理

这是一种称为中断嵌套的技术。

CPU 可以通过软件查询技术或硬件排队电路两种方法来实现按中断优先权对多个中断源的管理。也有专门用于协助 CPU 按中断优先权处理多个中断源并实现中断嵌套功能的中断控制芯片,如 7.5 节中介绍的 8259A 芯片。

3. 中断的应用

中断除了能解决快速 CPU 与中、慢速外设速度不匹配的矛盾,以提高主机的工作效率之外,在实现分时操作、实时处理、故障处理、多机连接以及人机联系等方面均有广泛的应用。

7.3.2 中断源的中断过程

任何一个中断源的中断过程都应包括中断请求、中断响应、中断处理和中断返回等基本环节。

1. 中断源向 CPU 发中断请求信号的条件

中断源是通过其接口电路向 CPU 发中断请求信号的,该信号能否发给 CPU,应满足下列两个条件。

1) 设置中断请求触发器

在每个中断源的接口电路中设置一个中断请求触发器 A,由它产生中断请求,即 $Q_A=1$。

2) 设置中断屏蔽触发器

中断源的中断请求能否允许以中断请求信号(如 INTR)发向 CPU,应能受 CPU 的控制,以增加处理中断的灵活性,为此,在接口电路中还要增设一个中断屏蔽触发器 B。

2. CPU 响应中断的条件

当中断源向 CPU 发出 INTR 信号后,CPU 若要响应它,还应满足下列条件。

1) CPU 开放中断

CPU 采样到 INTR 信号后是否响应它,由 CPU 内设置的中断允许触发器(如 IFF)的状态决定,而 IFF 的状态可以由专门设置的开中断与关中断指令来改变,即执行开中断指令时,使 IFF=1,即 CPU 开中断;而执行关中断指令时,使 IFF=0,即 CPU 关中断,于是,禁止中断。

2) CPU 在现行指令结束后响应中断

在 CPU 开中断时,若有中断请求信号发至 CPU,它也并不立即响应。而只有当现行指令运行到最后一个机器周期的最后一个 T 状态时,CPU 才采样 INTR 信号;若有此信号,则 CPU 进入中断响应周期。

3. CPU 响应中断及处理过程

当满足上述条件后,CPU 就响应中断,转入中断周期。对于单个中断源,CPU 处理中断将完成下列 6 步操作。

(1) 关中断。CPU 响应中断后,在发出中断响应信号(在 8086/8088 中为 $\overline{INTA}$)的同时,内部自动地(由硬件)实现关中断。

(2) 保留断点。CPU 响应中断后,立即封锁断点地址,并且把此断点地址压栈保护,以备在中断处理完毕后,CPU 能返回断点处继续运行主程序。

(3) 保护现场。在 CPU 处理中断服务程序时,为使中断服务程序不影响主程序的正常运行,故要把主程序运行到断点处时的有关寄存器的内容和标志位的状态压栈保护起来。

(4) 给出中断入口(地址),转入相应的中断服务程序。8086/8088 是由中断源提供中断类型号,并根据中断类型号在中断向量表中取得中断服务程序的入口地址。

在中断服务程序完成后,还要执行下述的(5)、(6)两步操作。

(5) 恢复现场。把被保留在堆栈中的各有关寄存器的内容和标志位的状态从堆栈中弹出,送回 CPU 中它们原来的位置。这个操作是在中断服务程序中用 POP 指令来完成的。

(6) 开中断与返回。在中断服务程序的最后,要开中断(以便 CPU 能响应新的中断请求)和安排一条返回指令,将堆栈内保存的断点值(对 8086/8088 CPU 来说为 IP 和 CS 值)弹出,CPU 就恢复到断点处继续运行。

注意: 以上描述的是指单个中断源响应中断的简单过程。如果有多个中断源,则其中断响应过程就要复杂一些,主要是应考虑在处理中断过程中要允许高级中断源能对低级中断源有中断嵌套的问题。

7.4　8086/8088 的中断系统和中断处理

7.4.1　8086/8088 的中断系统

8086/8088 有一个简要、灵活而多用的中断系统,它采用中断向量结构,使每个不同的中断都可以通过给定一个特定的中断类型号(又称中断类型码或中断向量号)供 CPU 识别,来处理多达 256 种类型的中断。这些中断可以来自外部,即由硬件产生,也可以来自内部,即由软件(中断指令)产生,或者满足某些特定条件(陷阱)后引发 CPU 中断。

1. 外部中断

外部中断也称为硬件中断,它是由外部硬件或外设接口产生的。8086/8088 CPU 的外部中断是通过两条引脚供外部中断源请求中断的:一条引脚是高电平有效的可屏蔽中断 INTR;另一条引脚是正跳变有效的非屏蔽中断 NMI。

1) 可屏蔽中断

可屏蔽中断是用户可以用指令禁止和允许的外部硬件中断,由 8086/8088 CPU 的 INTR 引脚进入。当 INTR 引脚上出现一高电平有效请求信号时,它必须保持到当前指令的结束。这是因为 CPU 只在每条指令的最后一个时钟周期才对 INTR 引脚的状态进行采样,如果 CPU 采样到有可屏蔽中断请求信号 INTR 产生,它是否响应还要取决于中断允许标志位 IF 的状态。若 IF=1,则 CPU 是处于开中断状态,将响应 INTR,并通过 $\overline{\text{INTA}}$ 引脚向产生 INTR 的设备接口(中断源)发回响应信号,启动中断过程。

8086/8088 CPU 在发回第 2 个中断响应信号 $\overline{\text{INTA}}$ 时,将使发出中断请求信号的接口把 1 字节的中断类型号通过数据总线传送给 CPU。由该中断类型号指定中断服务程序入口地址在中断向量表中的位置。中断允许标志 IF 位的状态可用指令 STI 使其置位,即开中断;也可用 CLI 指令使其复位,即关中断。由于 8086/8088 CPU 在系统复位以后或任一种中断被响应以后,IF=0,即 CPU 自动关中断,所以根据实际需要,在执行程序的过程中要用 STI 指令开中断,以便 CPU 有可能响应新的可屏蔽中断请求。

2) 非屏蔽中断

非屏蔽中断是用户不能用指令禁止和允许的中断,由 8086/8088 CPU 的 NMI 引脚进入。当 NMI 引脚上出现一上升沿的边沿触发有效请求信号时,它将由 CPU 内部的锁存器将其锁存起来。8086/8088 要求 NMI 上的请求脉冲的有效宽度(高电平的持续时间)大于两个时钟周期。一旦此中断请求信号产生,不管标志位 IF 的状态如何,即使在关中断(IF=0)的情况下,CPU 也能响应它。非屏蔽中断通常用来处理系统中出现重大故障或紧急事件的情况。

2. 内部中断

8086/8088 的内部中断又称软件中断,它包括以下几种内部中断：除法出错中断——类型 0；溢出中断——类型 4；单步中断——类型 1；断点中断——类型 3；用户定义的软件中断——类型 n。

应着重掌握用户定义的软件中断——类型 n。它是一个可由用户定义的双字节的中断指令 INT n，其第 1 字节为 INT 的操作码，第 2 字节 n 是它的中断类型号。中断类型号 n 由程序员编程时给定，用它指出中断服务程序的入口地址。

3. 内部中断的特点

内部中断具有如下特点。

(1) 内部中断由一条 INT n 指令直接产生，其中断类型号 n 或者包括在指令中，或者已由系统预先定义。

(2) 除单步中断以外，所有内部中断都不能被屏蔽。

(3) 所有内部中断都没有中断响应 $\overline{INTA}$ 机器总线周期，这是因为内部中断不必通过查询外部来获得中断类型号。

(4) 8086/8088 中断系统规定，除了单步中断以外，所有内部中断的优先权都比外部中断的优先权高。如果在执行一个能引起内部中断指令的同时，在 NMI 或 INTR 引脚端也产生了外部中断请求，则 CPU 将首先处理内部中断。

(5) 作为软件调试手段，单步中断是逐条跟踪调试，而断点中断(INT 3)是逐段调试，它们均可用中断服务程序在屏幕上显示有关的各种信息。

(6) 为了避开由外设硬件产生 INTR 中断请求信号和提供中断类型号的麻烦，可以用软件中断指令 INT nn 来模拟外设提供的硬件中断，方法是使 nn 类型号与该外设的类型号相同，从而可控制程序转入该外设的中断服务程序。

4. 中断向量表

中断向量表也称中断入口地址表。通过这张中断向量表可以得到各个中断服务程序的入口地址。在双字长指针的高地址中存放的字是中断服务程序入口地址所在的代码段的 16 位段地址(CS)，低地址字是中断服务程序入口地址相对于段起始地址的偏移值(IP)。CPU 通过 CS 和 IP 的值得到一个 20 位的地址，它就是中断服务程序的实际入口地址，其计算方法同计算一个存储器单元实际地址的方法一样，都是将 16 位的 CS 段地址左移 4 位，然后加上 IP 值。

每个中断向量具有一个相应的中断类型号，由中断类型号确定在中断向量表中的中断向量。中断类型号乘 4，将得出中断向量表中的中断向量入口第 1 字节的物理地址。

7.4.2 8086/8088 的中断处理过程

1. 8086/8088 CPU 中断处理的流程

8086/8088 CPU 中断处理的流程的结构特点与功能说明如下。

(1) 所有中断处理流程的基本过程都包括中断请求、中断响应、中断处理与中断返回等环节。

(2) 对各中断源中断请求的响应顺序均按预先设计的中断优先权来响应。优先权由高到低依次为内部中断、NMI 中断、INTR 中断、单步中断。

(3) 关于 CPU 开始响应中断的时刻,在一般情况下,都要待当前指令执行完后方可响应中断申请。但是,有少数特殊的情况是在下一条指令完成之后,才响应中断请求。例如,REP(重复前缀)、LOCK(封锁前缀)和段超越前缀等指令都应当将前缀看作只是指令的一部分,在执行前缀及其后续指令之间不允许中断。另外,段寄存器的传送指令 MOV 和段寄存器的弹出指令 POP 也是一样,在执行完下一条指令之前都不能响应中断。

(4) 在 WAIT 指令和重复数据串操作指令执行的过程中间可以响应中断请求,但必须要等一个基本操作或一个等待检测周期完成后才能响应中断。

(5) 因为 NMI 引脚上的中断请求是需要立即处理的,所以在进入执行任何中断(包括内部中断)服务程序之前,都要安排测试 NMI 引脚上是否有中断请求,以保证它实际上有最高的优先权。

(6) 若在执行某个中断服务时无 NMI 中断请求发生,则接着去查看暂存寄存器 TEMP 的状态。若 TEMP=1,则表明在执行原有中断服务程序时 CPU 已处于单步工作方式,此时 CPU 就要和 NMI 一样重新保护现场和断点,转入单步中断服务程序;若 TEMP=0,也就是在执行中断服务程序前 CPU 处于非单步工作方式,则这时 CPU 将转去执行最先引起中断的原有某个中断源的中断服务程序。

(7) 待中断处理程序结束时,由中断返回指令将堆栈中存放的 IP、CS 及 PSW 值还原给指令指针(IP)、代码段寄存器(CS)以及程序状态字(PSW)。

2. 可屏蔽中断的处理全过程

可屏蔽中断的处理全过程的具体操作步骤如下。

(1) 中断请求信号 INTR 由外部设备接口电路产生并送至 8086 的 INTR 引脚上。

(2) CPU 是否响应取决于 CPU 内部的 IF 标志。当 IF=1 并出现 INTR 请求信号时,CPU 在完成正在执行的指令后,便开始响应中断。

(3) CPU 响应中断时,首先从外部设备接口电路读取中断类型号 n。CPU 将通过其 $\overline{INTA}$ 引脚向中断接口电路发响应信号,并启动中断过程;这个响应信号将使发出中断请求的接口把其 1 字节的中断类型号通过数据总线送给 CPU。

(4) 按先后顺序把 PSW、CS 和 IP 的当前内容压入堆栈,以保护现场与断点。

(5) 清除 IF 和 TF 标志,禁止在中断响应过程中有其他可屏蔽中断进入,也禁止单步中断。

(6) 取中断向量新值,把 $4\times n$ 的字存储单元中内容读入 IP 中,把 $4\times n+2$ 的字存储单元中的内容读入 CS 中。

(7) CPU 从新的中断向量 CS:IP 值得到中断入口地址,开始转入中断服务程序。

(8) 若允许中断嵌套,则一般在中断服务程序保存各寄存器内容之后安排一条 STI 开放中断指令,这是因为 CPU 响应中断后便自动清除了 IF 与 TF 位,当执行了 STI 指令后,IF=1,以便优先权较高的中断源获准中断响应。

(9) 在中断服务程序结尾安排一条中断返回指令 IRET，把保存在堆栈中的原 IP、CS 与 PSW 等值依次弹出堆栈。

(10) 由弹出的原中断向量 CS：IP 控制 CPU 返回到发生中断的断点处。

3. 非屏蔽中断和内部中断的响应过程

CPU 响应 NMI 或内部中断请求时的操作顺序基本上与上述过程相同，只是不需要第(3)项的操作，因为它们的中断类型号是直接从指令中获得或由 CPU 内部自动产生。一旦 CPU 接到 NMI 引脚上的中断请求或内部中断请求时，CPU 就会自动地转向它们各自的中断服务程序。

4. 中断类型号的获得

中断类型号由以下途径获得。

(1) 除法错误、单步中断、非屏蔽中断、断点中断和溢出中断分别由 CPU 芯片内的硬件自动提供类型号 0~4。

(2) 用户自己确定的软件中断则是从指令流中，即在 INT n 的第 2 个字节中读得中断类型号。

(3) 外部可屏蔽中断 INTR 可以用不同的方法获得中断类型号。例如，在 PC 系列微机中，可由 8259A 芯片或集成了 8259A 的超大规模集成外围芯片来提供中断类型号。

7.4.3 中断响应时序

要了解中断响应时序的组成以及中断类型号的获取方法与时间。

如果在前一个总线周期中 CPU 的中断系统检测到 INTR 引脚是高电平，而且程序状态字的 IF 位为 1，则 CPU 在完成当前的一条指令后，便执行一个中断响应时序。8086 的中断响应时序由两个 $\overline{INTA}$ 中断响应总线周期组成，中间由两个空闲时钟周期 T_i 隔开。在两个总线周期中，$\overline{INTA}$ 输出为低电平，以响应这个中断。

第 1 个 $\overline{INTA}$ 总线周期表示一个中断响应正在进行，在第一个周期，使数据总线浮空，这样可以使申请中断的设备有时间去准备在第 2 个 $\overline{INTA}$ 总线周期内发出中断类型号。第 2 个 $\overline{INTA}$ 总线周期中，被响应的外设必须将中断类型号数据 n 送到 16 位数据总线的低半部分($AD_0 \sim AD_7$)以上传 8086 CPU。因此，提供中断类型号的中断接口电路(如 8259A)的 8 位数据线是接在 16 位数据总线的低半部上。在中断响应总线周期内，经 DT/R 和 $\overline{DEN}$ 控制线的配合作用，使得 8086 可以从申请中断的接口电路中取得一个单字节的中断类型号 n。

综上所述，CPU 响应可屏蔽中断的全过程可归纳为如下几点。

(1) 执行两个中断响应总线周期时，中断接口电路在第 2 个中断响应总线周期内送出一个单字节数据作为中断类型号 n。这个数据字节左移两位后，得到中断向量地址，存入内部暂存器。

(2) 执行一个写总线周期时，CPU 把程序状态字 PSW 的内容压入堆栈。

(3) 保存单步标志 TF。把程序状态字中的中断允许标志位(IF)和单步陷阱标志位

(TF)复 0,从而禁止在中断响应过程中有其他可屏蔽中断和单步中断进入。

(4) 再执行两个写总线周期,CPU 分别将断点的 CS 和 IP 内容压入堆栈。

(5) 执行一个读总线周期,CPU 将从 $4 \times n$ 的字存储单元(向量地址的前两字节)中读取中断服务程序的偏移地址送入指令指示器 IP 中。

(6) 再执行一个读总线周期,CPU 将从 $4 \times n + 2$ 的字存储单元(向量地址的后两字节)中读取中断服务程序的代码段值送入段寄存器 CS 内。于是,CPU 根据 CS:IP 中的值转入中断入口去执行中断服务程序。

(7) 在两个中断响应周期之间插入两个空闲状态,这是 8086 执行中断响应过程的情况,也有插入 3 个空闲状态的情况。但是,在 8088 CPU 的两个中断响应周期之间,并没有插入空闲状态。

当一个非屏蔽中断、一个软件中断或者一个单步中断被响应时,以上的第(2)步到第(6)步均要执行,因为中断类型号已知,故第(1)步不存在。

对于由软件产生的中断,除了没有执行中断响应总线周期外,其余的则执行同样序列的总线周期。

7.5　中断控制器 8259A

中断控制器是专门用来处理中断的控制芯片。它用于在有多个中断源的系统中,协助 CPU 实现对外部中断请求的管理,对它们进行优先权排队以及选中当前优先权最高的中断请求向 CPU 发中断请求信号,并能在 CPU 响应中断后允许具有更高优先权的中断源进行嵌套。Intel 8259A 就是一个可编程的 8 输入端中断控制器,其功能很强,也很灵活,但使用比较复杂。它具有以下主要功能。

(1) 单片 8259A 能管理 8 级中断。采用级联方式,可用 9 片 8259A 构成 64 级主从式中断系统。每一级中断可由程序单独屏蔽或允许。

(2) 当有多个中断请求时,能在判别其优先权后,将其最高优先权的中断请求送 CPU 处理,并能在处理中断时允许中断嵌套。

(3) 在 CPU 响应中断后,它可在中断响应周期内提供相应的中断类型号,使 CPU 立即转向中断入口地址去执行中断服务程序。

(4) 8259A 可通过编程按多种不同方式工作,从而能方便地满足多种类型微型计算机中断系统的需要。

7.5.1　8259A 的引脚与功能结构

8259A 是一个 28 引脚的双列直插式芯片。要了解各个引脚的功能。

应着重理解 $\overline{SP}/\overline{EN}$ 引脚的特点与功能:它是双功能的双向信号线,分别表示主从定义方式和缓冲方式两种工作方式。在主从定义方式中,它作为输入信号线 $\overline{SP}$,由该信号的高低电平来区分"主"或"从"8259A:若 $\overline{SP}=1$,则本芯片为"主"8259A;若 $\overline{SP}=0$,则本芯片为"从"8259A。只有一个8259A时,它应接高电平。在缓冲方式时,则它作为输出信号线$\overline{EN}$,用于控制缓冲器的传送方向:若$\overline{EN}$=1,则CPU将把数据写入8259A;若$\overline{EN}$=0,将把数据由8259A读出至CPU。

此外,还要很好理解$CAS_0 \sim CAS_2$这3根级联控制信号。系统中最多可以把8级中断请求扩展为64级主从式中断请求,当8259A作为主片时,$CAS_0 \sim CAS_2$为输出信号,当8259A作为从片时,$CAS_0 \sim CAS_2$为输入信号。在主从级联方式系统中,将根据"主"8259A的这3根引线上的信号编码来具体指明是哪一个8259A"从"片。

7.5.2 8259A 内部结构框图和中断工作过程

1. 8259A 内部结构框图

8259A中断控制器包括8个主要功能部件:①数据总线缓冲器;②读写逻辑;③级联缓冲器/比较器;④控制逻辑;⑤中断请求寄存器(interrupt request register,IRR);⑥中断服务寄存器(interrupt service register,ISR);⑦中断屏蔽寄存器(IMR);⑧优先级判别器(PR)。要正确理解各功能部件的作用。

应着重理解 IRR、ISR、IMR 这3个寄存器与 PR 判别器的作用及其相互关系。IRR用于接收外部的中断请求。ISR用来存放或记录正在服务中的所有被响应的中断请求(如在多重嵌套时)。IMR用来屏蔽已被锁存在 IRR 中的任何一个中断请求级。PR 则用来判别已进入 IRR 中的各中断请求的优先级别。当有多个中断请求同时产生并经IMR允许进入系统后,先由PR判定当前哪一个中断请求具有最高优先级,然后由系统首先响应这一级中断,并转去执行相应的中断服务程序。当出现多重中断时,则由PR判定是否允许所出现的新的请求去打断当前正在处理的中断服务而被优先处理。这时,PR将同时接受并比较来自 ISR 中正在处理的与 IRR 中新请求服务的两个中断请求优先级的高低,以决定是否向 CPU 发出新的中断请求。若 PR 判定出新进入的中断请求比当前锁存在 ISR 中的中断请求优先级高时,则通过相应的逻辑电路使 8259A 的输出端 INT 为1,从而向 CPU 发出一个新的中断请求。如果这时 CPU 的中断允许标志 IF 为1,那么,在 CPU 执行完当前指令后,就可以响应中断。这时,CPU(对 8086 而言)将从 $\overline{INTA}$ 线上往 8259A 回送两个负脉冲,以便进行中断处理。

8259A 内部除上述几个处理8级中断请求($IR_0 \sim IR_7$)的功能部件 IRR、ISR 与 PR 之外,还有一组用于寄存控制命令字的8位寄存器。

2. 8259A 的中断工作过程

8259A的8个功能部件组成一个有机的整体,共同协调处理其中断工作过程。

要了解具体的中断过程与执行步骤。其中的难点是:当CPU对某个中断请求做出的中断响应结束后,8259A将如何根据一个名为方式控制器的结束方式位的不同设置,在不同时刻将 ISR 中置1的中断请求位复位为0。实际情况是:在自动结束中断(AEOI)方式下,8259A 会将 ISR 中原来在第1个 $\overline{INTA}$ 负脉冲到来时设置的1(即响应此中断请求位)在第2个 $\overline{INTA}$ 脉冲结束时自行复位成0。若是非自动结束中断方式(EOI),则 ISR 中该位的1状态将一直保持到中断过程结束,由 CPU 发 EOI 命令才能复位成 0。

8 级中断请求信号所对应的中断类型码是这样规定的：其前 5 位 $T_7 \sim T_3$ 由用户在 8259A 初始化编程时选择的，后 3 位则由 8259A 自动插入的。

7.5.3 8259A 的工作方式

8259A 的工作方式即中断管理方式有多种，了解这些工作方式有助于通过设置控制字来实现中断管理。

1. 中断优先级循环方式

1) 中断优先级自动循环方式

这种自动循环方式适用于多个中断源的优先级相等的场合，在初始化时，按 $IR_0 \sim IR_7$ 的高低顺序自动排列。当一个中断源被服务后，其中断优先级将自动排到最低，而把最高优先级赋给原来比它低一级的中断请求，其他依次类推，构成自动循环方式。

2) 中断优先级特殊循环方式

这种特殊循环方式适合于各个中断源的优先级可随意改变的场合。它的初始优先级是由编程决定的。初始化时规定了最低优先级，则最高优先级也就确定了。

2. 中断嵌套方式

1) 全嵌套方式

这是 8259A 最普通的工作方式，所以又称普通全嵌套方式。若在初始化编程以后，没有设置其他优先级方式，则 8259A 会自动进入全嵌套方式。在全嵌套方式中，中断请求按优先级 0～7 进行处理，0 级中断的优先级最高，7 级的优先级最低。在处理中断的过程中，只有当更高级的中断请求到来时，才能进行嵌套；当同级中断请求到来时，则不会予以响应。

2) 特殊全嵌套方式

特殊的全嵌套方式是相对于全嵌套方式而言的，两者基本相同，只有一点区别，即特殊的嵌套方式在处理某一级中断时，允许响应或嵌套同级的中断请求。通常，特殊的全嵌套方式适用于多个 8259A 级联的系统。在这种情况下，对主片编程时，让其工作于特殊的全嵌套方式；而对从片编程时，仍让其处于其他优先级方式（包括全嵌套方式以及优先级自动循环方式或优先级特殊循环方式）。

3. 中断屏蔽方式

1) 普通屏蔽方式

8259A 通过对中断屏蔽寄存器 IMR 中某一位或几位置 1，即可将对应位的中断请求屏蔽掉，从而使该中断请求不能从输入端进入优先级判别器。它是通过写操作命令字 OCW_1 来实现屏蔽中断请求的。

2) 特殊屏蔽方式

它适合于某些特殊的场合，即在执行某优先级中断服务程序时，允许响应优先级更低的中断请求。特殊屏蔽方式是通过设置 OCW_3 的 $D_6D_5=11$，使 8259A 脱离当前的优先级方式,而按照特殊屏蔽方式工作的。此时,除 OCW$_1$ 中置 1 位对应的中断级被屏蔽外,置 0 的那些未屏蔽位所对应的中断,无论其中断级别如何,只要 IF=1,都可被响应。

4. 中断查询方式

这种方式既有中断的特点,又有查询的特点。从外设来说,仍然是靠中断方式来请求服务,并且既可用边沿触发,也可用电平触发;而对 CPU 来说,是靠查询方式来确定是否有外设要求服务以及要为哪个外设服务。

在这种方式下,CPU 不是靠接收 8259A 发出的 INT 信号来进入中断处理过程,而是通过不断向 8259A 发送查询命令,读取查询字来获取外设当前请求中断服务的优先级,从而转入相应中断服务程序。

CPU 通过设置 OCW$_3$ 的 D$_2$(即 P 位)=1,就可以进入中断查询方式工作。

5. 中断结束方式

中断结束方式是指当 8259A 对某一级中断处理结束时,使当前中断服务寄存器中对应的某位 ISR$_n$ 设置清 0 的一种操作方式。

8259A 提供了两种中断结束方式:自动中断结束(AEOI)和非自动中断结束(EOI)。可通过 OCW$_2$ 来设置。

自动中断结束方式只能用在系统中只有一片 8259A,且多个中断不要求嵌套的场合。

当设定为非自动中断结束方式时,中断服务程序要借助于 OCW$_2$ 发出中断结束命令 EOI。EOI 命令又有两种形式:工作在全嵌套方式下的非特殊(或普通)EOI 命令和工作于非嵌套方式下的特殊 EOI 命令。前者由 OCW$_2$ 的最高 3 位为 001 规定;后者由 OCW$_2$ 的最高 3 位为 011 规定,同时必须由其最低 3 位指定需复位的 ISR 中的中断级编码。

注意:在多片级联系统中,一般不用中断自动结束方式,而用非自动结束方式。在非自动结束方式下,不管是用非特殊 EOI 命令还是用特殊 EOI 命令,一个中断处理程序结束时,在从片的中断服务程序中都要发出两次 EOI 命令,一次是对主片发的,另一次是对从片发的。

6. 中断请求触发方式

中断请求触发方式有边沿触发方式和电平触发方式。边沿触发方式以上升沿(正跳变)向 8259A 请求中断。在中断请求输入端出现上升沿触发信号后,可以一直维持高电平而不会再引起中断。电平触发方式以高电平申请中断,但在响应中断后必须及时清除高电平,以防引起第二次误中断。

7. 读状态方式

8259A 内部的 IRR、ISR 和 IMR 这 3 个寄存器的状态,可以通过适当的输入命令读至 CPU 中,以供用户了解 8259A 的工作状态。若设置 OCW$_3$ 中的 RR(即 D$_1$)=1,RIS(即 D$_0$)=0,则构成了对 IRR 寄存器的读出命令,下一条输入指令再对偶地址端口执行读操作,读得的内容就是 IRR 寄存器的值;若设置 OCW$_3$ 中的 RR(即 D$_1$)=1,RIS(即 D$_0$)=1,则构成了对 ISR 寄存器的读出命令,下一条输入指令读得的内容就是 ISR 寄存器的值。

对 8259A 屏蔽寄存器 IMR 的值,可随时通过输入指令从奇地址端口读取。

8. 连接系统总线的方式

1) 缓冲方式

在多片 8259A 级联的大系统中,让 8259A 通过总线驱动缓冲器与数据总线相连,即构成缓冲方式。在缓冲方式下,为了启动总线驱动器,将 8259A 的 $\overline{SP}/\overline{EN}$ 端与总线驱动器的允许端相连。因为 8259A 在缓冲方式时,会在输出状态字或中断类型码的同时,从 $\overline{SP}/\overline{EN}$ 端输出一个低电平,于是就利用 $\overline{SP}/\overline{EN}=0$ 作为启动信号来启动缓冲器工作。由 ICW_4 中的 $D_3(BUF)=1$ 来对主片和从片同时进行设定。

2) 非缓冲方式

在只有一片或少数几片 8259A 级联的系统中,将 8259A 直接与数据总线相连,即构成非缓冲方式。非缓冲方式是通过设定 8259A 的初始化命令字 ICW_4 中的 $D_3(BUF)=0$ 来实现的。

9. 级联方式

在一个系统中,可将多片 8259A 级联。级联后,一片 8259A 为主 8259A,若干片 8259A 为从 8259A,最多可用 8 个从片将系统的中断源扩展到 64 个。

7.5.4　8259A 的控制字格式

8259A 的中断处理功能和各种工作方式,都是通过编程设置的。具体地说,是对 8259A 内部有关寄存器写入控制命令字来实现控制的。按照控制字功能及设置的要求不同,可分为两种类型的命令字。

(1) 初始化命令字 ICW:$ICW_1 \sim ICW_4$,它们必须在初始化时分别写入 4 个相应的寄存器。并且,一旦写入,一般在系统运行过程中就不再改变。

(2) 工作方式命令字或操作命令字 OCW:$OCW_1 \sim OCW_3$,它们必须在设置初始化命令后方能分别写入 3 个相应的寄存器。它们用来对中断处理过程进行动态的操作与控制。在一个系统运行过程中,操作命令字可以被多次设置。

1. 初始化命令字

1) ICW_1

ICW_1 是芯片控制初始化命令字,用于启动 8259A 中的初始化顺序。该字写入 8 位的芯片控制寄存器。写 ICW_1 的标记为:$A_0=0,D_4=1$。

2) ICW_2

ICW_2 是设置中断类型码的初始化命令字。该字写入 8 位的中断类型寄存器。写 ICW_2 的标记为:$A_0=1$。

3) ICW_3

ICW_3 是标志主片/从片的初始化命令字,该字写入 8 位的主/从标志寄存器,它只用于级联方式。写 ICW_3 的标记为:$A_0=1$。

(1) 对于主 8259A,输入端 $\overline{SP}=1$。

(2) 对于从 8259A,输入端 $\overline{SP}=0$。

4) ICW_4

ICW_4 是方式控制初始化命令字。该字写入 8 位的方式控制寄存器。写 ICW_4 控制字标记为：$A_0=1$。

要理解各初始化命令字的格式以及各位的具体含义，请参见主教材中的详细叙述。

2. 操作命令字

当 8259A 经预置 ICW_1 后已进入初始化状态，便可接收来自 IR_i 端的中断请求。然后自动进入操作命令状态，准备接收由 CPU 写入 8259A 的操作命令 OCW_i。

1) OCW_1

写 OCW_1 的标记为：$A_0=1$。OCW_1 用来写入 IMR 寄存器。

2) OCW_2

OCW_2 是用来设置中断优先级循环方式和中断结束方式的操作命令字。

写 OCW_2 的标记为：$A_0=0, D_3=D_4=0$。

其中，R 位决定了系统的中断优先级是否按自动循环方式设置；SL 位决定了 OCW_2 中的 L_2、L_1、L_0 是否有效。

OCW_2 具有两方面的功能：一是它可以用来设置 8259A 采用优先级的循环方式；二是它可以组成中断结束命令(包括普通中断结束命令与特殊的中断结束命令)。

3) OCW_3

OCW_3 是多功能操作命令字。

写 OCW_3 的标记为：$A_0=0, D_7=D_4=0, D_2=1$。该命令字有 3 项功能：一是设置和撤销特殊屏蔽方式；二是设置中断查询方式；三是设置对 8259A 内部寄存器的读出命令。

其中，ESMM 称为特殊的屏蔽方式允许位，SMM 为特殊的屏蔽方式位，通过将这两位置 1，便可使 8259A 脱离开当前的优先级方式，而按照特殊屏蔽方式工作。只要 CPU 内标志寄存器的 IF=1，系统就可以响应任何一级未屏蔽的中断请求。若使 ESMM=1，而 SMM=0，则系统将恢复原来的优先级工作方式。

7.5.5 8259A 应用举例

在 IBM PC/XT 系统中，只用一片 8259A 中断控制器能提供 8 级中断请求，其中 IR_0 优先级最高，IR_7 优先级最低。它们分别用于日历时钟中断、键盘中断、保留、网络通信、异步通信中断、硬盘中断、软盘中断及打印机中断。设 8259A 的 ICW_2 高 5 位 $T_7\sim T_3=00001$，对应的中断类型码为 08H～0FH；片选地址为 20H、21H。8259A 的使用步骤参见主教材。

本 章 小 结

输入输出接口是微处理器同外部设备之间信息交换的重要枢纽，也是微型计算机应用的基础内容。CPU 对外设的 I/O 操作类似于存储器的读写操作；但外设与存储器(即内存)有许多不同点。主存储器可以与 CPU 直接连接，而 I/O 设备则需要经过接口电路

(即 I/O 适配器)与 CPU 连接。

接口电路的基本结构同它传送的信息种类有关。根据传送不同信息的需要,接口电路的基本结构安排也有一些特点。例如,3 种信息(数据、状态、控制)由于性质不同,应通过不同的端口分别传送;在用输入输出指令来寻址外设(实际寻址端口)的 CPU 中,外设的状态作为一种输入数据,而 CPU 的控制命令作为一种输出数据,从而可通过数据总线来分别传送;端口地址由 CPU 地址总线的低 8 位或低 16 位(如在 8086 用 DX 间接寻址外设端口时)地址信息来确定。

CPU 与外设之间数据传送的方式有程序传送、中断传送与 DMA 传送 3 种方式。其中,中断是控制异步数据传送的一种软、硬件相结合的关键技术,可以看成由中断源引起(即硬件随机激发或软件激发)的一次过程调用。所有中断过程都是由中断系统实现的。中断系统应能响应中断、处理中断和从中断返回,能实现优先权排队,并且能够实现中断嵌套。

8086/8088 的中断系统采用中断向量结构,使每个不同的中断都可以通过给定一个特定的中断类型号(或中断类型码)供 CPU 识别,来处理多达 256 种类型的中断。这些中断可以来自外部,即由硬件产生,也可以来自内部,即由软件(中断指令)产生,或者满足某些特定条件(陷阱)后引发 CPU 中断。

8086/8088 CPU 有可屏蔽中断(INTR)与非屏蔽中断(NMI)两条引脚来接受外部硬件中断请求。可屏蔽中断要受标志寄存器的中断允许标志位 IF 的控制。若 IF=0,则 CPU 处于关中断状态,不响应 INTR;若 IF=1,则 CPU 是处于开中断状态,将响应 INTR,并在 CPU 发回第 2 个中断响应信号 $\overline{INTA}$ 时,通过 $\overline{INTA}$ 引脚向产生 INTR 的设备接口(中断源)发回响应信号,启动中断过程。而非屏蔽中断不受标志寄存器 IF 的控制。

8086/8088 CPU 内部中断又称软件中断,它包括除法出错中断(类型 0)、溢出中断(类型 4)、单步中断(类型 1)与断点中断(类型 3);还有用户定义的软件中断(类型 n)。应着重掌握用户定义的软件中断(类型 n)。

8086/8088 CPU 中断处理的过程比较复杂。首先要掌握单个中断源的基本中断处理过程,即中断请求、中断响应、中断处理和中断返回。当同时发生多个中断请求时,CPU 将根据各中断源优先权的高低来处理。

利用中断向量表来实现向量中断是 8086/8088 中断方法的设计特点。中断向量表又称中断入口地址表。每个中断向量具有一个相应的中断类型号,由中断类型号确定在中断向量表中的中断向量。中断类型号乘 4,将给出中断向量表中的中断向量入口第 1 字节的物理地址。

8086/8088 CPU 在响应 INTR 中断时,首先要读取中断类型号 n;然后按先后顺序把 PSW、CS 和 IP 的当前内容压入堆栈以及清除 IF 和 TF 标志;再把 $4×n+2$ 的字存储单元中的内容读入 CS 中,把 $4×n$ 的字存储单元中的内容读入 IP 中。于是,CPU 从新的 CS:IP 值确定中断入口地址后便开始执行中断服务程序。至于 CPU 响应 NMI 或内部中断请求时的操作顺序基本上与上述过程相同,只是不需要读取中断类型号 n 的操作。

在响应中断时是严格按时序进行的。8086 的中断响应时序由两个 $\overline{INTA}$ 中断响应总线周期组成,第 1 个 $\overline{\text{INTA}}$ 总线周期表示一个中断响应正在进行之中,第 2 个 $\overline{\text{INTA}}$ 总线周期中,中断类型号必须在 16 位数据总线的低半部分($AD_0 \sim AD_7$)上传送给 8086。

为了便于处理中断,专门设计了可编程中断控制器 8259A。8259A 的功能很强大,它可以对中断源进行扩充和管理,通过编程可以实现各种中断处理功能和各种工作方式。

要结合主教材中的实例,着重掌握单片 8259A 的使用步骤和编程方法。包括:如何完成初始化编程;如何送中断向量;如何正常地结束中断子程序;如何实现中断嵌套。并在此基础上,能够通过自学进一步去掌握由多片 8259A 组成的主从式中断系统的工作原理及其编程方法。

第 8 章 可编程接口芯片

【学习目标】

微型计算机与外设交换信息,都必须通过接口电路来实现。随着大规模集成电路技术的发展,已生产了各种各样的可编程接口芯片,不同系列的微处理器都有其标准化、系列化的接口芯片可供选用。

本章介绍典型可编程接口芯片的工作原理和使用方法,这是掌握微型计算机接口技术的重要基础。

【学习要求】

- ◆ 理解 Intel 系列的 8253-5、8255A,以及 NINS 8250 等几种典型通用的接口芯片的工作原理。
- ◆ 重点掌握 8253-5 与 8255A 的编程技术。
- ◆ 掌握 8250 的初始化编程方法。
- ◆ 理解 A/D 和 D/A 转换器在微机应用中的作用。
- ◆ 掌握 ADC 0809 与 DAC 0832 和微型计算机的接口方式以及连接方法。

8.1 接口的分类及功能

1. 接口的分类

接口按其功能可分为通用接口和专用接口两类。通用接口适用于大部分外设。通用接口又可分为并行接口和串行接口。并行接口是按字节传送的;串行接口和 CPU 之间按并行传送,而和外设之间是按串行传送的。此外,在微机控制系统中专为某个被控制的对象而设计的接口,也是专用接口。

按接口芯片功能选择的灵活性来分,又可分为硬布线逻辑接口芯片和可编程接口芯片。前者的功能选择是由引线的有效电平决定的,其适用范围有限;而后者的功能可由指令来控制,即用编程的方法可使接口选择不同的功能。

2. 接口的功能

接口的功能很丰富,视具体的接口芯片而定,其主要的功能如下。

1）缓冲锁存数据

通常 CPU 与外设工作速度不可能完全匹配，在数据传送过程中难免有等待的时候。为此，需要把传输数据暂存在接口的缓冲寄存器或锁存器中，以便缓冲或等待；而且，要为 CPU 提供有关外设的状态信息，如外设"准备好"或"忙"，或缓冲器"满"或"空"等。

2）地址译码

在微型计算机系统中，每个外设都被赋予一个相应的地址编码，外设接口电路能进行地址译码，以选择设备。

3）传送命令

外设与 CPU 之间有一些联络信号，如外设的中断请求、CPU 的响应回答等信号都需要接口来传送。

4）码制转换

在一些通信设备中，其信号是以串行方式传输的，而计算机的代码是以并行方式输入输出的，这就需要进行并行码与串行码的互相转换；在转换中，根据通信规程还要加进一些同步信号等，这些工作也是接口电路要完成的任务之一。

5）电平转换

一般 CPU 输入输出的信号都是 TTL 电平，而外设的信号就不一定是 TTL 电平。为此，在外设与 CPU 连接时，要进行电平转换，使 CPU 与外设的电压（或电流）相匹配。

除上述功能之外，一般接口电路都是可以编程控制的，能根据 CPU 的命令进行功能变换。以上是就一般接口功能而言的，实际上接口的功能远不只是这些，例如还有定时、中断和中断管理、时序控制等功能。

8.2　可编程计数器/定时器 8253-5

8253-5 是三通道 16 位的可编程计数器/定时器。与其外形引脚及功能兼容的同类计数器/定时器有 8254-2。两者的差异主要是工作的最高频率，8253-5 为 5MHz，8254-2 为 10MHz。此外，还有 8253(2MHz)、8254(8MHz)和 8254-5(5MHz)兼容芯片。

8.2.1　8253-5 的引脚与功能结构

8253-5 是一个 24 脚封装的双列直插式芯片。其中，除了一般比较熟悉的数据线（$D_0 \sim D_7$）、地址线（A_0、A_1）、读控制信号（$\overline{RD}$）、写控制信号（$\overline{WR}$）与片选信号（$\overline{CS}$）之外，还有新增的 3 个计数器时钟输入端 $CLK_{0\sim2}$、门控制脉冲输入端 $GATE_{0\sim2}$ 与输出端 $OUT_{0\sim2}$。要熟悉并掌握这些引脚的功能与使用方法。

应当理解，8253-5 的功能体现在计数与定时两个方面，两者的工作原理在实质上是一样的，都是利用计数器做减 1 计数，减至 0 发信号；两者的差别只是用途不同。

8.2.2　8253-5 的内部结构和寻址方式

1. 内部结构

8253-5 的内部有 3 个独立结构完全相同的 16 位计数器和 1 个 8 位控制字寄存器。在每个计数器内部,又可分为计数初值寄存器(CR)、计数执行部件(CE)和输出锁存器(OL)3 个部件,它们都是 16 位寄存器,也可以作 8 位寄存器来用。在计数器工作时,通过程序给 CR 送入初始值,该初始值再被送入 CE 进行减 1 计数;而 OL 则用来锁存 CE 的内容,该内容可以由 CPU 进行读出操作。

2. 寻址方式

8253-5 内部的 3 个计数器和 1 个控制字寄存器,可通过地址线 A_0、A_1,读写控制线 $\overline{RD}$、$\overline{WR}$ 与选片 $\overline{CS}$ 进行寻址,并实现相应的操作。其具体寻址方式见主教材。

8.2.3　8253-5 的工作方式及时序关系

8253-5 的各计数器都有 6 种可供选择的工作方式,以完成定时、计数或脉冲发生器等多种功能。

1. 方式 0　计数结束产生中断

8253-5 在方式 0 工作时,具有以下特点。

(1) 当写入控制字后,OUT 端输出低电平作为起始电平,在计数初值装入计数器后,输出仍保持低电平。若 GATE 端的门控信号为高电平,当 CLK 端每来一个计数脉冲,计数器就做减 1 计数,当计数值减为 0 时,OUT 端输出变为高电平,若要使用中断,则可以用此电平变化向 CPU 发中断请求。

(2) GATE 为计数控制门。方式 0 的计数过程可由门控信号 GATE 控制暂停,GATE=1 时,允许计数;GATE=0 时,停止计数。GATE 信号的变化并不影响输出 OUT 端的状态。

(3) 计数过程中可重新装入计数初值。如果在计数过程中,重新写入某一计数初值,则在写完新的计数值后,计数器将从该值重新开始做减 1 计数。

8253-5 利用方式 0 既可计数,也可定时。当作为计数器使用时,应将待计数的事件以脉冲信号方式从 CLK 端输入,将计数初值预置到计数器中,以完成减 1 计数功能,直到计数值减至 0,由 OUT 端发正跳变结束信号,表示计数已到。计数期间可以及时读出当前的计数值。当作为定时器使用时,应根据要求定时的时间和 CLK 的周期计算出定时系数,将它预置到计数器中,可在计数完成时计算出定时时间。

2. 方式 1　可编程单稳触发器

8253-5 按方式 1 工作时,具有以下特点。

(1) 写入控制字后,OUT 端输出高电平作为起始电平。当计数初值送到计数器后,若无 GATE 的上升沿,不管此时 GATE 输入的触发电平是高电平还是低电平,都不会开始减 1 计数,而必须等到 GATE 端输入一个正跳变触发脉冲时,计数过程才会开始。

(2) 工作时,由 GATE 输入触发脉冲的上升沿使 OUT 变为低电平,每来一个计数脉冲,计数器做减 1 计数,当计数值减为 0 时,OUT 再变为高电平。OUT 端输出的单稳负脉冲的宽度为计数器的初值乘以 CLK 端输入脉冲周期。

(3) 如果在计数器未减到 0 时,门控端 GATE 又来一个触发脉冲,则由下一个时钟脉冲开始,计数器将从初始值重新做减 1 计数。当减至 0 时,输出端又变为高电平。这样,使输出脉冲宽度延长。

3. 方式 2 分频器(又称分频脉冲产生器)

方式 2 是 n 分频计数器,n 是写入计数器的初值。写入控制字后,OUT 端输出高电平作为起始电平。当计数初值写入计数器后,从下一个时钟脉冲起,计数器开始做减 1 计数。当减到 1 时,OUT 端输出将变为低电平。当计数端 CLK 输入 n 个计数脉冲后,在输出端 OUT 输出一个 n 分频脉冲,其正脉冲宽度为 $(n-1)$ 个输入脉冲时钟周期,而负脉冲宽度只是一个输入脉冲时钟周期。GATE 用来控制计数,GATE=1,允许计数;GATE=0,停止计数。因此,可以用 GATE 来使计数器同步。

注意:在方式 2 下,不但高电平的门控信号有效,上升跳变的门控信号也是有效的。

4. 方式 3 方波频率发生器

方式 3 类似于方式 2,但输出为方波或为对称的矩形波。在写入控制字后,OUT 端输出低电平作为起始电平,装入计数值 n 后,OUT 端输出变为高电平。如果当前 GATE 为高电平,则立即开始做减 1 计数。当计数值 n 为偶数时,每当计数值减到 $n/2$ 时,则 OUT 端由高电平变为低电平,并一直保持计数到 0,故输出的 n 分频波为方波;当 n 为奇数时,输出分频波高电平宽度为 $(n+1)/2$ 计数脉冲周期,低电平宽度为 $(n-1)/2$ 计数脉冲周期。

注意:如果在计数过程中,GATE 变为低电平,则暂停减 1 计数,直到 GATE 再次变为高电平有效,重新从初值 n 开始减 1 计数。

此外,如果要求改变输出分频波的频率,则 CPU 可在任何时刻重新装入新的计数初值 n,并从下一个计数操作周期开始改变输出分频波的速率。

5. 方式 4 软件触发选通脉冲

按方式 4 工作时,写入控制字后,输出 OUT 变为高电平。当由软件触发写入初始值后,计数器做减 1 计数,当计数器减到 0 时,在 OUT 端输出一个宽度等于一个计数脉冲周期的负脉冲。若 GATE=1,允许计数;GATE=0,停止计数。

6. 方式 5 硬件触发选通脉冲

方式 5 类似于方式 4,所不同的是 GATE 端输入信号的作用不同。按方式 5 工作时,由 GATE 输入触发脉冲,从其上升沿开始,计数器做减 1 计数,计数结束时,在 OUT 端输出一个宽度等于一个计数脉冲周期的负脉冲。在此方式中,计数器可以重新触发。在任何时刻,当 GATE 触发脉冲上升沿到来时,将把计数初值重新送入计数器,然后开始计数过程。

8.2.4 8253-5 应用举例

在 IBM PC/XT 系统中,8253-5 是 CPU 外围支持电路之一,为系统电子钟提供时间基准,为动态 RAM 刷新提供定时信号以及作为扬声器的声源等功能。要结合主教材中的内容,学会从硬件结构和软件编程两方面予以分析。

8.3 可编程并行通信接口芯片 8255A

并行通信是同时传送一个数据的所有位,它由并行接口来实现。其数据传送方向有两种:单向传送和双向传送。并行接口既可以很简单(如三态门或锁存器),也可以很复杂(如可编程并行接口芯片)。

8255A 就是一种典型的可编程并行通信接口芯片,其功能与通用性都较强,使用也很灵活。

8.3.1 8255A 芯片引脚定义与功能

8255A 是一个 40 脚封装双列直插式芯片,其引脚除了 8 位双向数据线($D_7 \sim D_0$)、2 位地址线($A_1 \sim A_0$)、读控制线($\overline{RD}$)、写控制线($\overline{WR}$)、片选端($\overline{CS}$)与复位信号(RESET)外,还有 A、B、C 3 个端口。

实际使用时,可以把 A 口、B 口、C 口分成两个控制组:A 组和 B 组。A 组控制电路由端口 A 和端口 C 的高 4 位($PC_7 \sim PC_4$)组成,B 组控制电路由端口 B 和端口 C 低 4 位($PC_3 \sim PC_0$)组成。

8255A 的内部结构可以分为 CPU 接口、内部逻辑和外设接口 3 部分。要理解各个部件的具体组成与功能。

1. 数据端口 A、B、C

8255A 的 3 个 8 位 I/O 端口 A、B、C 是和外设相连的接口,它们均可用来连接外设和作为输入口或输出口传输信息,但各有不同特点,设计者可以用软件使它们分别作为输入端口或输出端口。

在实际使用中,A 口和 B 口通常只作为独立的输入或输出数据端口使用,虽然有时也利用它们从外设读取一些状态信号,但对 A 口和 B 口来说,都是作为 8255A 的数据口读入的,而不是作为状态口读入的。

C 口的功能和使用比较特殊,它除了可以作数据口使用(主要是用来配合 A 口和 B 口工作)外,还可以作为专用联络信号线,以及用作实现按位控制之用。

2. A 组控制和 B 组控制部件

A 组控制和 B 组控制部件是 8255A 的内部控制逻辑,其内部有控制寄存器与状态寄存器，它们完成两个功能：一是接收来自CPU通过内部数据总线送来的控制字，以选择两组端口的工作方式；二是接收来自读写控制逻辑电路的读写命令，以决定两组端口的读写操作。

3. 读写控制逻辑电路

读写控制逻辑电路是和CPU相连的控制电路，负责管理8255A的数据传输过程。

4. 数据总线缓冲器

数据总线缓冲器是连通CPU数据总线的一个双向三态8位数据缓冲器，8255A正是通过它来输入输出数据的；此外，CPU发给8255A的控制字以及由外设输入CPU的状态信息等，也都是通过该部件传递的。

8.3.2　8255A寻址方式

8255A有3个I/O端口和1个控制端口，它们通过地址线A_1、A_0，读写控制线$\overline{RD}$、$\overline{WR}$以及片选线$\overline{CS}$进行寻址并实现相应的操作。在理解8255A的寻址方式与操作时，要着重掌握写控制寄存器的原理。若$D_7=1$，则写入的是工作方式控制字；若$D_7=0$，则写入的是对C口某位的置位/复位控制字。

8.3.3　8255A的控制字

8255A在初始化编程时，是利用OUT指令，由CPU输出一个控制字到控制端口的控制寄存器来控制其工作的。根据具体控制要求的不同，可使用两种不同类型的控制字：一类是用于选择3个I/O端口工作方式的控制字，称为方式选择控制字；另一类是对端口C中任一位进行置位或复位操作的控制字，称为端口C置位/复位控制字。

8.3.4　8255A的工作方式

8255A有3种工作方式：方式0（基本输入输出方式）、方式1（选通输入输出方式）、方式2（双向选通输入输出方式，仅适合A口）。这些工作方式由初始化编程时设置方式选择控制字来选择。

A口可选择方式0、方式1和方式2，B口只能选择方式0和方式1，而C口则只能用方式0工作。当选择方式0与方式1时，C口通常都是配合A口或B口工作，作为A口、B口与外设联络用的输出控制信号或输入状态信号，而C口的其余各位仍用方式0工作。

1. 方式0

方式0是基本的输入输出工作方式，只能完成简单的并行输入输出操作。

方式0具有以下特点：

(1) 方式0作为一种基本输入输出工作方式，通常不用联络信号，或不使用固定的联络信号，因此，只能无条件传送或按查询方式传送，而不能采用中断方式来和CPU交换数据。任何一个数据端口都可用方式0作为简单的数据输入或输出。在输出时,3个数据口都有锁存功能;而在输入时,只有A口有锁存功能,而B口和C口只有三态缓冲能力。

(2) 由A口、B口两个8位并口和C口高4位与C口低4位两个4位并口,共有4个独立的并口,它们可组合成16种不同的输入输出组态。注意,在方式0下,这4个独立的并口只能按8位(对A口、B口)或4位(对C口高4位、C口低4位)作为一组同时输入或输出,而不能再把其中的一部分位作为输入另一部分位作为输出。同时,它们也是一种单向的输入输出传送,一次初始化只能使所指定的某个端口或者作为输入或者作为输出,而不能指定它既作为输入又作为输出。

(3) 8255A在方式0下不设置专用联络信号线,若需要联络时,可由用户任意指定C口中的某一位完成联络功能,但这种联络功能与后面将要讨论的在方式1、方式2下设置固定的专用联络信号线是不同的。

方式0的使用场合有两种:同步传送和查询式传送。同步传送时,对接口的要求很简单,只要能传送数据就行了。但查询传送时,需要有应答信号。通常,将A口与B口作为数据端口,而将C口的4位规定为控制信号输出口,另外4位规定为状态输入口,这样用C口配合A口与B口工作。

2. 方式1

方式1和方式0不同,当使用端口A和端口B进行输入输出时,一定要利用端口C所提供的选通信号和应答信号来控制输入输出操作。所以,方式1又称为选通输入输出方式或应答方式。

方式1具有以下基本特点。

(1) 方式1作为一种选通的输入输出方式或应答方式,需要设置专用联络信号或应答信号,以便对I/O设备和CPU两边进行联络。它通常用于查询(条件)传送或中断传送。数据的输入输出都具有锁存能力。

(2) A口和B口可以被分别指定作为数据端口进行输入或输出传输,这种传输是单向的。而C口的大部分引脚,则被分配作专用(固定)的联络信号用,对已经分配作联络用的引脚,不能再由用户指定作其他用途。

(3) A口和B口分别由3位联络线来联络与控制操作。各联络信号线之间有固定的时序关系。

(4) 按方式1工作的可以是A口与B口两个端口,也可以是其中之一,而另一个可工作在其他方式。

(5) 在方式1的输入输出操作过程中,将产生固定的状态字,这些状态字可作为查询或中断请求之用,并可由C口读取。

8255A按方式1工作时,端口A、端口B及端口C的两位(PC_4、PC_5或PC_6、PC_7)可作为I/O数据口用,端口C的其余6位将作为控制口用。方式1的具体操作可以分为以下3种情况:端口A和端口B均为输入方式;端口A与端口B均为输出方式;混合输入与输出。

3. 方式 2

方式 2 称为双向选通输入输出方式,仅适用于端口 A。

8.3.5　8255A 的时序关系

按方式 0 工作时,因为外设与 8255A 之间的数据交换没有时序控制,所以只能作为简单的输入输出和用于低速并行数据通信。而按方式 1 工作时,外设与 CPU 可以进行实时数据通信。应着重理解方式 1 和方式 2 的工作时序。

8.3.6　8255A 的应用举例

要求重点掌握方式 0 和方式 1 的应用编程。

8.4　可编程串行异步通信接口芯片 8250

NINS 8250 是一种可编程的串行异步通信接口芯片,如 IBM PC 中的串行接口即用此芯片。它支持异步通信规程;芯片内部设置时钟发生电路,并可以通过编程改变传送数据的波特率;它提供完善的 Modem 接口,极易通过 Modem 实现远程通信。

8.4.1　串行异步通信规程

串行异步通信规程是把一个字符看作一个独立的信息单元,每一个字符中的各位是以固定的时间传送。因此,这种传送方式在同一字符内部是同步的,而字符之间是异步的。在异步通信中收发双方取得同步的方法是采用在字符格式中设置起始位和停止位的办法。在一个有效字符正式发送之前,先发送一个起始位,而在字符结束时发送 1 个或 2 个停止位。当接收器检测到起始位时,便能知道接着是有效的字符位,于是开始接收字符,检测到停止位时,就将接收到的有效字符装入接收缓冲器中。

8.4.2　8250 芯片引脚定义与功能

8250 是一个 40 引脚封装的双列直插式芯片,可分为两类:一类是和 CPU 系统总线相连的信号线;另一类是和通信设备相连的信号线。要了解这些引脚的基本功能。

8.4.3　8250 芯片的内部结构和寻址方式

8250 芯片内部结构由 10 个内部寄存器、数据缓冲器和寄存器选择与 I/O 控制逻辑组成。通过微处理器的输入输出指令可以对 10 个内部寄存器进行操作,以实现各种异步通信的要求。要了解各种寄存器的名称及相应的口地址。8250 的 I/O 口有 7 个端口地址。注意,由 IBM PC/XT 机的地址译码器提供的(串行口 1)口地址为 3F8H～3FEH。当 8250 用于其他场合时,口地址应由 8250 所在电路的地址译码器决定。

8.4.4　8250 内部控制状态寄存器的功能

要了解 8250 内部各控制状态寄存器的功能,它们是编程的基础。这些寄存器包括:发送保持寄存器(THR,3F8H)、接收数据缓冲寄存器(RBR,3F8H)、线路控制寄存器(LCR,3FBH)、波特率因子寄存器,或除数寄存器(DLR,3F8H,3F9H)、中断允许寄存器(IER,3F9H)、中断标识寄存器(IIR,3FAH)、线路状态寄存器(LSR,3FDH)、Modem 控制寄存器(MCR,3FCH);Modem 状态寄存器(MSR,3FEH)。

8.4.5　8250 通信编程

对 8250 编制通信软件时,首先应对芯片初始化,然后按程序查询或中断方式实现通信。要掌握这些编程原理和方法,不仅要综合理解 8250 内部寄存器的设置以及各位的具体含义,还要熟悉 8259A 中断控制器的使用。由于所涉及的寄存器很多,且每个寄存器各位的定义也很繁杂,所以,重点是理解编程原理和掌握编程方法。

8.5　数/模与模/数转换接口芯片

通常,在一个微型计算机的应用系统中,可能既需要 A/D 转换,又需要 D/A 转换。所以,模/数(A/D)与数/模(D/A)转换接口芯片应用是很多的。常用的 A/D 转换器有 8 位的 ADC 0809、ADC 0804、AD 570,还有 12 位高精度、高速的 AD 574、AD 578、AD 1210 以及 16 位的 AD 1140 等芯片;常用的 D/A 转换器有 8 位的 DAC 0832 与 12 位的 DAC 1210 等芯片。要求重点掌握 DAC 0832 以及 ADC 0809 的转换接口技术与编程。

8.5.1　DAC 0832 数/模转换器

DAC 0832 是一个 8 位的电流输出型 D/A 转换器,内部包含 T 型电阻网络,输出为差动电流信号。当需要输出模拟电压时,应该外接运算放大器。

1. DAC 0832 的引脚功能与内部结构

DAC 0832 的外部引脚共有 20 条,其引脚功能参见主教材。

DAC 0832 的内部结构示意图见主教材的图 8.37。0832 内部有两级锁存器,第一级锁存器是一个 8 位输入寄存器,由锁存控制信号 ILE 控制(高电平有效)。当 ILE=1,$\overline{CS}=\overline{WR_1}=0$(由 OUT 指令产生)时,$\overline{LE_1}=1$,输入寄存器的输出随输入而变化。接着,

$\overline{WR_1}$ 由低电平变为高电平时，$\overline{LE_1}=0$，则数据被锁存到输入寄存器，其输出端不再随外部数据而变；第二级锁存器是一个 8 位 DAC 寄存器，它的锁存控制信号为 $\overline{XFER}$，当 $\overline{XFER}=\overline{WR_2}=0$（由 OUT 指令产生）时，$\overline{LE_2}=1$，这时 8 位 DAC 输出随输入而变，接着，$\overline{WR_2}$ 由低电平变高电平，$\overline{LE_2}=0$，于是输入寄存器的信息被锁存到 DAC 寄存器中。同时，转换器开始工作，I_{OUT1} 和 I_{OUT2} 端输出电流。

2. DAC 0832 的工作时序

DAC 0832 进行 D/A 转换的时序可分为两个阶段：当 $\overline{CS}=0$、$\overline{WR_1}=0$、ILE=1 时，使输入数据先传送到输入寄存器；当 $\overline{WR_2}=0$、$\overline{XFER}=0$ 时，数据传送到 DAC 寄存器，并开始转换。待转换结束，0832 将输出一模拟信号。

3. DAC 0832 的工作方式

DAC 0832 的内部有两级锁存器：第一级是 0832 的 8 位数据输入寄存器，第二级是 8 位的 DAC 寄存器。根据这两个寄存器使用的方法不同，可将 0832 分为 3 种工作方式。

1）单缓冲方式

单缓冲方式使输入寄存器或 DAC 寄存器两者之一处于直通，这时，CPU 只需一次写入 DAC 0832 即开始转换。其控制比较简单。

采用单缓冲方式时，通常是将 $\overline{WR_2}$ 和 $\overline{XFER}$ 接地，使 DAC 寄存器处于直通方式，另外把 ILE 接 +5V，$\overline{CS}$ 接端口地址译码信号，$\overline{WR_1}$ 接系统总线的 $\overline{IOW}$ 信号，这样，当 CPU 执行一条 OUT 指令时，选中该端口，使 $\overline{CS}$ 和 $\overline{WR_1}$ 有效，便可以启动 D/A 转换。

2）双缓冲方式（标准方式）

双缓冲方式转换要有两个步骤：当 $\overline{CS}=0$、$\overline{WR_1}=0$、ILE=1 时，输入寄存器输出随输入而变，$\overline{WR_1}$ 由低电平变高电平时，将数据锁入 8 位数据寄存器；当 $\overline{XFER}=0$、$\overline{WR_2}=0$ 时，DC 寄存器输出随输入而变，而在 $\overline{WR_2}$ 由低电平变高电平时，将输入寄存器的内容锁入 DAC 寄存器，并实现 D/A 转换。

双缓冲方式的优点是数据接收和 D/A 启动转换可以异步进行，即在 D/A 转换的同时，可以接收下一个数据，提高了 D/A 转换的速率。此外，它还可以实现多个 DAC 同步转换输出——分时写入、同步转换。

3）直通方式

直通方式使内部的两个寄存器都处于直通状态，此时，模拟输出始终跟随输入变化。由于这种方式不能直接将 0832 与 CPU 的数据总线相连接，需外加并行接口（如 74LS373、8255 等），故这种方式在实际上很少采用。

4. D/A 转换器的应用

D/A 转换器可做成函数发生器，只要往 D/A 转换器写入按规律变化的数据，即可在输出端获得正弦波、三角波、锯齿波、方波、阶梯波、梯形波等函数波形。D/A 转换器也用于直流电机的转速控制。

8.5.2 ADC 0809 模/数转换器

ADC 0809 是一个基于逐位逼近型原理的 8 位单片 A/D 转换器。片内含有 8 路模拟输入通道,其转换时间为 $100\mu s$,并内置有三态输出缓冲器,可直接与系统总线相连。

1. ADC 0809 的引脚功能与内部结构

ADC 0809 共有 28 条引脚。其中,除了应熟悉三态的输出数据线($D_7 \sim D_0$)、8 通道模拟电压输入端($IN_7 \sim IN_0$)、通道地址选择(ADDC、ADDB、ADDA)和通道地址锁存(ALE)等信号引脚之外,还要着重理解启动转换信号(START)、转换结束状态信号(EOC)与输出允许信号(OE)引脚的功能。这些引脚之间的关系是:在 START 的下降沿,开始启动变换;当 EOC 为低电平时表示正在转换,为高电平时表示转换结束,可用于查询或作为中断申请;在 OE 有效期间,CPU 将转换后的数字量读入。

ADC 0809 的内部结构由 3 部分组成:①模拟输入选择部分包括一个 8 路模拟开关、地址锁存与译码电路;②转换器部分主要包括比较器、8 位 D/A 转换器、逐位逼近寄存器以及控制逻辑电路;③输出部分包括一个 8 位三态输出锁存器。

2. ADC 0809 的工作时序

ADC 0809 的工作时序描述了 ADC 0809 的工作过程。

(1) 由 CPU 首先把 3 位通道地址信号送到 ADDC、ADDB、ADDA 上,选择模拟输入。

(2) 在通道地址信号有效期间,由 ALE 引脚上的一个脉冲上升沿信号,将输入的 3 位通道地址锁存到内部地址锁存器。

(3) START 引脚上的上升沿脉冲清除 ADC 寄存器的内容,被选通的输入信号在 START 的下降沿到来时开始 A/D 转换。

(4) 转换开始后,EOC 引脚呈现低电平,一旦 A/D 转换结束,EOC 又重新变为高电平表示转换结束。

(5) 当 CPU 检测到 EOC 变为高电平后,则执行指令输出一个正脉冲到 OE 端,由它打开三态门,将转换的数据读取到 CPU。

3. ADC 0809 与系统的连接方法

1) 模拟信号输入端 IN_i

模拟信号分别连接到 $IN_7 \sim IN_0$。当前若要转换哪一路,则通过 ADDC、ADDB、ADDA 的不同编码来选择。

在单路输入时,模拟信号可固定连接到任何一个输入端,相应地,地址线 ADDA、ADDB、ADDC 将根据输入线编号固定连接(高电平或低电平)。如果输入端为 IN_4,则 ADDC 接高电平,ADDB 与 ADDA 均接低电平。

在多路输入时,模拟信号按顺序分别连接到输入端,要转换哪一路输入,就将其编号送到地址线上(动态选择)。

2) 地址线 ADDA～ADDC 的连接

多路输入时,地址线不能固定连接,而是要通过一个接口芯片与数据总线连接。接口芯片可以选用锁存器 74LS273、74LS373 等(要占用一个 I/O 地址),或选用可编程并行接口 8255(要占用 4 个 I/O 地址)。ADC 0809 内部有地址锁存器,CPU 可通过接口芯片用一条 OUT 指令把通道地址编码送给 0809。

3) 数据输出线 D_7～D_0 的连接

ADC 0809 内部已有三态门,故可直接连到 DB 上;另外,也可通过一个输入接口与 DB 相连。这两种方法均需占用一个 I/O 地址。

4) 地址锁存 ALE 和启动转换 START 信号的连接

地址锁存 ALE 和启动转换 START 信号线有以下两种连接方法。

(1) 独立连接:用两个信号分别进行控制,这时需占用两个 I/O 端口或两个 I/O 线(用 8255 时)。

(2) 统一连接:由于 ALE 是上升沿有效,而 START 是下降沿有效,所以 ADC 0809 通常可采用脉冲启动方式,将 START 和 ALE 连接在一起作为一个端口看待,先用一个脉冲信号的上升沿进行地址锁存,再用下降沿实现启动转换,这时只需占用一个 I/O 端口或一条 I/O 线(用 8255 时)。

5) 转换结束 EOC 端的连接

判断一次 A/D 转换是否结束有以下几种方法。

(1) 延时方法:采用软件延时等待(如延时 1ms)时,要预先精确地知道完成一次 A/D 转换所需要的时间,这样在 CPU 发出启动命令之后,执行一个固定的延迟程序,使延时时间≥A/D 转换时间。这种方式不用 EOC 信号,实时性较差,CPU 的效率最低。

(2) 软件查询方式:把 0809 的 EOC 端通过一个三态门连到数据总线的 D_0(其他数据线也可),三态门要占用一个 I/O 端口地址。在 A/D 转换过程中,CPU 通过程序不断查询 EOC 端的状态,当读到其状态为 1 时,则表示一次转换结束,于是 CPU 用输入指令读取转换数据。这种方式的实时性也较差。

(3) CPU 等待方式:利用 CPU 的 READY 引脚功能,设法在 A/D 转换期间使 READY 处于低电平,以使 CPU 停止工作,而在转换结束时,则使 READY 成为高电平,CPU 读取转换数据。

(4) 中断方式:把转换结束信号(ADC 0809 的 EOC 端)作为中断请求信号接到中断控制器 8259A 的中断请求输入端 IR_i,当 EOC 端由低电平变为高电平时(转换结束),即产生中断请求。CPU 在收到该中断请求信号后,读取转换结果。这种方式由于避免了占用 CPU 运行软件延时等待或查询时间,故 CPU 效率最高。

4. ADC 0809 的一个连接实例

主教材的例 8-46 中给出了 ADC 0809 与系统的一个连接实例。

主教材的例 8-47 中给出了用查询 EOC 状态的方法,检测 ADC 0809 转换是否结束的实例。

要求理解它们线路连接与程序设计原理和方法。

本 章 小 结

本章首先介绍了 I/O 接口的分类与功能,这些是学习接口及接口技术的基础。然后分别对计数器/定时器 8253-5、并行通信接口 8255A、串行异步通信接口 8250 以及 DAC 0832 与 ADC 0809 模拟量转换接口等常用接口芯片进行了详细讨论,这些接口芯片共同的特点是可编程,即通过编程可以改变它们的工作方式与工作参数,以适应不同的应用场合。

值得注意的是,虽然目前在微型计算机系统中已广泛地采用了新型的标准接口技术。但是,在设计一般检测与控制系统时,仍需要使用具有单一功能的可编程接口芯片。同时,掌握这些可编程接口芯片的初始化编程与一般应用编程技术,对于从事信息化技术工作的专业人员也是一个必要的基础训练。

第 9 章 微机硬件新技术

【学习目标】

本章介绍现代主流微型计算机硬件技术的发展,包括超线程技术、多核技术、主板芯片组的技术和扩展总线技术等。最后介绍了计算机硬件新技术的重要发展及未来趋势。

【学习要求】

- ◆ 理解先进微处理器的新技术特点。
- ◆ 理解主板芯片组的技术发展。
- ◆ 了解总线更新换代的背景与基本过程。
- ◆ 了解计算机硬件新技术的重要发展及未来趋势。

9.1 CPU 新技术概述

由于微型计算机的应用日益扩大,现代 CPU 中逐渐融入了一些新技术,如超线程技术、64 位技术、多核技术以及扩展指令集等。这些新技术的应用,大幅度地提高了 CPU 的性能。

9.1.1 超线程技术

超线程(hyper-threading,HT)技术是 Intel 公司在 2002 年发布的一项新技术,并率先应用于 Intel XERON 处理器。

为了提高 CPU 的性能,通常的做法是提高 CPU 的时钟频率和增加缓存容量。随着 CPU 的频率越来越快,如果再通过提升 CPU 频率和增加缓存的方法来提高性能,往往会受到制造工艺上的限制以及成本过高的制约。因此,Intel 公司采用另一种思路去提高 CPU 的性能,让 CPU 可以同时执行多重线程,以便让 CPU 发挥更大效率,即所谓"超线程"技术。

超线程技术就是利用特殊的硬件指令,把多线程处理器内部的两个逻辑内核模拟成两个物理芯片,从而使单个处理器就能"享用"线程级并行计算,进而兼容多线程操作系统和软件,这样减少了 CPU 的闲置时间,提高了 CPU 的运行效率。

超线程技术带来的好处是,可以使操作系统或者应用软件的多个线程同时运行在一个超线程处理器上,其内部的两个逻辑处理器共享一组处理器执行单元,并行完成加、乘等操作,使处理器芯片的性能得到提升。在第三代智能酷睿的 i3 和 i7 系列处理器上也可看到超线程技术。i3 系列处理器采用的是双核心四线程设计;而 i7 系列处理器则采用了四核心八线程或六核心十二线程设计。在使用带有超线程技术的处理器时,人们在系统中所能见到的核心数量其实是处理器的线程数。

需要注意的是,含有超线程技术的 CPU 需芯片组、操作系统和应用软件的支持。

9.1.2 64 位技术

64 位技术是指 CPU 的通用寄存器(general-purpose registers,GPRs)的数据宽度为 64 位,即处理器一次可以运行 64 位数据。64 位处理器早在精简指令集计算机上就已出现,现在的 64 位技术有了新的发展。

64 位计算主要有两大优点:一是扩大了整数运算的范围;二是支持更大的内存。要实现真正意义上的 64 位计算,仅有 64 位的处理器是不够的,还必须有 64 位的操作系统以及 64 位的应用软件支持才行,三者缺一不可,缺少其中任何一种要素都无法实现 64 位计算。CPU 使用的 64 位技术主要有 Intel 公司的 EM64T 技术和 AMD 公司的 AMD64 位技术。

EM64T(extended memory 64 technology)是 Intel 公司开发的 64 位内存扩展技术。它实际上是 IA-32 构架体系的扩展,即 IA-32E(Intel architecture-32 extension)。Intel 公司的 IA-32 处理器通过加入 EM64T 技术便可在兼容 IA-32 软件的情况下,允许软件程序利用更多的内存地址空间,并且允许程序进行 32 位线性地址写入。Intel 公司的 EM64T 所强调的是 32 位技术与 64 位技术的兼容性。

AMD 公司的 Athlon 64 系列处理器的 64 位技术,是在 x86 指令集基础上加入 x86-64 的 64 位扩展 x86 指令集,从而使得 Athlon 64 系列处理器可兼容原来的 32 位 x86 软件,同时支持 x86-64 的扩展 64 位计算,并具有 64 位寻址能力,使其成为真正的 64 位 x86 构架处理器。

IA-64 体系架构还在继续研发,并已应用到高端服务器领域。

9.1.3 "整合"技术

从 2009 年起,CPU 领域最大的变化就是"整合"。整合 GPU、整合内存控制器,直至完全整合了北桥。整合所带来的不仅仅是性能上的提升,同时也带来了平台功耗的进一步降低,可以说整合已经成为未来 CPU 的发展趋势。

AMD 公司的 Fusion 计划就是整合技术的一部分。面对 CPU 性能过剩的共识,AMD 公司在提高图形性能领域加强了竞争优势。加速处理器(accelerated processing unit,APU)是 AMD 公司推出的整合了 x86/x64 CPU 处理核心和 GPU 处理核心的新型"融聚"(Fusion)处理器。2011 年 AMD 公司发布了第一款 Fusion APU 平台,并且提出

"异构计算"的理念。它第一次将中央处理器和独显核心制作在一个晶片上，使其同时具有高性能处理器和最新独立显卡的处理性能，支持最新应用的"加速运算"，大幅提升了计算机运行效率，实现了 CPU 与 GPU 真正的融合。

AMD 公司认为，CPU 和 GPU 的融合可以分为以下 4 步进行：

第一步是物理整合过程，将 CPU 和 GPU 集成在同一块硅芯片上，并利用高带宽的内部总线通信，集成高性能的内存控制器，借助开放的软件系统促成异构计算。

第二步是平台优化，CPU 和 GPU 之间互连接口进一步增强，并且统一进行双向电源管理，GPU 也支持高级编程语言（这部分是最关键的）。

第三步是架构整合，实现统一的 CPU/GPU 寻址空间，GPU 使用可分页系统内存，GPU 硬件可调度，CPU/GPU/APU 内存协同一致。

第四步是架构和系统整合，主要包括 GPU 计算环境切换、GPU 图形优先计算、独立显卡的 PCI-E 协同以及任务并行运行实时整合等。

AMD 公司预计未来的浮点计算任务更多会由 GPU 来完成，所以它有意识地推进异构应用程序的开发，由此节省出的资源则被用于整数计算模块以及 GPU 部分。这也意味着 AMD 公司开始以全局的视野来构建新一代处理器，而不再局限于 x86 或 GPU 自身的限制，这对于微处理器工业来说，将是一个新时代的开启。

9.1.4 双核及多核技术

Intel 公司于 2006 年推出了第一个双核处理器——基于酷睿（Core）架构的处理器。双核心处理器是在一块 CPU 基板上集成两个处理器核心，并通过并行总线将各处理器核心连接起来。其工作原理与超线程技术有些相似。所不同的是，超线程技术是对处理器的一种优化技术，即将一个物理处理器分为两个逻辑处理器，从而实现多线程运算；而双核技术则是完全采用两个物理处理器来实现多线程工作，每个核心拥有独立的指令集和执行单元，与超线程中所采用的模拟共享机制完全不同。

在双核处理器的基础上，很快发展了多核处理器。多核处理器也称为片上多处理器（chip multi-processor，CMP），或单芯片多处理器。多核处理器是将多个具有完全功能的处理器核心集成在同一个芯片内，整个芯片作为一个统一的结构对外提供服务，输出更加优异的整体性能。多核处理器的技术优势主要体现在多任务应用环境下的表现。

CPU 核心的发展方向是：更低的电压、更低的功耗、更先进的制造工艺、集成更多的晶体管、更小的核心面积、更先进的流水线架构和更多的指令集、更高的前端总线频率、集成更多的功能（如集成内存控制器）以及多核心等。处理器的生产工艺与晶体管数量对比如表 9-1 所示。

表 9-1 处理器的生产工艺与晶体管数量对比

CPU 架构	工艺	核心数量	GPU 架构	晶体管数量/亿	核心面积/mm²
Haswell-E 8C	22nm	8	N/A	26	356
Haswell GT2 4C	22nm	4	GT2	14	177

续表

CPU 架构	工艺	核心数量	GPU 架构	晶体管数量/亿	核心面积/mm²
Haswell ULT GT3 2C	22nm	2	GT3	13	181
lvy Bridge-E 6C	22nm	6	N/A	18.6	257
lyv Bridge 4C	22nm	4	GT2	12	160
Sandy Bridge-E 6C	32nm	6	N/A	22.7	435
Sandy Bridge 4C	32nm	4	GT2	9.95	216
Lynnfield 4C	45nm	4	N/A	7.74	296
AMD Trinity 4C	32nm	4	7660D	13.03	246
AMD Vishera 8C	32nm	8	N/A	12	315

x86 已迎来计算机技术发展史上新的转折点：PC 不再是唯一的计算终端，各种移动设备将陆续登台，云计算让 PC 的重要性大大削弱，ARM 架构开始对 x86 构成威胁。面对这些转折，但 x86 仍是处理器最重要的架构。

9.1.5　CPU 指令集及其扩展

指令集的先进与否，关系到 CPU 的性能发挥，也是体现 CPU 性能的一个重要标志。从主流体系结构讲，指令集可分为复杂指令集和精简指令集两部分；在现代先进的微处理器中，不仅兼容了 Intel 80x86 系列 CPU 的所有指令系统，同时也发展了新的 CPU 指令集。例如，Intel 的 MMX、SSE、SSE2、SSE3、SSE4 和 AMD 的 3DNow!等都是 CPU 的扩展指令集，加入了图形、视频编码、处理、三维成像及游戏应用等众多指令，使处理器在音频、图像、数据压缩算法等多方面的性能大幅度提升。

1. MMX 指令集

MMX（multi media extension，多媒体扩展指令）指令集是 Intel 公司在 1996 年为 Pentium 系列处理器所开发的一项多媒体指令增强技术。它包含了 57 条多媒体指令，这些指令可以一次性处理多个数据。

Intel 公司没有沿用 MMX 的称呼，1999 年的 Pentium Ⅲ 处理器上指令集改称 SSE。SSE 一共有 70 条指令，进一步提升了 CPU 多媒体处理能力。从此，SSE 的名称固定了下来。

2. SSE 指令集

SSE（streaming SIMD extensions）是 SIMD 扩展指令集，其中 SIMD（single instruction multiple data）是单指令多数据，所以 1999 年发布的 SSE 指令集也称为单指令多数据流扩展。该指令集最先运用于 Pentium Ⅲ 系列处理器，是为提高处理器浮点性能而开发的扩展指令集，共有 70 条指令，其中包含提高三维图形运算效率的 50 条 SIMD 浮点运算指令、12 条 MMX 整数运算增强指令、8 条优化内存中的连续数据块传输指令。这些指令对图像处理、浮点运算、三维运算和多媒体处理等多媒体的应用能力有全面的提升。

3. 3DNow!指令集

3DNow!(3D no waiting)是 AMD 公司开发的 SIMD 指令集,可以增强浮点和多媒体运算的速度,并被 AMD 广泛应用于 K6-2、K6-3 和 Athlon(K7)处理器上。它拥有 21 条扩展指令集。与 Intel 公司侧重于整数运算的 MMX 技术有所不同,3DNow!指令集主要针对三维建模、坐标变换和效果渲染等三维数据的处理。

4. SSE2 指令集

Intel 公司为了应对 AMD 的 3Dnow!指令集,又在 SSE 的基础上开发了 SSE2。SSE2 由 SSE 和 MMX 两部分组成,共有 144 条指令。SSE 部分主要负责处理浮点数,而 MMX 部分则专门计算整数。重要的是 SSE2 能处理 128 位和两倍精密浮点数学运算。处理更精确浮点数的能力使 SSE2 成为加速多媒体程序、3D 处理工程及工作站类型任务的基础配置。由于 SSE2 指令集与 MMX 指令集兼容,因此,被 MMX 优化过的程序很容易被 SSE2 进行更深层次的优化,达到更好的运行效果。

Intel 公司是从 Willamette 核心的 Pentium 4 开始支持 SSE2 指令集的,而 AMD 公司则是从 K8 架构的 SledgeHammer 核心的 Opteron 开始才支持 SSE2 指令集的。

5. SSE3 指令集

SSE3(streaming SIMD extension 3)是 Intel 公司推出 Prescott 核心处理器时出现的。SSE3 在 SSE2 的基础上又增加了 13 个额外的 SIMD 指令。SSE3 中 13 个新指令的主要目的是改进线程同步和特定应用程序领域,例如媒体和游戏。这些新增指令强化了处理器在浮点转换至整数、复杂算法、视频编码、SIMD 浮点寄存器操作以及线程同步 5 个方面的表现,最终达到提升多媒体和游戏性能的目的。

Intel 公司是从 Prescott 核心的 Pentium 4 开始支持 SSE3 指令集的,而 AMD 公司则是从 Troy 核心的 Opteron 开始支持 SSE3 的。需要注意的是,AMD 公司所支持的 SSE3 与 Intel 公司的 SSE3 并不完全相同,主要是删除了针对 Intel 超线程技术优化的部分指令。

6. SSE4 指令集

SSE4(streaming SIMD extension 4)指令集构建于 Intel 64 指令集架构,该架构被视为继 2001 年以来最重要的媒体指令集架构的改进。SSE4 包含 54 条指令,主要分为两种:一种是矢量化编译器和媒体加速器;另一种是高效加速字符串和文本处理。

在指令集的发展过程中,x86 架构的主流处理器起着重要的作用。虽然 Intel 公司和 AMD 公司在 x86 架构处理器上推出了一些主要的扩展指令集,对于处理器的性能提升有一定的作用,但由于受到 IA-32 体系的限制,x86 架构基本上难以出现具有突破性意义的指令集,现在双方都已把重点转向 64 位体系架构的处理器指令集。

9.2 主 板

主板是计算机中用于连接其他硬件设备的主体部件。CPU、内存、显卡等部件都是通过相应的插槽安装在主板上,硬盘、显示器、鼠标、键盘等外部设备也通过相应接口连接在主板上。

9.2.1 主板芯片组概述

芯片组(chipset)是主板的核心组成部分,它几乎决定了主板的全部功能,进而影响到整个计算机系统性能的发挥。芯片组性能的优劣,决定了主板性能的好坏与级别的高低。

芯片组有几种分类方式。按用途可分为:服务器/工作站,台式机,笔记本计算机等;按芯片数量可分为:单芯片芯片组,标准的南、北桥芯片组,以及多芯片芯片组(主要用于高档服务器/工作站);按整合程度的高低可分为:整合型芯片组和非整合型芯片组等。

生产芯片组的厂家主要有 Intel、AMD、NVIDIA(美国)、VIA(中国台湾)等公司,其中以 Intel、AMD 两大公司生产的芯片组最为常见。在台式机的 Intel 平台上,Intel 芯片组占有最大的市场份额,而且产品线齐全,高、中、低端以及整合型产品都有。

芯片组的技术发展迅速,从 ISA、PCI、AGP 到 PCI-Express,从 ATA 到 SATA 技术,以及双通道内存技术、高速前端总线等。每一次技术的进步都带来计算机性能的提高。另外,芯片组技术也在向着高整合性方向发展。到 2008 年,整合芯片组在芯片组产品中约占 67%的市场份额,随着 Intel、AMD 两大公司开始在 CPU 中内建显示芯片,整合芯片组的需求已大幅减少。

从 810 芯片组开始,Intel 公司对芯片组的设计进行了革命性的变革,引入"加速中心架构",用 MCH(内存控制中心)取代了以往的北桥芯片,用 ICH(输入输出控制中心)取代了南桥芯片(如 ICH7 等),MCH 和 ICH 通过专用的 Intel Hub Architecture(Intel 集线器结构)总线连接。从 915 芯片组开始,MCH 和 ICH 的连接增加了带宽,名称也改为 DMI(直接媒体接口),参见主教材中的 Intel i975 芯片组举例。

Intel 公司的 Core i7 800 和 i5 700 系列成功地把原来的 MCH 全部移到 CPU 内,支持它们的主板上只留下 PCH(平台管理控制中心)芯片。PCH 芯片既具有原来 ICH 的全部功能,又具有原来 MCH 芯片的管理引擎功能。单 PCH 芯片的设计可参见主教材中 Intel z77 芯片举例。

9.2.2 主板芯片组举例

1. 南、北桥结构芯片组

通用的主板芯片组一般由北桥芯片和南桥芯片组成,两者共同组成主板的芯片组。

1) 南、北桥芯片简介

北桥芯片(north bridge)是主板芯片组中起主导作用的最重要的组成部分,也称为主桥(host bridge)。一般来说,芯片组的名称就是以北桥芯片的名称来命名的。例如,Intel 845E 芯片组的北桥芯片是 82845E,875P 芯片组的北桥芯片是 82875P 等。北桥芯片主要负责实现与 CPU、内存、AGP 接口之间的数据传输。提供对 CPU 类型和主频、系统高速缓存、主板的系统总线频率、内存管理(内存类型、容量和性能)、显卡插槽规格等的支持;同时,还通过特定的数据通道和南桥芯片相连接。整合型芯片组的北桥芯片还集成了显示核心。

南桥芯片(south bridge)负责 I/O 总线之间的通信,主板上的各种接口(如 IEEE 1394 接口、串口、并口、USB2.0/1.1 等)、PCI 总线(如接电视卡、内置 MODEN、声卡等)、IDE(如接硬盘、光驱)以及主板上的其他芯片(如集成声卡、集成 RAID 卡、集成网卡等)都归南桥芯片控制。

2) Intel 的 i975/965 芯片组

Intel 公司在 2006 年开发了 i975X 芯片组。图 9-1 给出了 Intel i975 芯片组及其与 I/O 接口的架构示意图。该芯片组支持双 PCI-E 图形技术,可将一条 PCI-E x16 总线划分成两个 PCI-Ex8 总线,并且可支持弹性的 I/O 执行方案,其中包括了 SLI 和 Crossfire 技术。除了支持双显卡以外,i975X 芯片组还可支持 800/1066MHz 的 FSB,支持 533MHz/667MHz 的 DDR2 内存,并且在容量上可达到 8GB,还可支持 ECC 内存。

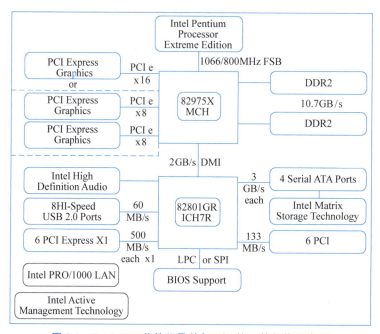

图 9-1　Intel i975 芯片组及其与 I/O 接口的架构示意图

ICH7 南桥芯片集成 4 个 SATA 接口,还提供对 PATA 的支持,配备 8 个 USB 接口。

2. 集线架构芯片组

主板芯片组经过数代的发展,已呈现出"化繁就简"的趋势,从原先最通用的南、北桥结构设计,到如今单 PCH 芯片设计,越来越多的功能从主板转移到处理器上。如内存控制器及核芯显卡的工作已经完全由处理器所承担,这使主板的设计显得更加简练。

2012 年 4 月,正式发布了第三代 Core i 系列(代号为 Ivy Bridge,简称 IVB)处理器,配套的 Intel 7 系列主板也陆续发布。Intel 7 系列芯片组在桌面上只有三款型号,包括定位高端、搭配 Core i7 处理器的 Z77、Z75 和定位主流、搭配 Core i5 处理器的 H77,其中主打的型号是 Z77。

Intel Z77 芯片组的架构如图 9-2 所示。它实际上是一颗南桥芯片，主要用于外围设备通信、连接等功能。

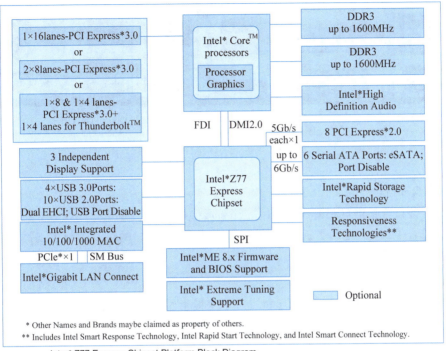

图 9-2　Intel Z77 芯片组的架构

这三款芯片组都同时支持 Ivy Bridge、Sandy Bridge 两代 LGA1155 接口处理器及其整合图形核心，都有 RAID 技术，均配备 4 个 USB 3.0 和 10 个 USB 2.0 接口、2 个 SATA 6Gb/s 和 4 个 SATA 3Gb/s 接口，都能提供 8 条 PCI-E 2.0 总线通道。全面支持双通道 DDR3 1600 内存；在显卡方面，可以支持最高 x8＋x4＋x4 的 3 路 PCI-Express 3.0 显卡。PCI-Express 3.0 x4 可以提供等效 PCI-Express 1.0 x16 的带宽，多显卡带宽瓶颈将不复存在。

多卡互联的支持一向都是区分芯片组地位的重要参数。Z77 支持将 CPU 提供的 16 路 PCI-E 拆分为两个 8 路 PCI-E，搭建双卡 SLI 或者 Cross Fire 系统，或者拆分为一个 8 路 PCI-E 和两个 4 路 PCI-E，这样就可以组建三卡 SLI 或者 Cross Fire 系统。

9.2.3　主板上的 I/O 接口

主板上的 I/O 接口有很多，例如串行口、并行口、PS/2 接口、USB 2.0/3.0 接口、网线接口、显卡和声卡输入输出接口等。本节主要介绍 USB(universal serial bus)接口。图 9-3 为主板上 I/O 接口的示意图。

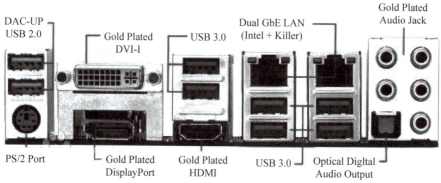

图 9-3　主板上 I/O 接口的示意图

1. 键盘和鼠标专用 PS/2 接口

PS/2 接口曾是键盘和鼠标的专用 6 针圆形接口，主板上提供两个 PS/2 接口。一般情况下，符合 PC99 规范的主板，其键盘的接口为紫色、鼠标的接口为绿色。键盘和鼠标一般通过 USB 接口与计算机相连。

2. LPT 插座

LPT 插座俗称"并口"(parallel port)，在主板上是 25 孔的母接头，曾用于连接打印机。现因打印机多采用 USB 接口，所以 LPT 插座已不多见。

3. 声卡接口

多数主板都集成了声卡，图 9-4 为声卡的输入输出接口示意图。

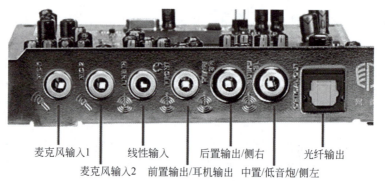

图 9-4　声卡的输入输出接口示意图

（1）线性输入插口：标记为 Line In。可用于外接音频设备（如影碟机、录像机等），将声音、音乐信息输入计算机中。

（2）麦克风输入插口：标记为 Mic In。用于连接麦克风（话筒），将声音或歌声录制下来。

（3）线性输出插口：标记为 Line Out。用于连接外部音频设备（如音箱等）的输出端口。

（4）扬声器输出插口：标记为 Speaker 或 SPK。用于插接音箱的音频线插头。

4. 显卡接口

（1）数字信号 DVI 接口：当 LCD（液晶）显示器出现之后，模拟信号 D-SUB 接口（该接口"上宽下窄"，看起来像一个倒写的 D，共有 3 排 15 针的信号线）被数字信号 DVI 接口取代。显卡处理好的数字信号，可直接通过 DVI 接口输送到液晶显示器中，这样可避免信号的丢失与失真。

（2）DisplayPort 接口：DisplayPort 是一种高清数字显示接口标准，可以连接计算机和显示器，也可以连接计算机和家庭影院。2006 年 5 月，视频电子标准协会（VESA）确定了 1.0 版标准。

DisplayPort 的外接型接头有两种：一种是标准型，类似 USB、HDMI 等接头；另一种是低矮型，如用于超薄型笔记本计算机等。在 2011 年后，DisplayPort 接口开始接替 DVI 接口，并将逐步成为主流的 PC 显示设备输出接口。

（3）HDMI 接口：HDMI 接口更侧重于家庭多媒体高清应用。主领家用多媒体数字接口。

5. 网卡接口

随着网络应用的日益普及，主板大都集成了网卡，其接口为 RJ-45 接口。

6. IEEE 1394 接口

IEEE 1394 是由 IEEE 协会于 1995 年 12 月正式接纳的一个新的工业标准，全称为高性能串行总线标准。它的原名叫 FireWire 串行总线，是由 Apple 公司于 20 世纪 80 年代中期开发的一种串行总线，一般称为 IEEE 1394 总线。

IEEE 1394 也是一种高效的串行接口标准，其主要特点是：连接方便，支持外设热插拔和即插即用；传输速率高；通用性强；实时性好，对传送多媒体信息非常重要，可减少图像和声音的断续传送或失真。IEEE 1394 采用 6 芯电缆，可向被连接的设备提供 4～10V、1.5A 的电源；无须驱动等。

7. USB 接口

USB 是通用串行总线的简称，不是一种新的总线标准，而是一种新型的串行外设接口标准和广泛应用在 PC 领域的接口技术，已经成功替代串口和并口，并且成为当今 PC 和大量智能设备必配的接口之一。

USB 从 1994 年年底由 Microsoft、Intel、Compaq、IBM 等公司共同推出，已有 USB 1.0、USB 1.1、USB 2.0 和 USB 3.0 等版本，均完全向后兼容。

USB 具有传输速度快、使用方便、支持热插拔、连接灵活、独立供电等优点，可以连接鼠标、键盘、打印机、扫描仪、摄像头、闪存盘、MP3 机、手机、数码相机、移动硬盘和外置光驱等外部设备。

2008 年推出的 USB 3.0 理论上比 USB 2.0 快 10 倍以上。USB 3.0 利用了双向数据传输模式，而不再是 USB 2.0 时代的半双工模式。外形和 USB 2.0 接口基本一致。USB 3.0 还引入了新的电源管理机制，支持待机、休眠和暂停等状态。

所有的高速 USB 2.0 设备连接到 USB 3.0 上都会有更好的表现。这些设备包括：①外置硬盘；②高分辨率的网络摄像头；③USB 接口的数码相机、数码摄像机；④蓝光光驱等。随着光纤导线的全面应用，更高版本的 USB 接口标准将得到更高的传输速度，未来在主流产品上的扩展应用将进一步展现。

9.3 扩展总线应用技术

在 PC 发展的历史中，总线只进行过 3 次更新换代，但每次变革都使计算机的整体性能得到极大提高。从 PC 总线到 ISA、PCI 总线，再由 PCI 进入 PCI Express 和 HyperTransport 体系，计算机总线在这 3 次变革中也完成了 3 次飞跃式的提升。与此同时，计算机的处理速度、实现的功能和软件平台也都在进行同样的提升。

1. PC 总线与 ISA 总线

PC 总线最早出现在 IBM 公司 1981 年推出的 PC/XT 系统中，它基于 8 位的 8088 处理器，又称 PC/XT 总线。

1984 年，IBM 公司推出基于 16 位 Intel 80286 处理器的 PC/AT，系统总线被 16 位的 PC/AT 总线代替。在 PC/AT 总线规范被标准化以后，就衍生出著名的 ISA 总线。ISA (industry standard architecture)是工业标准体系结构总线的简称，它是 IBM PC/AT 及其兼容机所使用的 16 位标准系统扩展总线，又称 PC-AT 总线，其数据传输率为 16MB/s。

ISA 总线一直贯穿 286 和 386SX 时代，但在 32 位 386DX 处理器出现之后，16 位宽度的 ISA 总线数据传输速度严重制约了处理器性能。1988 年，由康柏、惠普、AST、爱普生等 9 家厂商协商将 ISA 总线扩展到 32 位宽度，EISA(extended industry standard architecture，扩展工业标准架构)总线由此诞生。

EISA 总线的工作频率仍然保持在 8MHz 水平，但受益于 32 位宽度，其总线带宽提升到 32MB/s。另外，EISA 可以完全兼容之前的 8/16 位 ISA 总线。EISA 总线在还没有来得及成为正式工业标准时，更先进的 PCI 总线就开始出现了，但 EISA 总线并没有因此快速消失，它在计算机系统中与 PCI 总线共存了相当长的时间，直到 2000 年后才正式退出。

2. PCI 总线一族

PCI(peripheral component interconnect，外设部件互连标准)总线诞生于 1992 年。第一个版本的 PCI 总线工作于 33MHz 频率下，传输带宽达到 133MB/s。在 PCI 发布一年之后，Intel 公司紧接着推出 64 位的 PCI 总线，它的传输性能达到 266MB/s，但主要用于企业服务器和工作站领域。随着 x86 服务器市场的不断扩大，64 位/66MHz 规格的 PCI 总线很快成为该领域的标准，针对服务器/工作站平台设计的 SCSI 卡、RAID 控制卡、千兆网卡等设备无一例外都采用 64 位 PCI 接口，乃至今天，这些设备还被广泛使用。

1996 年，3D 显卡出现，Intel 公司在 PCI 基础上研发出一种专门针对显卡的 AGP 接口(accelerated graphics port，加速图形接口)。1996 年 7 月，AGP 1.0 标准问世，它的工作频率达到 66MHz，具有 1X 和 2X 两种模式，数据传输带宽分别达到了 266MB/s 和 533MB/s。

1998年5月,Intel公司发布AGP 2.0版规范,它的工作频率仍然停留在66MHz,但工作电压降低到1.5V,并且通过增加的4X模式,将数据传输带宽提升到1.06GB/s,AGP 4X获得非常广泛的应用。与AGP 2.0同时推出的,还有一种针对图形工作站的AGP Pro接口,这种接口具有更强的供电能力,可驱动高功耗的专业显卡。

2000年8月,Intel公司推出AGP 3.0规范,它的工作电压进一步降低到0.8V,所增加的8X模式可以提供2.1GB/s的总线带宽。

3. PCI-X

2000年正式发布PCI-X 1.0版标准。在技术上,PCI-X并没有脱离PC体系,它仍使用64位并行总线和共享架构,但将工作频率提升到133MHz,由此获得高达1.06GB/s的总带宽。

2002年7月,PCI-SIG推出更快的PCI-X 2.0规范,它包含较低速的PCI-X 266及高速的PCI-X 533两套标准,分别针对不同的应用。PCI-X 266标准可提供2.1GB/s共享带宽,PCI-X 533标准则更是达到4.2GB/s的高水平。此外,PCI-X 2.0也保持良好的兼容性,它的接口与PCI-X 1.0完全相同,可无缝兼容之前所有的PCI-X 1.0设备和PCI扩展设备。

4. PCI Express总线

随着系统外部带宽需求的快速增加,第三代I/O总线——PCI Express(PCI-E)已经应运而生。PCI-E在工作原理上与并行体系的PCI不同,它采用串行方式传输数据,而依靠高频率来获得高性能,因此,PCI-E也一度被称为"串行PCI"。首先,由于串行传输不存在信号干扰,总线频率提升不受阻碍,PCI-E很顺利就能达到2.5GHz的超高工作频率。其次,PCI-E采用全双工运作模式,最基本的PCI-E拥有4根传输线路,其中2根线用于数据发送,2根线用于数据接收,即发送数据和接收数据可以同时进行。由PCI的并行数据传输变为串行数据传输,并且采用了点对点技术,因此,极大地加快了相关设备之间的数据传送速度。

PCI Express总线包括多种速率的插槽,例如PCI Express x1、x2、x4、x8、x16、x32等,1X的PCI-E最短,然后依次增长。其中,PCI Express x16总线已成为新一代图形总线标准。

5. HyperTransport总线

在系统总线家族中,HyperTransport是一个另类总线,因为它只是AMD公司提出的企业标准,其设计目的是用于高速芯片间的内部连接。但是,随着AMD 64平台的成功,HyperTransport总线的影响力也随之扩大。

在基本工作原理上,HyperTransport与PCI Express相似,都是通过串行传输、高频率运作获得超高性能。除了速度快之外,HyperTransport还有一个独有的优势,它可以在串行传输模式下模拟并行数据的传输效果。

2004年2月,AMD公司推出HyperTransport 2.0,其主要变化是数据传输频率提升到1GHz,32位总线的带宽达到8GB/s。AMD公司将它用于Opteron以及高端型号的Athlon 64 FX、Athlon 64处理器中,该平台的所有芯片组产品都迅速提供支持。

PCI Express 和 HyperTransport 开创了一个近乎完美的总线架构,计算机大都运行在这种总线架构基础之上。

9.4 计算机硬件新技术的重要发展及未来趋势

9.4.1 全球计算机硬件新技术的重要发展

在计算机科学和技术领域,新的硬件技术不断涌现,为计算机性能和功能带来了突破性的进展。以下是一些全球计算机硬件新技术的重要发展。

(1) 量子计算机:是一种基于量子力学原理的计算机系统,利用量子比特(qubits)进行计算,具有极高的计算速度和处理能力。该技术的成果包括量子比特的稳定性和控制能力的提升,以及量子计算机算法的研究和应用等。

(2) 人工智能芯片:是专门为人工智能应用而设计的硬件,通过优化芯片架构和算法,能够高效地执行深度学习和机器学习任务。该技术的成果包括高效的神经网络加速器和边缘计算芯片的开发,使得人工智能应用能够在更多设备上实现。

(3) 光子计算机:利用光子作为信息传输和处理媒介的计算机系统,具有高速、低能耗和抗干扰等特点。该技术的成果包括光子芯片的研发和应用,以及光学计算和量子光学的进展,为光子计算机的实现奠定了基础。

9.4.2 全球计算机硬件新技术的未来趋势

计算机硬件领域的新技术出现及应用将引领新的发展趋势。以下是一些全球计算机硬件新技术的未来趋势。

(1) 边缘计算:随着物联网和移动互联网的普及,边缘计算成为一个重要的发展方向。边缘计算将计算和数据存储推向网络边缘,提供更低的延迟和更高的安全性,以满足实时和离线应用的需求。

(2) 量子计算的商业化:虽然量子计算机目前还处于早期发展阶段,但随着技术的进步和对量子计算机的需求增加,商业化将成为一个重要的趋势。人们可以期待在未来几年中看到更多的量子计算机产品和解决方案。

(3) 生物计算机:生物计算机利用生物分子作为信息存储和处理单元,具有高容量和低能耗的优点。该技术的发展会引起计算机硬件的革命性变化,并在生物医学、环境监测等领域发挥重要作用。

综上所述,全球计算机硬件新技术的重要成果包括量子计算机、人工智能芯片和光子计算机等。未来,边缘计算、量子计算的商业化和生物计算机等发展趋势将引领计算机硬件领域的发展。这些新技术的出现将为计算机科学和技术带来新的机遇和挑战,为人类创造更广阔的未来。

9.4.3　中国计算机硬件新技术的重要发展

中国在计算机新技术研发方面,也取得显著成果,主要集中在以下几个方面。

(1) 超级计算机:中国已经成功研制出世界上速度最快的超级计算机,如天河系列超级计算机。这些超级计算机在科学研究、天气预报、核能模拟等领域发挥着重要作用。

(2) 云计算技术:中国的云计算技术也取得了快速发展。中国的云计算企业,如阿里巴巴、腾讯等公司,在公有云和私有云服务领域具有竞争力,并为企业和个人提供了强大的计算和存储能力。

(3) 人工智能:中国的人工智能领域也取得了许多重要成果。中国的一些科技公司,如百度和腾讯公司,已经在人工智能领域取得了领先地位,应用于语音识别、图像识别等众多领域。

近些年来,中国在计算机处理器核心及其系统领域取得了许多重要的技术发展。以下是其中的一些例子。

(1) AI芯片:中国在人工智能领域的发展非常迅速,为此推出了许多专门用于处理人工智能任务的芯片。例如,中国的海思公司推出了自主研制的芯片 Kirin 970,其内置了神经网络处理单元(NPU),大大提升了 AI 计算效率。

(2) 5G 通信芯片:中国是 5G 技术的领先国家之一,为了支持 5G 网络的建设,各大芯片制造商都在加大对 5G 通信芯片的研发投入。中国的华为公司已经推出了多款用于 5G 设备的芯片,为全球范围内的 5G 网络发展做出了贡献。

(3) 自研处理器架构:中国正致力于发展自己的处理器架构,减少对国外处理器技术的依赖。例如,中国的龙芯公司推出了基于自主研发的 MIPS 指令集的处理器,并得到了广泛应用。

(4) 区块链技术的应用:区块链技术可以用于提供去中心化的数据存储和计算能力。中国在区块链技术的研发和应用方面取得了一些成果,包括与计算硬件相关的实验和应用,为区块链技术的发展做出了贡献。

(5) 大规模并行计算系统:中国正在积极发展具有大规模并行计算能力的超级计算机系统,并在关键领域中取得了显著进展。这些超级计算机能够在天气预报、基因组学研究、气候模拟等领域发挥重要作用。

总的来说,中国计算机硬件领域的技术发展日益重要,涉及 AI 芯片、5G 通信芯片、自研处理器架构、区块链技术的应用以及大规模并行计算系统等多个方面,对于中国在科技创新和国家安全等方面具有重要意义。

9.4.4　中国计算机硬件新技术的未来趋势

中国计算机硬件领域的未来发展趋势可以归纳为以下几个方面。

(1) AI 加速芯片的进一步发展:随着人工智能应用的不断增加,对于更高效、更专业的 AI 加速硬件的需求也在增长。未来,中国将继续投入研发力量,推动 AI 芯片的创新,包括更高性能、更低功耗、更专业化的设计,以满足各个行业的需求。

(2) 量子计算技术的突破:量子计算技术被广泛认为是计算机领域未来的重要发展方向。中国一直在积极投入研发中,在量子计算硬件方面取得了一些突破。未来,随着量子计算技术的进一步发展,中国将继续加大投入,推动量子计算硬件技术的突破和应用。

(3) 智能物联网设备的发展:随着物联网技术的普及,对于小型、低功耗、智能的硬件设备需求不断增加。中国的硬件制造商将继续致力于研发和生产更先进的智能物联网芯片和设备,满足物联网市场的需求。

(4) 5G 通信技术的普及和应用:中国是全球 5G 技术的领先国家之一,5G 通信技术的普及和应用将进一步推动计算机硬件的发展。中国的硬件制造商将持续投入研发,提供更快速、更稳定、更低功耗的 5G 通信芯片和设备。

(5) 可穿戴设备和柔性电子技术的发展:随着可穿戴设备市场的增长,对于柔性电子技术和可穿戴设备的需求也在增加。中国将继续研发和生产更先进的柔性电子技术和可穿戴设备,提供更舒适、更便携、更多样化的硬件产品。

总的来说,中国计算机硬件领域未来的发展趋势是推动 AI 加速芯片、量子计算技术、智能物联网设备、5G 通信技术以及可穿戴设备和柔性电子技术的发展。这些发展趋势将进一步推动中国在计算机硬件技术方面的创新和实力的提升。

本 章 小 结

本章介绍的主要是微机硬件的一些新技术特点,以及主板芯片组和总线的技术发展。在现代 CPU 中逐渐融入了一些新技术,如超线程技术、64 位技术、双核与多核技术以及扩展指令集等。这些新技术的应用,大幅度地提高了 CPU 的性能。

主板是最重要的部件,一块主板的性能和档次主要取决于它所采用的芯片组。总线技术在发展过程中经过 3 次大的变革,从 PC 总线到 ISA、PCI 总线,再由 PCI 总线进入 PCI Express 和 HyperTransport 总线体系,使得计算机的整体性能得到了巨大改善。

本章简要介绍了计算机硬件新技术的重要发展成果,包括量子计算机、人工智能芯片、光子计算机。并且介绍了计算机硬件新技术的未来发展趋势。

第2部分

习题详解

第 1 章 习题 1

1-1 电子计算机按其逻辑元件的不同可分为哪几代？目前处于哪一代？

【答】 电子计算机按其逻辑元件的不同可分为 5 代：真空管计算机、晶体管计算机、集成电路计算机、大规模与超大规模计算机以及人工智能计算机。目前处于第 4 代。

1-2 微型机硬件系统包括哪些主要部件？

【答】 微型机硬件系统一般由主机(包括 CPU、主板、内存等)、接口卡(如声卡、显卡等)、外部设备(如显示器、键盘、鼠标)及电源等主要部件组成。

1-3 一个简单的微处理器内部结构主要由哪几部分组成？

【答】 一个简单的微处理器主要由运算器、控制器和内部寄存器阵列 3 个基本部分组成。

1-4 试说明 8 位机中程序计数器(PC)在程序执行过程中的具体作用与功能特点。在 16 位或 32 位微机中，用什么寄存器代替它？它们有何区别？

【答】 (1) 程序计数器(PC)中存放着正待取出的指令的地址。根据 PC 中的指令地址，CPU 准备从存储器中取出将要执行的指令。通常程序按顺序逐条执行。任何时刻 PC 都指示要取的下一字节或下一条指令(对单字节指令而言)所在的地址。因此，PC 具有自动加 1 的功能。

(2) 在 16 位或 32 位微机中，用指令指针 IP 或 EIP 来代替。PC 中存放的是 8 位物理地址，而 IP 或 EIP 中存放的是 16 或 32 位逻辑地址。

1-5 试说明位、字节和字的基本概念以及三者之间的关系。

【答】 位是指由 0 或 1 表示的一个二进制信息最基本单位；字节是指由 8 位二进制代码表示的一个基本信息单位；字是指由两字节组成的 16 位信息单位。

1-6 若有 4 种微处理器的地址引脚数分别为 8 条、16 条、20 条和 32 条，试问这 4 种微处理器分别能寻址多少字节的存储单元？

【答】 这 4 种微处理器能分别寻址 256B、64KB、1MB 与 4GB 的存储单元。

1-7 试说明存储器读操作和写操作的主要区别。

【答】 存储器读操作是指由 CPU 从某存储器单元中将信息读出到 CPU 的内部数据总线上，然后再由 CPU 取走该内容作为所需要的信息使用。应当指出，存储器读操作是一种非破坏性读出操作，它允许多次读出同一单元的内容。存储器写操作是指 CPU 把数据寄存器中的内容先放到数据总线上，再由 CPU 向存储器发送"写"控制信号，在它的控制下，将信息写入被寻址某地址单元。写入操作将破坏该单元中原来存放的内容。

1-8 冯·诺依曼计算机体系的基本思想是什么？按此思想设计的计算机硬件系统由哪些部件组成？

【答】 冯·诺依曼计算机的思想是"存储程序"。按此思想设计的计算机硬件由运算器、控制器、存储器、输入设备和输出设备五大基本部件组成。

1-9 一个简单的8位微处理器模型执行程序的基本操作过程是怎样的？

【答】 假定程序已由输入设备存放到内存中。当计算机要从停机状态进入运行状态时，首先应把第一条指令所在的地址赋给程序计数器(PC)，计算机就进入取指阶段。在取指阶段，CPU从内存中读出的内容必为指令，于是数据寄存器(DR)便把它送至指令寄存器(IR)；然后由指令译码器译码，控制器发出相应的控制信号，CPU便知道该条指令要执行什么操作。在取指阶段结束后，计算机进入执指阶段，这时CPU执行指令所规定的具体操作。当一条指令执行完毕以后，即转入下一条指令的取指阶段。这样周而复始地循环，一直进行到程序遇到暂停指令时方才结束。

1-10 一条指令包括哪几个部分？它们分别表示什么意思？

【答】 一条指令通常包括操作码和操作数两部分。操作码表示计算机执行什么具体操作，而操作数表示参加操作的数本身或操作数所在的地址(又称地址码)。因此，在执行一条指令时，就可能要处理不等字节数目的代码信息，包括操作码、操作数或操作数的地址。

1-11 试用汇编语言编写一个计算5+8的程序段，并用指令 MOV [0008],AL 将计算结果传送到0008地址单元(提示：对应的机器指令代码为 A2H 08 00)。要求按3列分别写出汇编语言程序、对应的机器指令与对应的操作说明。

【答】 依题意，程序段如下。

汇编语言程序	对应的机器指令	对应的操作说明
MOV AL,5	10110000	;将立即数5传送到累加器AL中
	00000101	
ADD AL,8	00000100	;计算两个数的和,结果存放到AL中
	00001000	
MOV [0008],AL	10100010	;将AL中的数传送到0008地址单元
	00001000	
	00000000	
HLT	11110100	;停机

1-12 为什么要采用二进制编码？什么是BCD码？8421 BCD编码是如何实现的？它有何特点？

【答】 由于计算机只能识别二进制数，因此，输入的信息(如数字、字母、符号等)都要转换成特定的二进制码才能被计算机识别和处理，这就是二进制编码。

BCD码是采用二进制编码的十进制，即二-十进制。

8421 BCD码有10个不同的数字符号，它是按逢"十"进位的；同时，它的每一位是用4位二进制编码来表示的，因此，称之为二进制编码的十进制，即二-十进制码或BCD码。

其特点是：4位码仅有10个数有效，表示十进制数10~15的4位二进制数在BCD

数制中是无效的。

1-13 将下列十进制数分别转换为二进制数。
(1) 175　　(2) 4095　　(3) 0.625　　　　(4) 0.15625

【答】(1) 10101111B　　(2) 1111 1111 1111B　　(3) 0.101B　　(4) 0.00101B

1-14 将下列二进制数分别转换为 BCD 数。
(1) 1101　　(2) 0.01　　(3) 10101.101　　(4) 11011.001

【答】(1) (0001 0011)BCD
　　　(2) (0.0010 0101)BCD
　　　(3) (0010 0001.0110 0010 0101)BCD
　　　(4) (0010 0111.0001 0010 0101)BCD

1-15 将下列二进制数分别转换为八进制数和十六进制数。
(1) 10101011B　　　　　　(2) 1011110011B
(3) 0.01101011B　　　　　(4) 11101010.0011B

【答】(1) 253Q；0ABH　　　　　(2) 1363Q；2F3H
　　　(3) 0.326Q；0.6BH　　　　(4) 352.14Q；0EA.3H

1-16 选取字长 n 为 8 位和 16 位两种情况,求下列十进制数的原码。
(1) $X=+63$　　(2) $Y=-63$　　(3) $Z=+118$　　(4) $W=-118$

【答】(1) 00111111,0000000000111111
　　　(2) 10111111,1000000000111111
　　　(3) 01110110,0000000001110110
　　　(4) 11110110,1000000001110110

1-17 选取字长 n 为 8 位和 16 位两种情况,求下列十进制数的补码。
(1) $X=+65$　　(2) $Y=-65$　　(3) $Z=+127$　　(4) $W=-128$

【答】(1) 01000001；00000000 01000001
　　　(2) 10111111；11111111 10111111
　　　(3) 01111111；00000000 01111111
　　　(4) 10000000；11111111 10000000

1-18 已知数的补码表示形式如下,分别求出数的真值与原码。
(1) $[X]_补=78H$　　　　　(2) $[Y]_补=87H$
(3) $[Z]_补=FFFH$　　　　(4) $[W]_补=800H$

【答】(1) 120；78H　　　　　(2) -121；0F9H
　　　(3) 4096；FFFH　　　　(4) 2048；800H

1-19 设字长为 16 位,求下列各二进制数的反码。
(1) $X=00100001B$　　　　(2) $Y=-00100001B$
(3) $Z=0101110110 11B$　　(4) $W=-0101110 11011B$

【答】(1) 0000000000100001B　　(2) 1111111111011110B
　　　(3) 0000010111011011B　　(4) 1111101000100100B

1-20 下列各数均为十进制数,试用 8 位二进制补码计算下列各题,并用十六进制数表示机器运算结果,同时判断是否有溢出。

(1) $(-89)+67$　　　　　　　　(2) $89-(-67)$
(3) $(-89)-67$　　　　　　　　(4) $(-89)-(-67)$

【答】　(1) 11101010,96H,不溢出　　(2) 10011100,0E4H,溢出
　　　　(3) 01100100,1CH,溢出　　　 (4) 11101010,96H,不溢出

1-21　分别写出下列字符串的 ASCII 码。
(1) 17abc　　　(2) EF98　　　(3) AB＄D　　　(4) This is a number 258

【答】　(1) '17abc'=3137616263H
　　　　(2) 'EF98'=45463938H
　　　　(3) 'AB＄D'=41422444H
　　　　(4) 'This is a number 258'=546869732069732061206E756D62657220323538H

1-22　设 $X=87H,Y=78H$,在下述两种情况下比较两数的大小。
(1) 均为无符号数　　　　　　(2) 均为带符号数(设均为补码)

【答】　(1) 无符号数表示二进制数中的每一位都表示数值,没有符号位,数值越大,则该数较大。所以,87H>78,即 $X>Y$。
(2) $[X]_补=87H$ 的最高二进制位为1,表示 X 为负数;$[Y]_补=78H$ 的最高二进制位为0,表示 Y 为正数。所以,$X<Y$,即 87H<78H。

1-23　选取字长 n 为 8 位,已知数的原码表示如下,求出其补码。
(1) $[X]_原=01010101$　　　　(2) $[Y]_原=10101010$
(3) $[Z]_原=11111111$　　　　(4) $[W]_原=10000001$

【答】　(1) 01010101;(2) 11010110;(3) 10000001;(4) 11111111。

1-24　设给定两个正的浮点数为:
$$N_1=2^{P_1}\times S_1$$
$$N_2=2^{P_2}\times S_2$$

(1) 若 $P_1>P_2$,则是否有 $N_1>N_2$?
(2) 若 S_1 和 S_2 均为规格化的数,且 $P_1>P_2$,则是否有 $N_1>N_2$?

【答】　(1) $P_1>P_2$,不一定有 $N_1>N_2$。
(2) 若 S_1 和 S_2 均为规格化的数,且 $P_1>P_2$,则 $N_1>N_2$。

1-25　设二进制浮点数的阶码有 3 位、阶符 1 位、尾数 6 位、尾符 1 位,分别将下列各数表示成规格化的浮点数。
(1) $X=1111.0111$　　　　　(2) $Y=-1111.01011$
(3) $Z=-65/128$　　　　　　(4) $W=+129/64$

【答】　(1) $X=2^{0111}\times 01000.10$　　(2) $Y=2^{0111}\times 11000.10$
　　　　(3) $Z=2^{0000}\times 1.100000$　　(4) $W=2^{0010}\times 0.100000$

1-26　将下列十进制数转换为单精度浮点数。
(1) $+1.5$　　(2) -10.625　　(3) $+100.25$　　(4) -1200

【答】　(1) $2^{0010}\times 0.011$　　　　(2) $2^{1011}\times 11010101$
　　　　(3) $2^{1010}\times 110010001$　 (4) $2^{00010000}\times 11001011$

1-27 阐述微型计算机在进行算术运算时,所产生的"进位"与"溢出"二者之间的区别。

【答】 溢出是指带符号数的补码运算超出数值表示范围,产生溢出。进位是指运算结果的最高位向更高位的进位。进位与溢出是两个不同性质的概念,不能混淆,两者没有必然的联系。

1-28 选字长 n 为 8 位,用补码列出竖式计算下列各式,并且回答是否有溢出?若有溢出,是正溢出还是负溢出?

(1) 01111001＋01110000　　　　(2) －01111001－01110001

(3) 01111100－01111111　　　　(4) －01010001＋01110001

【答】 (1) 正溢出　　(2) 负溢出　　(3) 无溢出　　(4) 无溢出

1-29 若字长为 32 位的二进制数用补码表示时,试写出其范围的一般表示式及其负数的最小值与正数的最大值。

【答】 一般表示式是:$-2^{32-1} \sim +2^{32-1}-1$。

其负数的最小值是:$-2\,147\,483\,648$。

其正数的最大值是:$+2\,147\,483\,647$。

第 2 章 习题 2

2-1 CISC 和 RISC 是什么？

【答】 CISC 是复杂指令集计算机（complex instruction set computer）的英文缩写，而 RISC 是精简指令集计算机（reduced instruction set computer）的英文缩写。它们是 CPU 的两种不同架构的设计理念和方法。

2-2 举例说明有哪些微处理器是采用 CISC 架构设计的。

【答】 复杂指令集计算机（complex instruction set computer，CISC）是一种较早的微处理器设计架构。Intel 80x86 系列微处理器中的 8086/8088、80286 等都是按此架构的理论设计的。

CISC 结构微处理器的主要设计特点是：①采用复杂指令（complex instruction），"复杂指令"是 CISC 理论的基础；②采用多种寻址方式来实现对存储器的访问操作；③采用微程序结构（micro programming），即基于微指令操作的一种结构，通常一个简单的处理过程需要几个微指令完成。

2-3 举例说明有哪些微处理器是采用 RISC 架构设计的。

【答】 精简指令集计算机（reduced instruction set computer，RISC）理论早年应用于工作站与中小型计算机的设计上，从 20 世纪 80 年代开始逐渐发展成为一种微处理器体系结构。例如，从 80386 CPU 开始就引入了 RISC 理论，使其本身具有 RISC 与 CISC 的特点，而此后所推出的 80486、Pentium 与 Pentium Pro(P6) 等 CPU，则更加重了 RISC 化的趋势。到了 PentiumⅡ、PentiumⅢ以后，虽然仍属于 CISC 的结构范围，但它们的内核已采用了 RISC 结构。

采用指令流水处理技术，是 RISC 最重要的理论。

2-4 8086 与 8088 是于何时推出的多少位的微处理器？这两种 CPU 在内部结构上有何主要的异同点？为什么要重新设计 8088 CPU？

【答】 8086 是 Intel 公司在 1978 年推出的 16 位微处理器，之后 Intel 公司还推出了准 16 位微处理器 8088。

8088 CPU 内部结构与 8086 的基本相似，其内部寄存器、运算器以及内部数据总线与 8086 一样都是按 16 位设计的，只是 8088 的总线接口单元（BIU）中指令队列长度为 4 字节，它的 BIU 通过总线控制电路与外部交换数据的总线宽度是 8 位，这样设计的目的主要是为了与 Intel 公司原有的 8 位外围接口芯片直接兼容。

2-5 8086 CPU 内部的总线接口单元(BIU)由哪些功能部件组成？它们的基本操作原理是什么？

【答】（1）8086 CPU 的 BIU 由指令队列缓冲器、地址加法器和段寄存器与 16 位指令指针(IP)组成。

（2）指令队列缓冲器是暂存计算机即将要执行的指令的机器码；地址加法器用于执行"段加偏移"的寻址机制，即完成段基址加偏移地址的操作；段寄存器(CS、DS、SS、ES)存放 16 位段地址(简称段值)，用于在地址加法器中左移生成 20 位的段基址；IP 具有自动加 1 功能，在程序执行时指向下一条指令(字节)的偏移地址。

2-6 什么是微处理器的并行操作方式？为什么 8086 CPU 具有并行操作的功能？在什么情况下 8086 的执行单元(EU)才需要等待总线接口单元(BIU)提取指令？

【答】（1）微处理器的并行操作是指将组成微处理器的某些功能部件分离后，使一些大的顺序操作分解成由若干较少功能部件分别完成，并在实践上可以重叠执行的子操作。这种微处理器的并行操作方式称为流水线技术。由于 8086 CPU 对"取指令"和"指令译码执行"两个顺序操作进行了分离，使它们在时间上可以重叠执行，所以 8086 CPU 具有并行操作功能。

（2）8086 CPU 由于将 EU 与 BIU 按功能分离成两个相互独立的单元，故 EU 在执行上一条指令的执指操作时，可以由 BIU 同时进行下一条指令的取指操作。

（3）当 8086 需要对存储器或 I/O 设备存取操作数时，EU 才需要等待 BIU 提取指令。

2-7 逻辑地址和物理地址有何区别？为什么 8086 微处理器要引入"段加偏移"的技术思想？段加偏移的基本含义又是什么？试举例说明。

【答】（1）逻辑地址是程序中的地址，由 16 位的段地址与 16 位的偏移地址组成；物理地址又称实际地址，它是由地址加法器送到地址总线上的 20 位地址。

（2）8086 CPU 内部寄存器均为 16 位，故只能直接寻址 2^{16} B 即 64KB 的地址空间，而 8086 CPU 有 20 根地址线，允许寻址 2^{20} B 即 1MB 的存储空间。为了能寻址 1MB 存储空间，采用了"段加偏移"的技术思想。"段加偏移"寻址机制允许重定位，极大地保证了系统兼容性。

（3）"段加偏移"的基本含义是指段基址加偏移地址。

（4）若一个段地址为 1123H，偏移地址为 15H，将 1123H 左移 4 位即 11230H，则物理地址为(11230H+15H)=11245H。

2-8 8086 CPU 的基址寄存器(BX)和基址指针(BP)(或基址指针寄存器)有何区别？基址指针(BP)和堆栈指针(SP)在使用中有何区别？

【答】（1）BX 通常用于存放寻址数据段中某内存单元距离数据段基地址的偏移地址；而 BP 则用于存放寻址堆栈段中某内存单元距离堆栈段基地址的偏移地址。

（2）BP 与 SP 都用于存放寻址堆栈的偏移地址，但 BP 存放的是堆栈段中某数据的偏移地址，而 SP 存放的是在执行入栈(PUSH)和出栈(POP)指令操作时寻址堆栈栈顶的偏移地址。两者是既有联系又有区别的地址值。

2-9 段地址和段起始地址相同吗？两者是什么关系？8086 的段起始地址就是段基

地址吗？它是怎样获得的？

【答】 段地址和段起始地址不同。在 8086/8088 中，段地址是 16 位的，段起始地址（段基址）是 20 位的。段地址是 20 位段起始地址的高 16 位。

8086 的段起始地址就是段基地址。20 位的段起始地址是通过指令给段寄存器装入 16 位的段地址后再进行左移 4 位后形成的。

2-10 在实模式下，若段寄存器中装入如下数值，试写出每个段的起始地址和结束地址。

    (1) 1000H   (2) 1234H   (3) E000H   (4) AB00H

【答】 (1) 10000H，1FFFFH   (2) 12340H，2233FH
      (3) E0000H，EFFFFH   (4) AB000H，BAFFFH

2-11 微处理器在实模式下操作，对于下列 CS：IP 组合，计算出要执行的下条指令的存储器地址。

    (1) CS=1000H 和 IP=2000H   (2) CS=2400H 和 IP=1A00H
    (3) CS=1A00H 和 IP=B000H   (4) CS=3456H 和 IP=ABCDH

【答】 (1) 12000H   (2) 25A00H   (3) 25000H   (4) 3F12DH

2-12 8086 在使用什么指令时用哪个寄存器来保存计数值？

【答】 8086 CPU 在使用循环指令（如 LOOP），或者带有重复前缀（如 REP）的数据串操作指令，或者移位指令时，用 CX 来保存计数值。

2-13 IP 寄存器的用途是什么？它提供的是什么信息？

【答】 IP 是指令指针寄存器，它的内容总是用于寻址代码段存储区内的下一条指令（字节），它提供的是自动加 1 后的下一条指令（字节）的偏移地址。IP 与 CS 段寄存器组合构成指令的物理地址，以实现对代码段指令的自动跟踪。

2-14 8086 的进位标志位由哪些运算指令来置位？

【答】 影响 8086 CPU 的标志寄存器进位标志位的运算指令很多，主要有加法、减法、乘法、移位与循环指令以及部分十进制调整指令等，如 ADD、ADC、SUB、SBB、DEC、CMP、MUL、IMUL、SAL、SAR、SHL、SHR、ROL、ROR、RCL、RCR、DAA、AAS、DAS 等。

2-15 如果带符号数 FFH 与 01H 相加，会产生溢出吗？

【答】 不会。带符号数 FFH 表示负数，其值为 -1；符号数 01H 表示正数，其值为 $+1$，两者相加，结果为 0，未超出补码表示范围。

2-16 某个数包含 5 个 1，它具有什么奇偶性？

【答】 PF=0。某数中包含 1 的个数为奇数 5，其奇偶性标志位 PF 具有奇性。

2-17 某个数为全 0，它的零标志位为 0 吗？

【答】 ZF=1。当一次算术或逻辑运算的结果为全 0 时，其零标志位 ZF 的逻辑状态为 1。

2-18 用什么指令设置哪个标志位就可以控制微处理器的 INTR 引脚？

【答】 用 STI 指令将 IF 置 1，表示允许 CPU 接受外设从 INTR 引脚上发来的可屏蔽中断请求信号；用 CLI 指令将 IF 清 0，则禁止 CPU 接受外设的可屏蔽中断请求。

2-19 微处理器在什么情况下才执行总线周期？一个基本的总线周期由几个状态组成？在什么情况下需要插入等待状态？

【答】（1）当微处理器需要对存储器或 I/O 端口进行一次读写操作时，就会通过其 BIU 执行一个总线周期。

（2）8086/8088 CPU 中的一个基本总线周期由 4 个状态（$T_1 \sim T_4$）组成。

（3）在 T_3 时，若检测到 READY＝0，表示慢速的存储器或 I/O 端口无法在一个总线周期内完成该次读写操作时，则在 T_3 之后将插入一个至几个等待状态 T_W。

2-20 什么是非规则字，微处理器对非规则字是怎样操作的？

【答】（1）非规则字是以奇数单元为起始地址开始存放(低字节在前)的字。

（2）微处理器对非规则字的存取操作需要两个总线周期才能完成。在第 1 个总线周期访问偶地址的字时，要忽略该偶数地址中的无效内容，保留奇数地址中的有效内容；在第 2 个总线周期访问下一个偶地址的字时，要忽略奇地址中的无效内容，保留偶地址中的有效内容，然后将所需要的两个半字节进行字节调整，构成从奇数地址开始存放的非规则字，先读取的奇地址内容为低字节，后读取的偶数地址内容为高字节。

2-21 8086 对 1MB 的存储空间是如何按高位库和低位库来进行选择和访问的？用什么控制信号来实现对两个库的选择？

【答】 8086 的 1MB 存储空间实际上分为两个 512KB 的存储库，分别为高位库和低位库。低位库与数据总线 $D_7 \sim D_0$ 相连，该库中每个地址均为偶数地址；高位库与数据总线 $D_{15} \sim D_8$ 相连，该库中每个地址均为奇数地址。地址总线 $A_{19} \sim A_1$ 可同时对高、低位库的存储单元寻址，A_0 或 $\overline{BHE}$ 则用于库的选择，分别接到库选择端 $\overline{SEL}$ 上。当 A_0＝0 时，选择偶数地址的低位库；当 $\overline{BHE}$＝0 时，选择奇数地址的高位库。

利用 A_0 和 $\overline{BHE}$ 两个控制信号可以实现对两个库进行读写操作（字操作），也可以单独对其中一个库进行读写操作（字节操作）。

2-22 堆栈的深度由哪个寄存器确定？为什么说一个堆栈的深度最大为 64KB？在执行一条入栈或出栈指令时，栈顶地址将如何变化？

【答】（1）堆栈由段寄存器（SS）和堆栈指针寄存器（SP）的组合来寻址，由 SS 存放段地址，SP 指向当前栈顶，它存放的是栈顶距离堆栈段基地址的偏移地址。所以，决定堆栈深度的堆栈段的存储空间大小由 SP 内容来确定。当 SP 被赋值后，它指向堆栈的最底部（最高地址）。假设 SS＝2000H，SP＝1000H，则堆栈段内 21000H～21FFFH 的 4KB 空间就是堆栈区。若 SS＝2000H，SP＝FFFFH，则堆栈段内 20000H～2FFFFH 的 64KB 空间就是最大的堆栈区。

（2）因为 SP 为 16 位的寄存器，最大寻址空间为 64KB。

（3）当执行 PUSH 指令时，栈顶地址减 2，指向新的栈顶；执行 POP 指令时，栈顶地址加 2 再指向新的栈顶。

2-23 何谓微处理器的程序设计模型？为什么要提出程序设计模型这一概念？

【答】（1）程序设计模型即程序员编程时所需要的计算机模型，主要指 CPU 内的寄存器组体系结构。

（2）提出程序设计模型概念是使复杂的问题简单化，便于程序设计。

2-24 8086/8088 微处理器对 RESET 复位信号的复位脉冲宽度有何要求？复位后内部寄存器的状态如何？

【答】 8086/8088 CPU 要求 RESET 信号的复位脉冲宽度不得小于 4 个时钟周期，而初次接通电源时所引起的复位，则要求维持的高电平不能小于 $50\mu s$。复位后代码段的起始地址是 $PA=CS\times16+IP=FFFFH\times16+0000H=FFFF0H$。数据段的起始地址是 $PA=DS\times16+EA=0000H\times16+0000H=00000H$；同理，堆栈段与附加段的起始地址均为 $PA=0$。

2-25 简要说明 8086/8088 系统是如何实现总线多路分离原则的，它们有何异同点？

【答】 8086 的 $AD_{19}\sim AD_0$、$A_{19}/S_6\sim A_{16}/S_3$ 和 $\overline{BHE}/S_7$ 是多路分离的，而 8088 的 $AD_7\sim AD_0$ 与 $A_{19}/S_6\sim A_{16}/S_3$ 是经过多路分离的。

2-26 8086/8088 系统在什么情况下需要实现缓冲？如何实现缓冲？

【答】 由于基于 8086/8088 的系统中通常负载超过 10 个，所以整个系统必须经过缓冲。只有在缓冲器的输出电流增大后，才能使微处理器的输出引脚得到 2.0mA 的驱动电流，以驱动更多的 TTL 负载。

2-27 8086/8088 微处理器的 $\overline{RD}$ 和 $\overline{WR}$ 引脚信号各指示什么操作？

【答】 $\overline{RD}$ 和 $\overline{WR}$ 引脚信号分别指示读和写两种操作。$\overline{RD}$ 引脚为逻辑 0 时表明 8086/8088 正从存储器或 I/O 端口读取数据。$\overline{WR}$ 引脚上为逻辑 0 时，表明 8086/8088 正在将存储器或 I/O 端口的数据写入 CPU 内。

2-28 8086/8088 系统的最小模式和最大模式是由什么引脚信号来决定的？它们之间的主要区别是什么？

【答】 8086/8088 系统的最小模式和最大模式是由 $MN/\overline{MX}$ 引脚信号来决定的。若 8086/8088 系统中包含协处理器时，则采用最大模式；一般不包含协处理器时，则使用最小模式。在最大模式时，$MN/\overline{MX}$ 引脚应接地；在最小模式时，$MN/\overline{MX}$ 引脚应接电源。两种系统的主要区别是在最大模式中有总线控制器 8288，用以对 CPU 发出的控制信号进行变换和组合，改善总线控制功能。

2-29 ALE 信号起什么作用？它在 8086/8088 最小模式系统与最大模式系统中的连接方式有何区别？在使用时能否被浮空？

【答】 ALE 是提供给 8282 地址锁存器的锁存信号，以对地址进行锁存。它在最小模式系统中直接由 8086/8088 的 ALE 引脚连到 8282 的 STB 端口；在最大模式系统中由 8288 的 ALE 引脚连到 8282 的 STB 端口。它在使用时不能被浮空。

2-30 $DT/\overline{R}$ 信号起什么作用？它为逻辑 1 时起什么作用？它在 8086/8088 最小模式系统与最大模式系统中的连接方式有何区别？在什么情况下被浮置为高阻状态？

【答】 $DT/\overline{R}$ 信号用来控制 8286/8287 收发器的数据传送方向。当 $DT/\overline{R}$ 引脚上为逻辑 1 时，则 8086/8088 通过 8286/8287 收发器进行数据发送。它在最小模式系统中直接由 8086/8088 的 $DT/\overline{R}$ 端连至 8286/8287 的 T 端，而在最大模式中则由 8288 的 $DT/\overline{R}$ 端连至 8286/8287 的 T 端。在 DMA 方式时被浮置为高阻状态。

2-31 8284A 是什么器件？它的用途是什么？它为 8086/8088 的什么引脚进行同步？

【答】 8284A 是时钟发生器,用于为 8086/8088 提供时钟信号,并为 READY 和 RESET 引脚信号进行同步。

2-32 8284A 的 CLK 输出引脚为 8086/8088 提供的输出信号频率是多少?

【答】 8284A 的 CLK 输出引脚的输出信号频率是晶体输入频率的 1/3,即 5MHz。

2-33 8086/8088 的 INTR 引脚在何时采样此信号? CPU 又在何种条件下才能响应中断?

【答】 8086/8088 CPU 在每个指令周期的最后一个 T 状态采样 INTR 信号。CPU 在 INTR=1 及 ……

2-34 80……态位起什么作用? 若 $\overline{S_2}\,\overline{S_1}\,\overline{S_0}=100$,则表示 CPU 处……

【答】 这……若 $\overline{S_2}\,\overline{S_1}\,\overline{S_0}=100$,则表示 CPU 正处于取指令操作过……

2-35 80……脚起什么作用? 若 $QS_1=1, QS_0=1$,则表明 CPU 处……

【答】 QS_1……位,用于指示本总线周期前一个时钟周期中指令队列……$QS_1=1, QS_0=0$,则表明 CPU 的指令队列处于队列……

2-36 8086/……么作用? 它通过什么方式来激活?

【答】 最大……总线主部件(或外围设备)对系统总线的控制权。……

2-37 8086/……$\overline{GT_0}$ 引脚起什么作用? 它们有何特点?

【答】 $\overline{RQ}/\overline{G}$……件向 CPU 请求使用总线和 CPU 允许其他处理器占……向的通信引脚。

2-38 8086/80……CPU 又在何种条件下才能响应中断?

【答】 8086/80……T 状态采样 INTR 信号。CPU 在 INTR=1 及 IF=……

2-39 简述 802……为什么要进行对虚拟地址的映射? 80286 的实存空……

【答】 (1) 802……执行多用户/多任务程序时,将通过存储器管理机构……(即转换)到实际内存中来,以便于 CPU 能够正确执……

(2) 因为只有将……储器中的程序和数据加载到物理存储器上,也就是将程序和数据从虚拟地址空间映射到物理地址空间,才能让机器执行程序或对数据进行操作,所以要进行对虚拟地址的映射。

(3) 80286 的实存空间为 2^{24} 字节(16MB),虚拟空间为 2^{30} 字节(1GB)。

2-40 80386 与 80286 相比,它的内部结构有哪些改进? 80386 靠什么功能部件实现对虚拟地址的映射?其虚拟地址空间是多少?

【答】 (1) 80286的内部结构由总线部件、指令部件、执行部件和地址部件4部分组成,80386的内部结构将80286的指令部件分为预取单元和译码单元两部分,而将地址部件分为分段单元和分页单元两部分,故80386 CPU改进为"一分为六"的结构。

(2) 80386靠存储器管理部件来实现对虚拟地址的映射,其虚拟地址空间为2^{46}字节(64TB)。

2-41 80386的分页部件可将每一页面划分为多少地址空间?实际上是怎样划分的?为什么?

【答】 80386的分页部件可将每一页面划分为1B～4KB,实际上将每页划分为4KB,这样做的目的是简化硬件和操作系统中的页定位计算。

2-42 80386的分段技术相比8086的分段技术有什么改进?80386在实模式与保护模式下的分段空间大小有什么区别?

【答】 (1) 80386改进之处在于在保护模式下,80386的6个段寄存器的内容不再是段地址,它将指定存储器内一个描述符表(全局描述符表或局部描述符表)中的某个描述符项,寻址时所需要的实际基地址就隐含在该描述符中。

(2) 在实模式下80386分段的空间与8086一样,段的大小为1B～64KB,而在保护模式下,80386可允许的段的大小为1B～4GB。

2-43 为什么80386要设置分页管理?它具有哪些优越性?

【答】 (1) 为了解决80386存储器分段管理的局限性,在分段的基础上采用了分页管理。

(2) 分页管理的优越性是:①只需把每个活动任务当前所需要的少量页面放在存储器中,这样可以提高存取效率;②可以进一步将线性地址转换为物理地址,提高了执行效率。

2-44 80486的主要结构特点如何?

【答】 80486的主要特点是:①80486是第一个采用RISC技术的86系列微处理器;②80486在CPU内部增设了8KB的高速缓存(cache),它用于对频繁访问的指令和数据实现快速的混合存放,使高速缓存系统能截取80486对内存的访问;③80486芯片内包含与片外80387功能完全兼容且功能又有扩充的片内80387协处理器,称为浮点运算单元(FPU);④采用了猝发式总线的总线技术;⑤从技术人员看,80486与80386的体系结构几乎一样;⑥可以使用N个80486构成多处理器的结构。

2-45 Pentium(P5)的体系结构较80486有哪些主要的突破?

【答】 Pentium(P5)的体系结构较80486的主要突破是:①采用超标量的U、V双流水线结构,实现"指令并行";②片内有两个8KB cache,即独立的指令cache和数据cache;③重新设计的浮点单元可执行8级流水线操作;④采用了分支预测技术。

2-46 Pentium 4是多少位的CPU?它有哪些相关技术?

【答】 (1)Pentium 4是32位的CPU。

(2) Pentium 4微处理器中引入的相关技术主要是:①快速执行引擎技术及双倍算

术逻辑单元架构；②采用 4 倍爆发式总线技术，可在总线上同时传送四路 64 位数据；③扩展 SSE2 指令集；④采用指令跟踪缓存技术，即将指令 cache 与数据 cache 分开。

2-47 嵌入式系统为什么会受到高度重视？

【答】 嵌入式系统之所以受到高度重视，就在于它将先进的计算机技术、半导体技术与微电子技术和各个行业的具体应用有机地结合起来，在设计上体现了计算机体系结构的最新发展，在应用上开拓了当前信息化电子产品最热门的一个领域。

习题 3

3-1 为什么要学习 8086/8088 CPU 的指令系统？它是按什么设计流派的理论来设计的？其主要特点是什么？

【答】 8086/8088 CPU 的指令系统是 Intel 80x86 系列 CPU 共同的基础，其后续高型号微处理器的指令系统都是在此基础上新增了一些指令逐步扩充形成的。同时，它也是应用范围最广的一种指令系统。因此，学习 8086/8088 CPU 的指令系统，对了解与掌握汇编语言程序设计是必要的基础。8086/8088 指令系统是按复杂指令集计算机(CISC)设计流派的理论来设计的，其主要特点是采用可变长的指令，指令格式比较复杂，"复杂指令"是 CISC 理论的基础。

3-2 什么是寻址方式？8086/8088 微处理器有哪几种主要的寻址方式？

【答】 (1) 寻址方式是指 CPU 根据指令功能所规定的操作码自动地寻找相应的操作数或操作数所在地址的方式。8086/8088 的操作数可位于寄存器、存储器或 I/O 端口中。CPU 对其进行操作时就会涉及操作数的寻址方式。

(2) 8086/8088 微处理器的寻址方式有：①固定寻址：操作数被固定在某个寄存器中。②立即数寻址：操作数在指令中，当 CPU 执行指令时，直接从指令队列中取得操作数(该操作数为立即数)。③寄存器寻址：操作数放在 CPU 的寄存器中，寻址操作就在 CPU 内部执行，不需要执行总线周期，执行速度快。④存储器寻址：操作数放在存储器中(除代码段外的其他段)，CPU 需要执行总线周期，对某存储单元内的操作数进行存取。寻址时，先由 EU 计算出操作数地址的偏移量(即有效地址 EA)，CPU 根据段寄存器的内容和偏移地址值，计算出操作数的物理地址。由于有效地址由一项或几项合成得到，根据合成的成分不同，存储器寻址又可分为直接寻址方式和间接寻址方式。直接寻址方式是在指令中以位移量方式直接给出操作数的有效地址 EA。间接寻址方式是指操作数的有效地址由寄存器给出，这些寄存器是 BX、BP、SI、DI 之一或者它们的某种组合，视寄存器不同，间接寻址方式又可细分为基址寻址、变址寻址或者基址加变址寻址等寻址方式。

3-3 指出 8086/8088 下列指令源操作数的寻址方式。

(1) MOV AX,1200H   (2) MOV BX,[1200H]

(3) MOV BX,[SI]   (4) MOV BX,[SI+1200H]

(5) MOV [BX+SI],AL   (6) ADD AX,[BX+DI+20H]

(7) MUL BL   (8) XLAT

(9) IN AL,DX (10) INC WORD PTR [BP+50H]

【答】

(1) MOV AX,1200H　　　　　　立即数寻址

(2) MOV BX,[1200H]　　　　　直接寻址

(3) MOV BX,[SI]　　　　　　　变址寻址

(4) MOV BX,[SI+1200H]　　　相对变址寻址

(5) MOV [BX+SI],AL　　　　　寄存器寻址

(6) ADD AX,[BX+DI+20H]　　相对基址加变址寻址

(7) MUL BL　　　　　　　　　基址寻址

(8) XLAT　　　　　　　　　　寄存器(BX)相对寻址

(9) IN AL,DX　　　　　　　　寄存器寻址

(10) INC WORD PTR [BP+50H]　相对基址寻址

3-4 指出 8086/8088 下列指令中存储器操作数物理地址的计数表达式。

(1) MOV AL,[DI]　　　　　　(2) MOV AX,[BX+SI]

(3) MOV AL,8[BX+DI]　　　　(4) ADD AL,ES:[BX]

(5) SUB AX,[2400H]　　　　　(6) ADC AX,[BX+DI+1200H]

(7) MOV CX,[BP+SI]　　　　　(8) INC BYTE PTR [DI]

【答】 (1) PA=DS×16+DI　　(2) PA=DS×16+BX+DI

(3) PA=DS×16+8×(BX+DI)　(4) PA=ES×16+BX

(5) PA=DS×16+2400H　　　　(6) PA=DS×16+BX+DI+1200H

(7) PA=SS×16+BP+SI　　　　(8) PA=DS×16+DI

3-5 指出 8086/8088 下列指令的错误。

(1) MOV[SI],IP　　　　　　　(2) MOV CS,AX

(3) MOV BL,SI+2　　　　　　(4) MOV 60H,AL

(5) PUSH 2400H　　　　　　 (6) INC[BX]

(7) MUL −60H　　　　　　　(8) ADD [2400H],2AH

(9) MOV[BX],[DI]　　　　　　(10) MOV SI,AL

【答】 (1) 指令指针(IP)属于控制寄存器,它与存储器之间不能用 MOV 指令传送。

(2) CS 段寄存器不能作为 MOV 指令的目的操作数。

(3) 传送类型不匹配,BL 为 8 位,SI+2 为 16 位。

(4) 目的操作数不能为立即数。

(5) PUSH 指令的源操作数只能是寄存器或存储器操作数,而不能为类型不匹配的立即数。

(6) 存储器操作数未指明数据类型,系统不能判别指令操作的类型,因不知道是字节加 1 还是字加 1,故应在指令前加伪指令 WORD PTR 或 BYTE PTR。

(7) MUL 的源操作数即乘数不能为立即数。

(8) 目的操作数[2400H]前要加数据类型说明。

(9) MOV 的源操作数和目的操作数不能同为存储器操作数。

（10）两个寄存器操作数的位数不匹配。

3-6 设 SP=2000H,AX=3000H,BX=5000H,执行下列片段程序后,SP=？AX=？BX=？

```
PUSH AX
PUSH BX
POP AX
```

【答】 执行第 1 条指令后,AX=3000H,SP=1FFEH；执行第 2 条指令后,BX=5000H,SP=1FFCH；执行第 3 条指令后,AX=5000H,SP=1FFEH。

3-7 假定 PC 存储器低地址区有关单元的内容如下：

(20H)=3CH,(21H)=00H,(22H)=86H,(23H)=0EH 且 CS=2000H,IP=0010H,SS=1000H,SP=0100H,FLAGS=0240H,这时若执行 INT 8 指令,试问：

(1) 程序转向从何处执行？（用物理地址回答）

(2) 栈顶 6 个存储单元的地址（用逻辑地址回答）及内容分别是什么？

【答】

(1) IP=003CH,CS=0E86H,PA=0E89CH

(2)

```
1000H:00FAH    0010H
1000H:00FCH    2000H
1000H:00FE     0240H
```

3-8 阅读下列程序段,每条指令执行以后有关寄存器的内容是多少？

```
MOV AX,0ABCH
DEC AX
AND AX,00FFH
MOV CL,4
SAL AL,1
MOV CL,AL
ADD CL,78H
PUSH AX
POP BX
```

【答】

```
MOV AX,0ABCH      ;AX←0ABCH
DEC AX            ;AX←0ABBH
AND AX,00FFH      ;AX←00BBH
MOV CL,4          ;CL←4
SAL AL,1          ;AL←76H
MOV CL,AL         ;CL←76H
ADD CL,78H        ;CL←EEH
PUSH AX           ;AX←0076H
POP BX            ;BX←0076H
```

3-9 某程序段为：

```
    2000H: 304CH      ABC: MOV AX,1234H
      ⋮
    2000H: 307EH           JNE ABC
```

试问代码段中跳转指令的操作数为何值？

【答】 JNE ABC 是属于段内直接短跳转的条件转移指令，它占用两个字节单元，操作码占用第 1 字节单元，操作数占用第 2 字节单元。该操作数为位移量，位移量是目标地址与当前 IP 值之间的字节距离。目标标号偏移地址＝当前 IP＋指令中的位移量，当前 IP 是跳转指令的下一条指令首地址。本题中当前 IP＝307EH＋2＝3080H，则位移量＝目标标号偏移地址－当前 IP 值＝304CH－3080H＝FFCCH，其对应的 8 位补码为 CCH，故该跳转指令的操作数为 CCH。

3-10 若 AX＝5555H，BX＝FF00H，则在下列程序段执行后，AX＝？ BX＝？ CF＝？

```
    AND  AX,BX
    XOR  AX,AX
    NOT  BX
```

【答】 第 1 条指令执行后，AX＝5500H，BX＝FF00H，CF＝0；第 2 条指令执行后，AX＝0，CF＝0；第 3 条指令执行后，BX＝00FFH，NOT 不影响标志位，CF＝0。

3-11 若 DS＝3000H，BX＝2000H，SI＝0100H，ES＝4000H，计算出下列各条指令中存储器操作数的物理地址。

(1) MOV [BX],AH 　　(2) ADD AL,[BX＋SI＋1000H]
(3) MOV AL,[BX＋SI]　(4) SUB AL,ES：[BX]

【答】 (1) 物理地址为 DS×16＋BX＝30000H＋2000H＝32000H。
(2) 物理地址为 DS×16＋BX＋SI＋1000H＝30000H＋2000H＋0100H＋1000H＝33100H。
(3) 物理地址为 DS×16＋BX＋SI＝30000H＋2000H＋0100H＝32100H。
(4) 物理地址为 ES×16＋BX＝40000H＋2000H＝42000H。

3-12 试比较 SUB AL,09H 与 CMP AL,09H 两条指令的异同。若 AL＝08H，分别执行上述两条指令后，SF＝？ CF＝？ OF＝？ ZF＝？

【答】 两条指令都是进行减法运算，但操作过程与结果不同。SUB AL,09H 指令的操作是 AL←AL－09H，返回结果且根据结果置标志位；而 CMP AL,09H 指令的操作只是进行 AL－09H 但不返回结果，指令执行后，AL 内容不变，只根据结果置标志位。

若 AL＝08H，分别执行上述两条指令后，结果为 FFH，08H－09H 不够减，最高位向前有借位，使 CF＝1；运算结果不为零，使 ZF＝0；运算结果最高位为 1，使 SF＝1；若把两数视为符号数，它们都为正，同号相减，无溢出，OF＝0。

3-13 若要完成两个压缩 BCD 数相减(67－76)，结果仍为 BCD 数，试编写该程序段。执行程序后，AL＝？ CF＝？

【答】 程序段为：

```
MOV AL,67H
SUB AL,76H
DAS
```

执行程序后,AL=71H,CF=1。

3-14 试选用最少的指令,实现下述功能。

(1) AH 的高 4 位清零。

(2) AL 的高 4 位取反。

(3) AL 的高 4 位移到低 4 位,高 4 位清零。

(4) AH 的低 4 位移到高 4 位,低 4 位清零。

【答】

(1)

```
AND AH,0FH
```

(2)

```
XOR AL, 0FH
```

(3)

```
MOV CL,4
SHR AL,CL
```

(4)

```
MOV CL,4
SHL AH,CL
```

3-15 设 BX=6D16H,AX=1100H,写出下列指令执行后 BX 寄存器中的内容。

```
MOV CL,06H
ROL AX,CL
SHR BX,CL
```

【答】 第 1 条指令执行后,循环或移动的次数为 6。第 2 条指令执行后,把 AX 中的内容循环左移 6 次,即将 AX=0100000000000100B=4004H,CF=0。第 3 条指令把 BX 中内容逻辑右移 6 次,执行结果为 BX=00000001101101000=01B4H,CF=0。

3-16 设初值 AX=0119H,执行下列程序段后,AX=?

```
MOV CH,AH
ADD AL,AH
DAA
XCHG AL,CH
ADC AL,34H
DAA
MOV AH,AL
MOV AL,CH
HLT
```

【答】 第1条指令执行后,CH=AH=01H;第2条指令执行后,AL=1AH,CF=0,AH=01H;第3条指令执行后把AL中的2位BCD码加法运算结果1AH调整为2位压缩型十进制数,得AL=1AH+6=20H,CF=0;第4条指令执行后,AL=01H,CH=20H;第5条指令执行后,AL=01H+34H=35H;第6条指令执行后,AL仍为35H;第7条指令执行后,AH=35H;第8条指令执行后,AL=20H。故AX=3520H。

3-17 设初值AX=6264H,CX=0004H,在执行下列程序段后,AX=?

```
        AND   AX,AX
        JZ    DONE
        SHL   CX,1
        ROR   AX,CL
DONE:   OR    AX,1234H
```

【答】 第1条指令执行后,AX仍为6264H,ZF=0;第2条指令根据上条指令执行结果决定是否转至标号为DONE的语句。因ZH=0,故不跳转,而执行紧接之后的第3条指令;第3条指令执行后,CX=0008H,CL=08H;第4条指令执行后,把AX=6264H循环右移8次,使低8位64H与高8位62H互换,故AX=6462H,CF=0;第5条指令将6462H与1234H逐位进行"或"运算,使AX=7676H。

3-18 哪个段寄存器不能从堆栈弹出?

【答】 CS段。

3-19 如果堆栈定位在存储器位置02200H,试问SS和SP中将装入什么值?

【答】 SS=0000H,SP=2200H。

3-20 若AX=1001H,DX=20FFH,当执行ADD AX,DX指令以后,请列出和数及标志寄存器中每个位的内容(CF、AF、SF、ZF和OF)。

【答】 3100H,CF=0,AF=1,SF=0,ZF=0,OF=0。

3-21 若DL=0F3H,BH=72H,当从DL减去BH后,列出差数及标志寄存器各位的内容。

【答】 81H,CF=0,AF=0,SF=0,ZF=0,OF=0。

3-22 当两个16位数相乘时,乘积放在哪两个寄存器中?积的高有效位和低有效位分别放在哪个寄存器中?CF和OF两个标志位是什么?

【答】 高16位放在DX中,低16位放在AX中。CF=1,OF=1。

3-23 当执行8位数除法指令时,被除数放在哪个寄存器中?当执行16位除法指令时,商数放在哪个寄存器中?

【答】 执行8位数除法时,被除数在累加器AX中。对于16位除法,所得的商存于AX,余数存于DX。

3-24 执行除法指令时,微处理器能检测出哪种类型的错误?叙述它的处理过程。

【答】 除法错。若除法运算所得的商数超出累加器的容量,则系统将其当作除数为0处理,自动产生类型0中断,CPU将转去执行类型0中断服务程序进行适当处理,此时所得商数和余数均无效。

3-25 试写出一个程序段,用CL中的数据除以BL中的数据,然后将结果乘2,最后的结果是存入 DX 寄存器中的 16 位数。

【答】

```
MOV AL,CL
MOV AH,0
DIV BL
MUL 02H
MOV DX,AX
```

3-26 设计一个程序段,将 AX 和 BX 中的 8 位 BCD 数加 CX 和 DX 中的 8 位 BCD 数(AX 和 CX 是最高有效寄存器),加后的结果必须存入 CX 和 DX 中。

【答】

```
PUSH AX
PUSH CX
MOV AX,DX
ADD AL,BL           ;低字节相加
DAA                 ;低字节调整
MOV CL,AL
MOV AL,AH
ADC AL,BH           ;高字节相加
DAA                 ;高字节调整
MOV DH,AL
MOV DL,CL
POP CX
POP AX
ADD AL,CL           ;低字节相加
DAA                 ;低字节调整
MOV BL,AL
MOV AL,AH
ADC AL,CH           ;高字节相加
DAA                 ;高字节调整
MOV CH,AL
MOV CL,BL
```

3-27 设计一个程序段,将 DI 中的最右 5 位置 1,而不改变 DI 中的其他位,结果存入 SI 中。

【答】

```
AND DI,001FH
MOV SI,DI
```

3-28 选择正确的指令以实现下列任务。

(1) 把 DI 右移 3 位,再把 0 移入最高位。

(2) 把 AL 中的所有位左移 1 位,使 0 移入最低位。

(3) AL 循环左移 3 位。

(4) EDX 带进位循环右移 1 位。

【答】
(1)
```
MOV CL,3
SAR DI,CL
```

(2)
```
SHL AL,1
```

(3)
```
MOV CL,3
ROL,AL,CL
```

(4)
```
RCR DX,1
```

3-29 若要将 AL 中的 8 位二进制数按逆序重新排列,试编写一段程序实现该逆序排列。

【答】 用带进位的循环指令实现如下。
```
        MOV BL,AL
        MOV CX,8
AGAIN:  ROL BL,1
        RCR AL,1
        LOOP AGAIN
```

3-30 REPE CMPSB 指令可实现什么功能？它和 REPE CMPSD 指令有何区别？

【答】 串比较,直到 ZF=0 或 CX=0。REPE CMPSB 可以比较 16 位即 64K 长度的字符串,而 REPE CMPSD 则可以比较 4GK 的字符串。

3-31 REPZ SCASB 指令完成什么操作？它和 REPZ SCASD 指令有何区别？

【答】 用来从目标串中寻找关键字,操作一直进行到 ZF=1(查到了某关键字)或 CX=0(终未查找到)为止。它和 REPZ SCASD 指令的区别在于处理的字符串的长度不同。

3-32 如果要使程序无条件地转移到下列几种不同距离的目标地址,应使用哪种类型的 JMP 指令？

(1) 假定位移量为 0120H 字节
(2) 假定位移量为 0012H 字节
(3) 假定位移量为 12000H 字节

【答】 (1) 段内直接转移　　(2) 段内直接转移　　(3) 段间直接转移

3-33 已知指令 JMP NEAG PROG1 在程序代码段中的偏移地址为 2105H,其机器码为 E91234H。执行该指令后,程序转移的偏移地址是多少？

【答】 程序转移的偏移地址是 EA=2105H+3+3412H=551AH。

3-34 JMP [DI]与 JMP FAR PTR [DI]指令的操作有什么区别？

【答】 JMP [DI]表示间接指向内存区的某地址单元。DI 中的内容即转移目标的偏移地址。而 JMP FAR PTR [DI]是一条段间直接远转移指令，[DI]为目标标号。

3-35 用串操作指令设计实现如下功能的程序段：先将 100 个数从 6180H 处搬移到 2000H 处；再从中检索出等于 AL 中字符的单元，并将此单元值换成空格符。

【答】

```
CLD
MOV CX,100
MOV SI,6180H
MOV DI,2000H
REP MOV SB
REPNE SCA SB
DEC DI
XOR DI,DI
```

3-36 带参数的返回指令用在什么场合？设栈顶地址为 2000H，当执行 RET 0008 后，SP 的值是多少？

【答】 (1)带参数的返回指令 RET 用在调用程序需要通过堆栈向过程传送一些参数的场合，并在过程运行中要使用这些参数，一旦过程执行完毕，这些参数应弹出堆栈作废。RET 指令放在被调用的过程末尾处。

(2) 设栈顶地址为 2000H，当执行 RET 0008 指令时，若该指令为段内返回，则 SP=2000H+2+8=200AH；若该指令为段间返回，则 SP=2000H+4+8=200CH。

3-37 在执行中断返回指令 IRET 和过程(子程序)返回指令 RET 时，具体操作内容有什么区别？

【答】 执行中断返回指令 IRET 时，具体操作内容为：
(1) 先将由 SP 所指定的堆栈内容弹出至 IP，恢复 IP 值：IP←(SP)，SP←(SP)+2。
(2) 再将由 SP 所指定的堆栈内容弹出至 CS，恢复 CS 值：CS←(SP)，SP←(SP)+2。
(3) 最后将由 SP 指定的堆栈内容弹出至 FLAGS：FLAGS←(SP)，SP←(SP)+2。
执行过程返回指令 RET 时，具体操作同步骤(1)和步骤(2)内容，无步骤(3)操作。

3-38 8086 的 LOOP 指令使什么寄存器减 1，并且为了决定是否发生转移测试它是否为 0？

【答】 CX。

3-39 设平面上有一点 P 的直角坐标(x,y)，试编写程序完成以下操作：
如 P 点落在第 i 象限，则 $K=i$；如 P 点落在坐标轴上，则 $K=0$。

【答】 这是一个分支程序设计。在直角坐标系中，象限Ⅰ：$X>0,Y>0$；象限Ⅱ：$X<0,Y>0$；象限Ⅲ：$X<0,Y<0$；象限Ⅳ：$X>0,Y<0$。其程序段如下。

```
MOV  AX,X     ;取 X 值赋 AX
MOV  BX,Y     ;取 Y 值赋 BX
CMP  AX,0     ;判 X 值
JZ   K0       ;X=0,P 点落在 Y 轴上,转 K0,K=0
```

```
         JG    K14          ;X>0,转 K14
         JL    K23          ;X<0 转 K23
K14:     CMP   BX,0         ;判 Y 值
         JZ    K0           ;Y=0,P 点落在 X 轴上,转 K0,K=0
         JG    K1           ;X>0,Y>0,P 点落在Ⅰ象限
         MOV   K,4          ;X>0,Y<0,P 点落在Ⅳ象限,4→[K]单元
K23:     CMP   BX,0         ;判 Y 值
         JG    K2           ;Y>0,转 K2,P 点落在Ⅱ象限
         MOV   K,3          ;Y<0,X<0,转 K3,P 点落在Ⅲ象限,3→[K]单元
K1:      MOV   K,1          ;1→[K]单元
K2:      MOV   K,2          ;2→[K]单元
K0:      MOV   K,0          ;P 点落在 X 轴或 Y 轴上,0→[K]单元
```

第4章 习题4

4-1 说明 MOV BX,DATA 和 MOV BX,OFFSET DATA 指令之间有何区别。

【答】 MOV BX,DATA 指令是直接将 DATA 的值赋给 BX；而 MOV BX,OFFSET DATA 指令是将 DATA 在段内的偏移值赋给 BX。

4-2 指令语句 AND AX,OPD1 AND OPD2 中，OPD1 和 OPD2 是两个已赋值的变量，两个 AND 在含义上和操作上有何区别？

【答】 第一个 AND 是指令助记符，在生成的可执行程序中作为"与"指令使用，它在操作时将 AX 的内容同由 OPD1 AND OPD2 表示的另一个数相"与"；第二个 AND 是在源程序汇编时作为逻辑运算符进行计算的，它表示要把两个已赋值的变量相"与"。

4-3 已知一数组语句定义为：

```
ARRAY DW 100 DUP(567H,3 DUP(?)),5678H
```

请指出下列指令执行后，各个寄存器中的内容是多少。

```
MOV BX,OFFSET ARRAY
MOV CX,LENGTH ARRAY
MOV SI,0
ADD SI,TYPE ARRAY
```

【答】 BX=数组 ARRAY 的偏移地址；CX=100；SI=2。

4-4 已知某数据段中有

```
COUNT1 EQU 16H
COUNT2 DW 16H
```

下面两条指令有何异同点？

```
MOV AX,COUNT1
MOV BX,COUNT2
```

【答】 两条指令从形式上看，都是将由符号变量 COUNT1 与 COUNT2 表示的源操作数分别传送到 16 位寄存器 AX 与 BX。

但是，MOV AX,COUNT1 由于 COUNT1 已定义为 8 位的字节变量，该指令与 MOV AX,16H 等价，为立即数寻址，因其源操作数和目标操作数类型不同，所以不能给

16 位寄存器 AX 赋值。

MOV BX,COUNT2 由于 COUNT2 定义为 16 位的字变量,其源操作数和目标操作数类型相同,所以可以给 BX 赋值。

4-5 下列程序段执行后,寄存器 AX、BX 和 CX 的内容分别是多少?

```
            ORG 0202H
DA_WORD     DW 20H
            MOV AX,DA_WORD
            MOV BX,OFFSET DA_WORD
            MOV CL,BYTE PTR DA_WORD
            MOV CH,TYPE DA_WORD
```

【答】 第 1 条和第 2 条伪指令语句定义了一个字变量 DA_WORD,其偏移地址为 0202H,其值为 0020H。第 3 条指令把该变量的内容送到 AX 中,故 AX=0020H。第 4 条指令把该变量的偏移地址送到 BX,故 BX=0202H。第 5 条指令临时把字变量 DA_WORD 定义为字节变量,使源与目标两操作数类型相匹配,指令执行后,CL=20H。第 6 条指令把变量 DA_WORD 的类型值 2 送入 CH,指令执行后,CH=02H,故 CX=0220H。

4-6 已知下列数组语句:

```
      ORG 0100H
ARY   DW 3,$+4,5,6
CNT   EQU $-ARY
      DB 7,8,CNT,9
```

执行语句 MOV AX,ARY+2 和 MOV BX,ARY+10 后,AX=? BX=?

【答】 AX=(ARY+2)=(0102H)=0106H,BX=(ARY+10)=(010AH)=0908H。

4-7 假设数据段的定义为:

```
P1        DW ?
P2        DB 32 DUP(?)
PLENTH    EQU $-P1
```

试问 PLENTH 的值为多少?它表示什么意义?

【答】 PLENTH 的值是 34,它的物理意义是以 P1 和 P2 开头的成组变量共占用了多少字节的内存空间。

4-8 在 MOV AX,[BX+SI] 与 MOV AX,ES：[BX+SI] 两个语句中,数据项段的属性有什么不同?

【答】 [BX+SI] 默认的段属性是 DS,而 ES：[BX+SI] 默认的段属性是 ES。

4-9 某程序设置的数据区为:

```
DATA    SEGMENT
DB1     DB  12H,34H,0,56H
DW1     DW  78H,90H,0AB46H,1234H
ADR1    DW  DB1
ADR2    DW  DW1
```

```
        AAA    DW $-DB1
        BUF    DB 5 DUP(0)
        DATA   ENDS
```

画出该数据段内容在内存中的存放形式(要求用十六进制补码表示,按字节组织)。

【答】

DB1		12H	ADR1	00H
		34H		00H
		00H	ADR2	04H
		56H		00H
DW1		00H	AAA	10H
		78H		00H
		00H	BUF	00H
		90H		00H
		46H		00H
		0ABH		00H
		34H		00H
		12H		

4-10 分析下列程序:

```
        A1    DB 10 DUP(?)
        A2    DB 0,1,2,3,4,5,6,7,8,9
              ⋮
              MOV CX,LENGTH A1
              MOV SI,SIZE A1-TYPE A1
        LP:   MOV AL,A2[SI]
              MOV A1[SI],AL
              SUB SI,TYPE A1
              DEC CX
              JNZ LP
              HLT
```

(1) 该程序的功能是什么?

(2) 该程序执行后,A1 单元开始的 10 字节内容是什么?

【答】 (1) 该程序的功能是将从 A2 单元开始存放的 10 字节数据传送到从 A1 单元开始的 10 字节单元中。

(2) 程序执行后,A1 单元开始的 10 字节内容是 0、1、2、3、4、5、6、7、8、9。

4-11 假设 BX=45A7H,变量 VALUE 中存放的内容为 78H,确定下列各条指令单独执行后,BX=?

(1) XOR BX,VALUE

(2) SUB BX,VALUE

(3) OR BX,VALUE

(4) XOR BX,0FFH

(5) AND BX,00H

(6) TEST BX,01H

【答】

(1) 45DFH

(2) 452FH

(3) 45FFH

(4) 4558H

(5) 0

(6) 45A7H

4-12 已知：

```
DABY1 DB 6BH
DABY2 DB 3DUP(0)
```

编写一段程序，把 DABY1 字节单元中的数据分解成 3 个八进制数，其最高位八进制数据存放在 DABY2 字节单元中，最低位存放在 DABY2+2 字节单元中。

【答】 把一个 8 位二进制数据分解成 3 个八进制数的方法之一，是直接将该 8 位二进制数据从低位到高位顺序，每 3 位二进制数直接转换为对应的 1 位八进制数，高 2 位二进制数不足 3 位，可在其最高位左边添加 0。例如，按题意可把 DABY1 字节单元中的数据 $K_7K_6K_5K_4K_3K_2K_1K_0$=01101011 分解成 3 位八进制数 $K_7K_6K_5K_4K_3K_2K_1K_0$=01 101 011＝001 101 011。编程原理是：首先屏蔽该数据高 5 位，保留低 3 位，并将其送存 DABY2+2 字节单元；其次右移该数据 6 位，保留其高 2 位，并送存 DABY2 字节单元；最后，屏蔽该数据高 2 位与低 3 位，保留中间的 3 位 $K_5K_4K_3$，并将其送存 DABY2+1 字节单元。程序段如下。

```
MOV    SI,OFFSET DABY2
MOV    AL,DABY1
PUSH   AX
PUSH   AX
AND    AL,7              ;保留低 3 位 K₂K₁K₀
MOV    [SI+2],AL         ;把 K₂K₁K₀ 送存 DABY2+2 字节单元
POP    AX
MOV    CL,6
SHR    AL,CL             ;保留高 2 位 K₇K₆
MOV    [SI],AL           ;把 K₇K₆ 送存 DABY2 字节单元
POP    AX
AND    AL,38H            ;保留中间的 3 位
MOV    CL,3
SHR    AL,CL
MOV    [SI+1],AL         ;把 K₅K₄K₃ 送存 DABY2+1 字节单元
```

4-13 从 BUF 地址处起，存放有 60 字节的字符串，设其中有一个以上的 A 字符，试编程查找出第一个 A 字符相对起始地址的距离，并将其存入 LEN 单元。

【答】

```
        DATA    SEGMENT
        BUF     DB 60 DUP(?)
        LEN     DB 2 DUP(?)
        DATA    ENDS
        CODE    SEGMENT
                ASSUME CS: CODE,DS: DATA,ES: DATA
        START:  MOV AX,DATA
                MOV DS,AX
                MOV ES,AX
                MOV CX,60
                MOV DI,OFFSET BUF
                MOV AL,'A'
                REPNE SCASB
                DEC DI
                MOV BX,OFFSET LEN
                MOV [BX],DI
                MOV AH,4CH
                INT 21H
        CODE    ENDS
                END START
```

4-14 以 BUF1 和 BUF2 开头的两个字符串,其长度均为 LEN,编程实现:

(1) 将 BUF1 开头的字符串传送到 BUF2 开始的内存空间。

(2) 将 BUF1 开始的内存空间全部清零。

【答】

```
        DATA    SEGMENT
        N       EQU LEN
        BUF1    DB N DUP(?)
        BUF2    DB N DUP(?)
        DATA    ENDS
        CODE    SEGMENT
                ASSUME CS: CODE,DS: DATA
        START:  MOV AX,DATA
                MOV DS,AX
                MOV SI,OFFSET BUF1
                MOV DI,OFFSET BUF2
                MOV CX,N
                PUSH SI
                PUSH CX
        L1:     MOV AL,[SI]
                MOV [DI],AL
                INC SI
                INC DI
                LOOP L1
                POP CX
                POP SI
        L2:     MOV [SI],0
                LOOP L2
```

```
                MOV AH,4CH
                INT 21H
    CODE        ENDS
                END START
```

4-15 分析下列程序：

```
    BUF     DB 0BH
            MOV AL,BUF
            CALL FAR PTR HECA
    HECA    PROC FAR
            CMP AL,10
            JC LP
            ADD AL,7
    LP:     ADD AL,30H
            MOV DL,AL
            MOV SH,2
            INT 21H
            RET
    HECA    ENDP
```

(1) 该程序是什么结构的程序？功能是什么？
(2) 程序执行后，DL＝？
(3) 屏幕上显示输出的字符是什么？

【答】 (1) 该程序为主程序调用子程序的结构，且为远调用子程序；功能是将 BUF 单元中的 0～F 一位十六进制数转换成对应的 ASCII 码。

(2) DL＝42H。

(3) 屏幕上显示输出的是字符 B。

4-16 分析下列程序：

```
    DATA    SEGMENT
    NUM     DB 06H
    SUM     DB ?
    DATA    ENDS
    STACK   SEGMENT PARA STACK 'STACK'
    STAPN   DW 100 DUP (?)
    STACK   ENDS
    CODE    SEGMENT
            ASSUME CS:CODE,DS:DATA,SS:STACK
    START:  MOV AX,DATA
            MOV DS,AX
            PUSH AX
            PUSH DX
            CALL AAA
            MOV AH,4CH
            INT 21H
    AAA     PROC
            XOR AX,AX
            MOV DX,AX
```

```
                    INC DL
                    MOV CL,NUM
                    MOV CH,00H
        BBB:        ADD AL,DL
                    DAA
                    INC DL
                    LOOP BBB
                    MOV SUM,AL
                    RET
        AAA         ENDP
        CODE        ENDS
                    END START
```

(1) 程序执行到 MOV AH,4CH 语句时,AX=? DX=? SP=?

(2) BBB:ADD AL,DL 语句的功能是什么?

(3) 整个程序的功能是什么?

【答】 (1) 程序执行到 MOV AH,4CH 语句时,AX=1+2+3+4+5+6=21H,DX=07H,SP 初值为 200B=C8H,当程序执行到 MOV AH,4CH 时,由于堆栈仍压入了 AX、DX,故 SP=C4H。

(2) BBB:ADD AL,DL 语句的功能是将 AL 和 DL 中的两个 BCD 数相加,结果存入 AL。

(3) 整个程序的功能是对 1~6 的自然数进行 BCD 数求和,结果为 BCD 数,存于 NUM。

4-17 试编写一程序,找出 BUF 数据区中 N 个带符号数(设为 11H、22H、33H、44H、55H、66H、77H、88H)中的最大数和最小数。

【答】

```
        DATA    SEGMENT
        BUF     DB 11H,22H,33H,44H,55H,66H,77H,88H
        MIN     DB ?
        MAX     DB ?
        DATA    ENDS
        CODE    SEGMENT
                ASSUME CS:CODE,DS:DATA
        START:  MOV AX,DATA
                MOV DS,AX
                MOV DX,N-1
        L1:     MOV CX,DX
                MOV SI,OFFSET BUF
        L2:     MOV AL,[SI+1]
                CMP AL,[SI]
                JG NEXT
                XCHG AL,[SI]
                MOV [SI+1],AL
        NEXT:   INC SI
                LOOP L2
                DEC DX
```

```
                JNZ L1
                MOV SI,OFFSET BUF
                MOV MIN,[SI]
                MOV MAX,[SI+N-1]
                MOV AH,4CH
                INT 21H
      CODE      ENDS
                END START
```

4-18 试编写一程序,统计出某数组中相邻两数间符号变化的次数。

【答】

```
      DATA      SEGMENT
      BUF       DB 100(?)
      RESULT    DB ?
      DATA      ENDS
      CODE      SEGMENT
                ASSUME CS: CODE,DS: DATA
      START:    MOV AX,DATA
                MOV DS,AX
                MOV CX,99
                MOV SI,OFFSET BUF
                MOV AH,0
                MOV BP,2
      L1:       MOV BX,0
                MOV AL,[SI]
                CMP AL,0
                JG NEXT1
                MOV BX,1
      NEXT1:    INC SI
                PUSH BX
                DEC BP
                JNZ L1
                POP DX
                POP DI
                CMP DX,DI
                JZ NEXT2
                ADD AH,1
      NEXT2:    MOV BP,2
                DEC SI
                LOOP L1
                MOV RESULT,AH
                MOV AH,4CH
                INT 21H
      CODE      ENDS
                END START
```

4-19 若 AL 中的内容为 2 位压缩的 BCD 数,即 6AH,试编程实现下列功能:

(1) 将其拆开成非压缩的 BCD 码,高低位分别存入 BH 和 BL 中。

(2) 将上述已求出的 2 位 BCD 码变换成对应的 ASCII 码,并存入 CH 和 CL 中。

【答】

```
        DATA    SEGMENT
        BUF     DB 100 DUP(?)
        DATA    ENDS
        CODE    SEGMENT
                ASSUME CS:CODE,DS:DATA
        START:  MOV AX,DATA
                MOV DS,AX
                MOV AL,6AH
                PUSH AX
                MOV CL,4
                SHR AL,CL
                MOV BH,AL
                POP AX
                AND AL,0FH
                MOV BL,AL
                MOV CH,BH
                MOV CL,BL
                CMP CH,9
                JBE NEXT1
                ADD CH,7
        NEXT1:  ADD CH,30H
                CMP AL,9
                JBE NEXT2
                ADD CL,7
        NEXT2:  ADD CL,30H
                MOV AH,4CH
                INT 21H
        CODE    ENDS
                END START
```

4-20 设一存储区中存放有 10 个带符号的单字节数,分别设为 -10、15H、20H、-1、-23、46H、16H、-33、65H、88H,现要求分别求出其绝对值后存放到原单元中,试编写汇编源程序。

【答】

```
        DATA SEGMENT
        BLOCK   DB -10,15H,20H,-1,-23,46H,16H,-33,65H,88H
        DATA    ENDS
        CODE    SEGMENT
                ASSUME DS:DATA,CS:CODE
        START:  MOV AX,DATA
                MOV DS,AX
                MOV SI,OFFSET BLOCK
                MOV CX,10
        AGAIN:  MOV AL,[SI]
                TEST AL,80H             ;测试是否为正数
                JZ NEXT
                NEG AL                  ;求负数的绝对值
                MOV [SI],AL
```

```
NEXT:      INC SI
           LOOP AGAIN
           MOV AH,4CH      ;返回DOS
           INT 21H
CODE       ENDS
           END START
```

4-21 分析下列程序：

```
DATA       SEGMENT
DISPDATA   DB 'INPUT NUMBER KEY,CR OR SP RETURN',0DH,0AH
DATA       ENDS
CODE       SEGMENT
           ASSUME CS:CODE,DS:DATA
START:     MOV AX,DATA
           MOV DS,AX
           LEA DX,DISPDATA      ;(1)
           MOV AH,09H           ;(2)
           INT 21H
AGAIN:     MOV AH,01H           ;(3)
           INT 21H
           CMP AL,0DH           ;(4)
           JZ EXIT              ;(5)
           CMP AL,20H           ;(6)
           JZ EXIT              ;
           CMP AL,30H           ;(7)
           JBE AGAIN            ;(8)
           CMP AL,39H           ;(9)
           JA AGAIN             ;(10)
           SUB AL,30H           ;(11)
           MOV CL,AL
           AND CX,0FFH          ;(12)
DONE:      MOV AH,02H
           MOV DL,07H           ;(13)
           INT 21H
           CALL DELAY           ;
           LOOP DONE
           JMP AGAIN
EXIT:      MOV AH,4CH           ;(14)
           INT 21H
DELAY:     PUSH CX
           MOV CX,0FFFH
           LOOP DELAY
           POP CX
           RET
CODE       ENDS
           END    START
```

按照程序各语句中分号";"号后面的分题号(1)~(14)，试分别回答这些语句的功能。程序执行后将完成什么功能？

【答】

(1) 取显示数据首址的偏移地址。

(2) 调用 DOS 的 09H 号功能以调用显示数据。

(3) 从键盘输入一个 ASCII 码字符数据。

(4) 判断是否为回车符。

(5) 是回车符,则结束。

(6) 判断是否为空格符。

(7) 与 0 比较。

(8) 小于或等于 0,则不响铃,重输入。

(9) 与 9 比较。

(10) 大于 9,则不响铃,重输入。

(11) ASCII 码数转换成 BCD 码。

(12) CX 作响铃计数器。

(13) 调用 02H 号功能以调用输出响铃字符响铃。

(14) 返回 DOS。

程序执行后将在屏幕上显示提示行"输入数字键,回车或空格键返回",然后紧接着是回车、换行,等待从键盘上输入一个 ASCII 码字符数据。如果是数字 N(1~9),则响铃 N 次(每次有一定的延时以作间隔);若数字是 0 或非数字,则不响铃;如果是回车或空格键,则退至 DOS。

第 5 章 习题 5

5-1 简要说明半导体存储器的分类。

【答】 按使用功能分为随机存储器(RAM)和只读存储器(ROM)。RAM 按工艺可分为双极型 RAM 和 MOS RAM 两类，MOS RAM 又可分为 SRAM 和 DRAM。ROM 一般根据信息写入的方式可分为掩膜式 ROM、PROM、EPROM 以及 Flash ROM 等几种。

5-2 常用的地址译码方式有几种？各有哪些特点？

【答】 有单译码方式与双译码方式。单译码方式需要的选择线数较多，只适用于小容量存储器；双译码方式需要的选择线数目较少，存储器结构简单，适用于大容量存储器。

5-3 常用虚拟存储器寻址由哪两级存储器组成？通过什么实现从虚拟地址到物理地址的变换？

【答】 由主存与外存组成。通过存储器管理部件(MMU)，在外存与主存之间实现从虚拟地址到物理地址的变换。

5-4 假设有一个具有 13 位地址和 8 位字长的存储器，试问：

(1) 存储器能存储多少字节信息？

(2) 如果存储器由 1K×4 位 RAM 芯片组成，共计需要多少芯片？

(3) 需要用哪几个高位地址作为片选译码来产生芯片选择信号？

【答】 (1)8KB。(2)16 片。(3)用 A_{12}、A_{11}、A_{10} 这 3 位地址线做片选译码。

5-5 下列 RAM 芯片各需要多少条地址线进行寻址？需要多少条数据 I/O 线？

(1) 512×4 位　　　　　(2) 1K×4 位

(3) 1K×8 位　　　　　(4) 2K×1 位

(5) 4K×1 位　　　　　(6) 16K×4 位

(7) 64K×1 位　　　　(8) 256K×4 位

【答】 (1)9 条地址线，4 条数据 I/O 线。(2)10 条地址线，4 条数据 I/O 线。(3)10 条地址线，8 条数据 I/O 线。(4)11 条地址线，1 条数据 I/O 线。(5)12 条地址线，1 条数据 I/O 线。(6)14 条地址线，4 条数据 I/O 线。(7)16 条地址线，1 条数据 I/O 线。(8)18 条地址线，4 条数据 I/O 线。

5-6 分别用 1024×4 位和 4K×2 位芯片构成 64KB 的随机存取存储器，各需多少片？

【答】 128 片和 64 片。

5-7 在有 16 根地址总线的微机系统中,若采用 2K×8 位存储器芯片,形成 16KB 存储器,试设计出存储器片选的译码电路以及 CPU 与存储芯片的连接电路。

【答】 连接电路如习题图 5-1 所示。

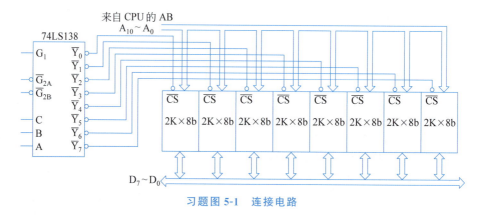

习题图 5-1 连接电路

5-8 何谓静态存储器?何谓动态存储器?试比较两者的不同点。

【答】 静态存储器是由 MOS 管组成的 RS 触发器作为基本存储电路来存储信息的;而动态存储器是以 MOS 管栅极电容 C_g 是否充有电荷来存储信息的。

静态存储器尽管集成度低,但静态基本存储电路工作稳定,也不需要刷新,外围控制电路简单;动态存储器集成度较高,成本较低,存取速度快,并需要定时刷新,外围控制电路复杂。

5-9 使用下列 RAM 芯片,组成所需的存储容量,各需多少 RAM 芯片?各需多少 RAM 芯片组?共需多少寻址线?每块芯片需多少寻址线?

(1) 512×2 位的芯片,组成 8KB 的存储容量。

(2) 1K×4 位的芯片,组成 64KB 的存储容量。

【答】 (1)64 片,16 组,13,9。(2)128 片,64 组,16,10。

5-10 在 8086 微机系统中,存储器的高低位库与 CPU 连接时应该注意什么问题?

【答】 在 8086 微机系统中,由于存储器是按奇偶(即高低位库)分体的,故 8086 CPU 的低 8 位数据线 $D_7 \sim D_0$ 与存储器偶地址组的高 8 位数据线相连,用 A_0 参与片选译码;CPU 的高 8 位数据线 $D_{15} \sim D_8$ 与存储器奇地址组的 8 位数据线相连,用 $\overline{BHE}$ 参与片选译码。

5-11 简述存储器的读周期和写周期的区别。

【答】 主要区别在于读有效信号与写有效信号出现的时序不同,数据总线上数据传送的源和目的也不同。对存储器读周期,是在地址线和片选控线稳定之后被读出的数据才出现在数据总线上,数据的源为存储器,目的为寄存器;而对存储器写周期,则是往存储器某单元内写入新的信息,故在所有选通控制信号有效之前,数据线上应有待写的稳定数据,数据源为 CPU 内寄存器。

习题图 5-2 SRAM 芯片的部分引脚

5-12 已知某 SRAM 芯片的部分引脚如习题图 5-2 所示,

要求用该芯片构成 A0000H～ABFFFH 寻址空间的内存。

(1) 应选几片芯片？

(2) 给出各芯片的地址分配表。

(3) 画出采用 74LS138 译码器时,它与存储器芯片之间的连接电路图。

【答】(1) 存储容量为 ABFFFH－A0000H＋1＝C000H＝48KB。每片芯片容量为 $2^{14}B=16KB$,故应选 3 片。

(2) $0^{\#}$：A0000H～A3FFFH；$1^{\#}$：A4000H～A7FFFH；$2^{\#}$：A8000H～ABFFFH。

地址分配表如习题表 5-1 所示。

习题表 5-1 SRAM 地址分配表

芯片	A_{19}	A_{18}	A_{17}	A_{16}	A_{15}	A_{14}	A_{13}	A_{12}	A_{11}	A_{10}	A_9	A_8	A_7	A_6	A_5	A_4	A_3	A_2	A_1	A_0
$0^{\#}$	1	0	1	0	0	0	0 1	0 1	0 1	0 1	0 1	0 1	0 1	0 1	0 1	0 1	0 1	0 1	0 1	0 1
$1^{\#}$	1	0	1	0	0	1	0 1	0 1	0 1	0 1	0 1	0 1	0 1	0 1	0 1	0 1	0 1	0 1	0 1	0 1
$2^{\#}$	1	0	1	0	1	0	0 1	0 1	0 1	0 1	0 1	0 1	0 1	0 1	0 1	0 1	0 1	0 1	0 1	0 1

(3) SRAM 与 74LS138 译码器电路连接图如习题图 5-3 所示。

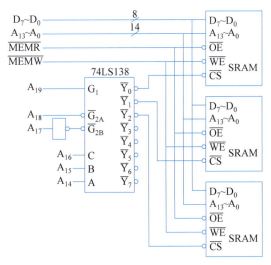

习题图 5-3 SRAM 与 74LS138 译码器电路连接图

5-13 已知某 RAM 芯片的容量为 $4K×4$ 位,该芯片有数据线 $D_3～D_0$、地址线 $A_{11}～A_0$、读写控制线 $\overline{WE}$ 和片选信号线 $\overline{CS}$。

(1) 若用这种 RAM 芯片构成 0000H～1FFFH 与 6000H～7000H（RAM1 与 RAM2）两个寻址空间的内存区,那么需要几块这种 RAM 芯片？共分几个芯片组？该 RAM 芯片有几根地址线？有几根数据线？

(2) 设 CPU 现有 20 根地址线,8 根数据线,将这些芯片与 74LS138 译码器连接,试画出其 RAM 扩展连接图。

【答】 (1) RAM1 存储空间范围为 0000H～1FFFH,即 8KB,需 4 片 4K×4 位 RAM 芯片。RAM2 存储空间范围为 6000H～7000H,即 4KB,需 2 片 4K×4 位 RAM 芯片。

共需 6 块这种 RAM 芯片。每 2 片为一组,共分为 3 个芯片组。该 RAM 芯片有 12 根地址线,4 根数据线。

(2) 其 RAM 扩展连接图如习题图 5-4 所示。

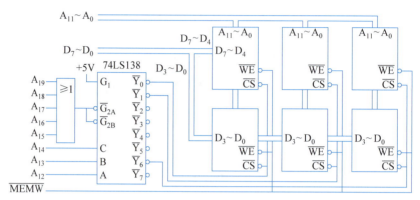

习题图 5-4　存储器扩展连接图

5-14 什么是存储器的分层结构？并简要说明其特点。

【答】 计算机系统都有一个分层结构的存储子系统。最靠近处理器的一层是处理器内部的寄存器,接着是多级的 cache 高速缓存(L_1、L_2、L_3),再往下是主存储器,它常由动态随机存取存储器(DRAM)构成,这些是系统内部的存储器;存储层次中的外部存储器,有硬盘和光盘等。

采用由多级存储器组成的存储体系,可以把几种存储技术结合起来,较好地解决存储器大容量、高速度和低成本这三者之间的矛盾,满足计算机系统的应用需要。

第 6 章 习题 6

6-1 使 iAPX86/88 系列微机性能获得横向提升的协处理器有哪些？简述它们的基本功能。

【答】 使 iAPX86/88 系列微机性能获得横向提升的几个主要协处理器有 8087、8089、80130。

8087 是一种专门为提高系统处理数值数据运算能力而设计的协处理器（numeric data processor，NDP）。它不仅能实现多种数据类型的高精度数值运算，还可以进行一些超越函数的计算。

8089 是一种专门为提高系统输入输出处理功能而设计的协处理器（input/output processor，IOP）。它可方便地将 8086/8088 CPU 与 8/16 位的外部设备连接起来相互通信；由于它具有自己的指令系统，能执行程序，除了可完成输入输出操作外，还可对传送的数据进行装配、拆卸、变换、校验或比较等多种功能，从而可大大减轻 CPU 在输入输出处理过程中的开销，有效地提高系统的性能。

80130 是以固件形式为用户提供的一个定义完好并已调试的多任务操作系统原型，为 iAPX86/88 系统的实时多任务系统的实现提供了一个方便的硬件平台。当 80130 与 8086/8088 CPU 配接后，就构成了一个完整的操作系统处理机（operation system processor，OSP）。

6-2 80387 的内部体系结构由哪两个基本部分组成？它们使用什么内部数据和数据格式？

【答】 80387 的内部体系结构由两个基本部分组成：一个是总线控制逻辑部件，可把它当成 80387 的专用总线控制器用；另一个是 80387 的核心部件，用它来完成各种运算。这两部分之间使用 10 字节深度的先进先出栈 FIFO，允许 80386 用尽可能少的等待状态去处理读/写（1 为写，0 为读）。在伪同步方式下操作，执行部件与总线接口则以异步方式运行。

80387 使用 80 位的内部结构，实现了 IEEE 浮点格式。其中包括 32 位单精度实型数、64 位双精度实型数、80 位的扩展实型数、16 位字整型数、32 位短整型数、64 位长整型数和 18 位 BCD 整数 7 种数据类型的运算。

6-3 80387 的内部寄存器组是如何组成的，它们的主要功能是什么？

【答】 80387 的内部寄存器组，包括 8 个 80 位的堆栈寄存器（$R_0 \sim R_7$）组成运算寄存器,1 个 16 位的状态寄存器,1 个 16 位的控制寄存器,1 个 16 位的标记字寄存器,1 个 48 位的指令指示寄存器和 1 个 48 位的数据指示寄存器。

其中,8 个堆栈寄存器用于存放进行运算的数据,它们和进出一般存储器堆栈的数据按同样的方式操作。状态寄存器中的 TOP 字段(位 11~位 13)指示现在的堆栈寄存器的栈顶是哪个寄存器,同时,在进行运算时,还把 TOP 字段指示的堆栈寄存器用作累加器,用于暂存运算的中间结果;控制寄存器用于控制 80387 运算,决定运算出错处理、运算的精度、数据的舍入,以及无限大的处理方法等。

6-4 80486 的浮点部件与 80386 的浮点部件 80387 比较有何特点?

【答】 80386 CPU 的浮点部件 80387 是采用外部分离的协处理器部件,但在制造和使用方面都有一些不足。从 80486 CPU 开始,将具有 80387 功能的类似协处理器部件集成到 CPU 模块内部,形成 80486 CPU 内部的浮点运算单元(FPU)。它具有强大的浮点处理能力,适用于处理三维图像。

6-5 Pentium 的浮点部件在设计上有何特点?

【答】 Pentium 的浮点部件是在 80486 浮点部件的基础上重新设计而成的。在 Pentium 及其之后的微处理器,都像 80486 一样继续把浮点部件与整数部件、分段部件、分页部件等集成到同一芯片之内,而且执行流水线操作方式。为了充分发挥浮点部件的运算功能,把整个浮点部件设计成每个时钟周期都能够进行一次浮点操作,利用 Pentium CPU 的 U、V 双流水线,使其在每个时钟周期可以接受两条浮点指令,但其中的一条浮点指令必须是交换类的指令。

从程序设计模型的观点来说,可以把 Pentium 微处理器片内的浮点部件 FPU 看成一组辅助寄存器,只不过是数据类型的扩展;还可以把浮点部件的指令系统看作 Pentium 微处理器指令系统的一个子集。

6-6 Pentium 体系结构中的浮点流水线有多少级?它们是如何组成的?

【答】 Pentium 体系结构中的浮点流水线有 8 级。其前 5 级与整数流水线一样,包括:预取 PF;首次译码 D1(对指令译码);二次译码 D2(生成地址和操作数);存储器和寄存器的读操作 EX(由 ALU 执行指令);WB(将结果写回到寄存器或存储单元中)。只是在第 5 级 WB 重叠了用于浮点执行开始步骤的 X1 级(浮点执行步骤 1,它是将外部存储器数据格式转换成内部浮点数据格式,并且还要把操作数写到浮点寄存器上),此级也称为 WB/X1 级;而后 3 级是:二次执行 X2(浮点执行步骤 2);写浮点数 WF(完成舍入操作),并把计算后的浮点结果写到浮点寄存器(此时可进行旁路 2 操作);出错报告 ER(报告出现的错误/更新状态字的状态)。

6-7 Pentium 的浮点流水线当执行一条浮点指令时,是从哪一级开始将浮点数据变换成浮点部件能使用的格式?浮点指令在哪一级进行处理操作和报告出错信息?

【答】 Pentium 浮点流水线在执行一条浮点指令时,是从 X1 级开始就将浮点数据先变换成浮点部件使用的格式,并将变换结果写入某个寄存器中。然后,再将浮点指令送入 X2 级进行处理,在 WF 级将对浮点数据进行四舍五入操作。最后,在 ER 级报告浮点操作是否有出错信息,并修改状态标志。

第 7 章 习题 7

7-1 CPU 与外设的连接为什么要通过 I/O 接口才能挂到总线上？

【答】 CPU 与外设的连接不能像存储器那样直接挂到总线(DB、AB、CB)上，而必须通过各自的专用接口电路(或接口芯片)实现，这些接口电路简称 I/O 接口。I/O 接口由于其连接的外设品种繁多，功能各异，其相应的接口电路也就比较复杂。

7-2 接口电路的基本结构有哪些特点？

【答】 接口电路根据传送不同信息的需要，其基本结构有如下特点。

(1) 对 3 种不同性质的信息(数据、状态、控制)，应通过不同的端口分别传送。

(2) 在用输入输出指令来寻址外设(实际寻址端口)的 CPU(如 8086/8088)中，外设的状态作为一种输入数据，而 CPU 的控制命令作为一种输出数据，从而可通过数据总线来分别传送。

(3) 端口地址由 CPU 地址总线的低 8 位或低 16 位(如在 8086 用 DX 间接寻址外设端口时)地址信息确定，CPU 根据 I/O 指令提供的端口地址来寻址端口，然后同外设交换信息。

7-3 CPU 与外设交换数据的传送方式可分为哪几种？简要说明它们各自的特点。

【答】 CPU 与外设之间的数据传送方式通常可分为程序传送、中断传送、直接存储器存取(DMA)传送。

程序传送也称为程序查询式 I/O 传送方式。它能较好地协调外设与 CPU 之间定时的差别，而且程序和接口电路比较简单。其主要缺点是 CPU 必须主动地进行程序等待循环，不断测试外设的状态，直至外设为交换数据准备就绪时为止。这种循环等待方式很花费时间，大大降低了 CPU 的运行效率。

中断传送方式的 I/O 操作与查询方式的不同，它总是先由外设主动请求中断，再由 CPU 通过响应外设发出的中断请求来实现。中断传送方式的好处是既能大大提高 CPU 的工作效率，又能对突发事件做出实时处理，I/O 响应速度很快。其缺点是需要一系列中断逻辑电路的支持，中断程序设计和调试也比较复杂。

DMA 方式又称数据通道方式，是一种由专门的硬件电路执行 I/O 交换的传送方式，它让外设接口可直接与内存进行高速的数据传送，而不必经过 CPU，这样就不必像处理中断那样进行保护现场之类的额外操作，可实现对存储器的直接存取。适用于高速外设及成组交换数据的场合。

7-4 在 CPU 与外设之间的数据接口上一般加有三态缓冲器,其作用是什么?

【答】 一般在输入接口中要加有三态缓冲器,只有当 CPU 选通时,才允许某个被选通的输入设备将数据传送到数据总线,而其他输入设备此时与数据总线隔离。此外,对于简单外设来说,由于其输入数据的保持时间比 CPU 的接收速度要长,故输入数据通常不用加锁存器来锁存,而直接用三态缓冲器与 CPU 的数据总线相连即可。

7-5 何谓中断?何谓中断源?有哪些中断源?

【答】 所谓中断,就是使 CPU 暂停运行原来的程序,而应更为急迫事件的需要转向去执行为中断源服务的程序(称为中断服务程序),待该程序处理完后,再返回运行原程序。

何谓中断源,就是能引起 CPU 中断的事件或原因,或者能向 CPU 发出中断申请的外部设备。

中断源可分为外部中断源和内部中断源两类。

(1) 外部中断源是指由 CPU 的外部事件引发的中断,主要包括:①一般中、慢速外设,如键盘、打印机、鼠标等;②数据通道,如磁盘、数据采集装置、网络等;③实时时钟,如定时器定时已到,发中断申请;④故障源,如电源掉电、外设故障、存储器读出出错,以及越限报警等事件。

(2) 内部中断源是指由 CPU 的内部事件(异常)引发的中断,主要包括:①由 CPU 执行中断指令 INT n 引起的中断;②由 CPU 的某些运算错误引起的中断,如除数为 0 或商数超过了寄存器所能表达的范围、溢出等;③为调试程序设置的中断,如单步中断、断点中断;④由特殊操作引起的异常,如存储器越限、缺页等。

7-6 何谓中断系统?中断系统有哪些功能?微机的中断技术有什么优点?

【答】 中断系统是指为实现中断而设置的各种硬件与软件,包括中断控制逻辑及相应管理中断的指令。

中断系统具有下列功能。

(1) 能响应中断、处理中断与从中断返回。

(2) 能实现优先权排队。

(3) 高级中断源能中断低级的中断处理。

中断技术除了能解决快速 CPU 与中、慢速外设速度不匹配的矛盾以提高主机的工作效率之外,在实现分时操作、实时处理、故障处理、多机连接以及人机联系等方面均有广泛的应用。

7-7 CPU 响应中断有哪些条件?为什么需要这些条件?

【答】 当中断源向 CPU 发出 INTR 信号后,CPU 若要响应它,应满足的条件是:①CPU 开放中断;②CPU 在现行指令结束后响应中断。

设置这两个条件,可以增加 CPU 处理中断请求的灵活性。

7-8 CPU 在中断周期要完成哪些主要的操作?

【答】 CPU 在中断周期要完成下列几步操作:①关中断;②保留断点;③保护现场;④给出中断入口(地址),转入相应的中断服务程序;⑤恢复现场;⑥开中断与返回。

7-9 在 I/O 控制方式中,中断和 DMA 有何主要异同点?

【答】 两者都是由外设主动提出申请的。但是,中断方式仍需要通过程序传送数据,并在处理的过程中还要"保护现场"和"恢复现场";而 DMA 方式可以让外设与内存直接交换数据,不必经过 CPU,所以处理速度更快,实时性更强。

7-10 向量中断与中断向量在概念上有何区别?中断向量和中断入口地址又有何区别?

【答】 向量中断是指通过中断向量进入中断服务程序的一种方法;而中断向量则是用来提供中断入口地址的一个地址指针(即 CS:IP)。

中断入口地址是指中断程序的实际地址,即段地址左移 4 位加偏移所得的和。

7-11 什么是中断向量表?在 8086/8088 的中断向量表中有多少个不同的中断向量?若已知中断类型号,试举例说明如何在中断向量表中查找中断向量。

【答】 中断向量表也称为中断入口地址表,用它来指出中断服务程序的入口地址。在 8086/8088 的中断向量表中有 256 个不同的中断向量。

每个中断向量具有一个相应的中断类型号,由中断类型号确定在中断向量表中的中断向量。中断类型号乘以 4,将给出中断向量表中的中断向量入口第一字节的物理地址。例如,若中断类型号为 8,则这个向量的第一字节的地址为:

$$类型号\ 8 \times 4 = 32 = 00100000B = 20H$$

若中断类型 8 中,安排的 CS=1000H,IP=0200H,则它们形成的服务程序的入口地址为 10200H。CPU 一旦响应中断类型 8,则将转去执行从地址 10200H 开始的类型号为 8 的中断服务程序。

7-12 试比较主程序与中断服务程序和主程序调用子程序的主要异同点。

【答】 两者都是从主程序处转而执行其他程序,都要保护断点。但是,中断服务程序还需要将 IF 压入堆栈,并用 IRET 返回;而主程序调用子程序则用 RET 返回。

7-13 试比较保护断点与保护现场的主要异同点。

【答】 保护断点是将 IP、CS 的值压入堆栈,而保护现场是将断点处的有关寄存器的内容和标志位的状态压栈保护起来。

7-14 对 8086/8088 CPU 的 NMI 引脚上的中断请求应当如何处理?

【答】 当 8086/8088 CPU 的 NMI 引脚上出现一上升沿的边沿触发有效请求信号时,它将由 CPU 内部的锁存器将其锁存起来。8086/8088 要求 NMI 上的请求脉冲的有效宽度(高电平的持续时间)大于两个时钟周期。一旦此中断请求信号产生,不管标志位 IF 的状态如何,即使在关中断(IF=0)的情况下,CPU 也能响应它。

7-15 若 8086 从 8259A 中断控制器中读取的中断类型号为 76H,其中断向量在中断向量表中的地址指针是什么?

【答】 地址指针是 76H×4=01D8H。

7-16 简述 8086 中断系统响应可屏蔽中断的全过程。

【答】 中断系统响应可屏蔽中断的全过程的步骤如下:

①中断申请;②中断响应;③读取中断类型号;④保护断点;⑤清除 IF 与 TF 标志;⑥读取中断向量;⑦转入中断服务程序;⑧开中断;⑨从堆栈中弹出断点值;⑩返回到中断程序。

7-17 8086/8088 响应可屏蔽中断的主要操作有哪些？

【答】 主要操作包括读取中断类型号、保护断点、转入中断服务程序、开中断与返回。

7-18 假设某中断程序入口地址为 21378H，放置在中断向量表中的位置为 00020H，那么此中断向量号为多少？入口地址在向量表中如何放置？

【答】 中断向量号为 08H。

入口地址在 00020H 开始的 4 个单元中的存放顺序是 78H、03H、00H、21H(CS：IP 不唯一)。

7-19 已知 8086/8088 的非屏蔽中断(NMI)服务程序的入口地址标号为 NMITS，试编程将入口地址填写到中断向量表中。

【答】

```
CLI
MOV     DI,02H*4
CLD
XOR     AX,AX
MOV     ES,AX
MOV     AX,OFFSET NMITS
STOSW
MOV     AX,SEG NMITS
STOSW
STI
HLT
```

7-20 8259A 中断控制器的主要功能是什么？

【答】 8259A 中断控制器的主要功能是在有多个中断源的系统中，协助实现对外部中断请求的管理，对它们进行优先权排队后，选中当前优先权最高的中断请求，向 CPU 发出中断请求信号，还能实现中断嵌套。

7-21 试说明 8259A 中断控制器的全嵌套方式与特殊的全嵌套方式的区别。它们在应用上有什么不同？

【答】 全嵌套方式与特殊的全嵌套方式基本相同，唯一的区别是在全嵌套方式中，中断请求按优先级 0～7 处理，只有更高级的中断请求到来时才能嵌套，当同级中断请求到来时不予响应。但特殊的全嵌套方式不同，它在处理某种中断时，允许响应或嵌套同级的中断请求。

特殊的全嵌套方式用于多个 8259A 级联系统，在这种情况下，对主片 8259A 编程使用特殊的全嵌套方式，对从片 8259A 编程时让其处于优先级方式。全嵌套方式是最常用的工作方式，8259A 初始化后没有设置其他优先级时就按全嵌套方式工作。

7-22 8259A 中断屏蔽寄存器(IMR)和 8086/8088 CPU 的中断允许标志(IF)有什么差别？在中断响应过程中它们如何配合工作？

【答】 中断屏蔽寄存器(IMR)可以屏蔽与之对应的 IRR 中相应的请求不能进入系统的下一级优先判别器去判优，而当 8259A 向 CPU 的 INT 引脚提出中断请求时，可以通过 IF 标志将该中断请求屏蔽，它们直接屏蔽的对象不同。

在中断响应过程中，首先由外设向 8259A 提出中断请求，当 IMR 置 0 时，该中断请求进入系统的下一级优先判别器判优,如果其优先级最高,就可以由8259A向CPU的INT引脚提出中断请求,只要这时IF＝1,则CPU就可以响应8259A提出的中断请求。

7-23 当用8259A中断控制器时,其中断服务程序为什么要用EOI命令来结束中断服务?

【答】 当8259A执行中断服务程序时,为保护现场不被破坏,必须用EOI命令来结束中断服务。

7-24 简述8259A中断控制器的中断请求寄存器(IRR)和中断服务寄存器(ISR)的功能。

【答】 中断请求寄存器是一个8位寄存器,用于接收外部中断请求。IRR有8位,分别与引脚$IR_0 \sim IR_7$相对应。当某一个IR_i端接收中断请求信号呈现高电平时,则IRR的相应位将被置1;显然,若最多有8个中断请求信号同时进入$IR_0 \sim IR_7$端,则IRR将全置为1。至于被置1的请求能否进入IRR的下一级判优电路,还取决于控制IRR的中断屏蔽寄存器IMR中相应位是否清0。

中断服务寄存器是一个8位寄存器,用来存放或记录正在服务中的所有中断请求信号。当某一级中断请求被响应,CPU正在执行中断服务程序时,则ISR中相应的位将被置1,并将一直保持到该级中断处理过程结束为止。在多重中断时,ISR中可能有多位同时被置1。

7-25 某80x86系统中,若8259A处于单片、全嵌套工作方式,并且采用非特殊屏蔽和非特殊结束方式,中断请求采用边沿触发,IR_0的中断类型码为60H,试编写8259A的初始化程序。设8259A的端口地址为93H、94H。

【答】 初始化程序如下。

```
MOV AL,13H
OUT 94H,AL        ;ICW₁
MOV AL,60H
OUT 93H,AL        ;ICW₂
MOV AL,01H
OUT 93H,AL        ;ICW₄
```

7-26 怎样用8259A的屏蔽命令字禁止IR_2和IR_4引脚上的中断请求?又怎样撤销这一禁止命令?设8259A的端口地址为53H、54H。

【答】 从8259A的奇地址端口(53H)进行设置来禁止IR_2和IR_4引脚上的中断请求。程序如下。

```
IN AL,53H
OR AL,14H
OUT 53H,AL
```

撤销这一禁令的程序如下。

```
IN AL,53H
AND AL,0EBH
OUT 53H,AL
```

7-27 单片 8259A 能够管理多少级可屏蔽中断？若用 3 片级联,则能管理多少级可屏蔽中断？

【答】 单片 8259A 能够管理 8 级可屏蔽中断。

若用 3 片级联能管理 22 级可屏蔽中断。

7-28 一个 8259A 主片,连接两个 8259A 从片,从片分别经主片的 IR_2 及 IR_5 引脚接入,系统中优先排列次序如何？

【答】 优先次序由左至右：

主片 IR_0、IR_1

  从片 IR_0、IR_1、IR_2、IR_3、IR_4、IR_5、IR_6、IR_7

    主片 IR_3、IR_4

      从片 IR_0、IR_1、IR_2、IR_3、IR_4、IR_5、IR_6、IR_7

        主片 IR_6、IR_7

7-29 当中断控制器 8259A 的 A_0 接向地址总线 A_1 时,如果其中一个口地址为 62H,那么另一个口地址为多少？若某外设的中断类型码是 56H,则该中断源应加到 8259A 中的中断请求寄存器 IRR 的哪个输入端？

【答】 60H；IR_6。

第 8 章 习题 8

8-1 按照接口电路和设备的复杂程度，I/O 接口的硬件可分为哪几类？试举例说明。

【答】 按照接口电路和设备的复杂程度，I/O 接口的硬件主要分为两大类：一类是 I/O 接口芯片，它们大都是集成电路，通过 CPU 输入不同的命令和参数，并控制相关 I/O 电路和简单的外设作相应的操作，常见的接口芯片如定时/计数器、中断控制器、DMA 控制器、并行接口、串行接口等。另一类是 I/O 接口控制卡，它们通常由若干集成电路按一定的逻辑组成一个部件，或者直接与 CPU 同在主板上，或是一个插件插在系统总线插槽上，如声卡、显卡等。

8-2 接口的主要功能有哪些？一般靠什么实现功能转换？

【答】 接口的主要功能有缓冲锁存数据、地址译码、传送命令、码制转换、电平转换等。除此之外，还有定时、中断和中断管理、时序控制等。

一般接口电路都是可以编程控制的，能根据 CPU 的命令进行功能变换。

8-3 可编程计数器/定时器 8253 有哪几种工作方式？试简述其工作原理。

【答】 可编程计数器与定时器 8253 有 6 种工作方式：①方式 0 为计数结束产生中断；②方式 1 为可编程单稳触发器；③方式 2 为分频器；④方式 3 为方波频率发生器；⑤方式 4 为软件触发选通脉冲；⑥方式 5 为硬件触发选通脉冲。

计数结束产生中断：当 CLK 端输入计数脉冲时，计数器能进行减 1 计数，减为 0 时，OUT 端可输出高电平。可利用此高电平向 CPU 发中断请求，以实现定时中断处理。

可编程单稳触发器：当计数器工作时，利用 GATE 端输入的上升沿脉冲使 OUT 端开始变低电平，并开始进行减 1 计数，若减至 0，OUT 端变高电平，形成一个单稳负脉冲，可利用此负脉冲作为某一电子应用电路的启动信号。

分频器：利用计数器的减 1 计数功能在 OUT 输出端产生一个其正、负脉冲宽度分别为 $(n-1)$ 与 1 个输入脉冲时钟周期的分频脉冲信号。

方波频率发生器：利用计数器的减 1 计数功能在 OUT 端产生一个对称或基本对称的方波信号。可作为方波频率发生器使用。

软件触发选通脉冲是利用写入计数初值这个软件操作来触发计数器工作的。

硬件触发选通脉冲是利用 GATE 端输入信号来触发的。

8-4 可编程计数器/定时器 8253 选用二进制与十进制计数的区别是什么？每种计数方式的最大计数值分别为多少？

【答】（1）区别是范围不同,二进制是 0000H～FFFFH,十进制是 0000～9999。

（2）选用二进制计数方式的最大计数值为 65 536；选用十进制计数方式的最大计数值为 10 000。

8-5 如已有一个频率发生器,其频率为 1MHz,如果要求通过 8253 芯片产生每秒一次的信号,那么 8253 芯片应如何连接？假设控制口的地址为 203H,试编写初始化程序。

【答】（1）由于 1MHz＝10^6Hz＞65 536Hz,故应采用两次分频产生 1Hz 的信号,这里先进行 10^4 分频,再进行 100 分频。

（2）如果使用计数器 0 和计数器 1,可将 OUT_0 接到 CLK_1 端,经过两次分频,OUT_1 输出的就是要求的信号。

（3）假设控制口的地址为 203H,初始化程序如下。

```
MOV DX,203H
MOV AL,36H
OUT DX,AL
MOV AL,10H
MOV DX,200H
OUT DX,AL
MOV AL,27H
OUT DX,AL
MOV AL,56H
MOV DX,203H
OUT DX,AL
MOV AL,64H
MOV DX,201H
OUT DX,AL
```

8-6 在某微机系统中,8253 的 3 个计数器的端口地址分别为 60H、61H 和 62H,控制字寄存器的端口地址为 63H,要求 8253 的通道 0 工作于方式 3,并已知对它写入的计数初值 n＝1234H,试编写初始化程序。

【答】

```
MOV AL,00110111B
MOV DX,63H
OUT DX,AL
MOV AL,34H
MOV DX,60H
OUT DX,AL
MOV AL,12H
OUT DX,AL
```

8-7 假定有一片 8253 接在系统中,其端口地址分配为：0♯计数器为 220H,1♯计数器为 221H,2♯计数器为 222H,而控制口为 223H。

（1）利用 0♯计数器高 8 位计数,计数值为 256,二进制方式,选用方式 3 工作,试编写初始化程序。

(2) 利用 1♯计数器高、低 8 位计数,计数值为 1000,BCD 计数,选用方式 2 工作,试编写初始化程序。

【答】

(1)

```
MOV AL,00100110B
MOV DX,223H
OUT DX,AL
MOV AL,00H
MOV DX,220H
OUT DX,AL
```

(2)

```
MOV AL,01110101B
MOV DX,223H
OUT DX,AL
MOV AL,00H
MOV DX,221H
OUT DX,AL
MOV AL,10H
OUT DX,AL
```

8-8 在某个 8086 微机系统中使用了一块 8253 芯片,所用的时钟频率为 1MHz,其中端口地址分配如下:0♯计数器为 220H,1♯计数器为 221H,2♯计数器为 222H,而控制口为 223H。

(1) 要求通道 0 工作于方式 3,输出频率为 2kHz 的方波,试编写初始化程序。

(2) 要求通道 2 用硬件方式触发,输出单脉冲,时间常数为 26,试编写初始化程序。

【答】

(1)

```
MOV DX,223H
MOV AL,00110111B
OUT DX,AL
MOV DX,220H
MOV AL,00H
OUT DX,AL
MOV AL,05H
OUT DX,AL
```

(2)

```
MOV DX,223H
MOV AL,10011011B
OUT DX,AL
MOV DX,222H
MOV AL,26H
OUT DX,AL
```

8-9 设计数器/定时器 8253 在微机系统中的端口地址分配为：0♯计数器为 340H，1♯计数器为 341H，2♯计数器为 342H，而控制口为 343H。

设已有信号源频率为 1MHz，现要求用一片 8253 定时 1 秒，试编写初始化程序。

【答】

```
MOV AL,36H
MOV DX,343H
OUT DX,AL
MOV AL,10H
MOV DX,340H
OUT DX,AL
MOV AL,27H
OUT DX,AL
MOV AL,52H
MOV DX,343H
OUT DX,AL
MOV AL,64H
MOV DX,341H
OUT DX,AL
MOV AL,10H
OUT DX,AL
```

8-10 试说明 8255A 的 A 口、B 口和 C 口一般在使用上有什么区别。

【答】 A 口可选择方式 0、方式 1 和方式 2，B 口只能选择方式 0 和方式 1，而 C 口则只能用方式 0 工作。当 A 口和 B 口选择方式 0 与方式 1 时，C 口通常都是配合 A 口或 B 口工作，作为 A 口、B 口与外设联络用的输出控制信号或输入状态信号，而 C 口的其余各位仍用方式 0 工作。

8-11 当 8255A 的 $PC_4 \sim PC_7$ 全部为输出线时，这时 8255A 的 A 口是什么工作方式？

【答】 A 口工作在方式 1 或方式 2 时，均要使用 $PC_4 \sim PC_7$ 中部分或全部信号线作为固定的应答信号线和中断请求线。$PC_4 \sim PC_7$ 全部作为输出线，说明 A 口工作时无固定的应答控制线，所以 A 口只能工作在方式 0。

8-12 当 8255A 工作于方式 1 时，CPU 如何以中断方式将输入设备的数据读入？

【答】 当外设准备好送至 8255A 的端口数据时，向 8255A 发选通信号$\overline{STB}$；8255A 利用该信号把端口数据锁存至锁存器，并使 IBF 变为高电平送给外设，表示数据已经锁存但未被读走。同时，在 INTE 允许中断状态下，IBF 也使 INTR 变为高电平，向 CPU 发中断请求，CPU 接受中断请求后，在中断服务程序中，执行一条读端口指令，将锁存器中的数据读走，并在 $\overline{RD}$ 信号的下降沿使 INTR 复位，上升沿使 IBF 复位，准备下一个数据的输入。

8-13 比较 8255A 三种工作方式的应用场合有何区别。

【答】 方式 0 适用于同步传送或查询传送方式；方式 1 适用于外设能提供选通信号或数据接收信号的场合，且采用中断传送方式比较方便；方式 2 适用于一个并行外设既可以作为输入设备，又可以作为输出设备，并且输入和输出不会同时进行的场合。

8-14 8255A 在复位(RESET)有效后，各端口均处于什么状态？为什么这样设计？

【答】 8255A 复位后，其内部控制逻辑电路中的控制寄存器和状态寄存器等都被清除，3 个 I/O 端口均被置为输入方式；并且屏蔽中断请求，24 条连接外设的信号线呈现高阻悬浮状态。这种势态，将一直维持到 8255A 接收方式选择控制命令时才能改变，使其进入用户所设定的工作方式。这样设计可以避免前面操作后寄存器中的内容以及引脚信号不至于影响后面操作的结果。

8-15 在一个微机系统中，用 8255A 芯片作为数据传送接口，并规定使用 I/O 地址的最低两位作为芯片内部寻址，已知芯片 A 口地址为 0A4H，当 CPU 执行输出指令访问 0A7H 端口时，CPU 将执行什么操作？

【答】 CPU 将控制字送控制寄存器。

8-16 如果需要 8255A 的 PC_3 输出连续方波，如何用 C 口的置位与复位控制命令字编程实现？

【答】

```
L:  MOV DX,203H
    MOV AL,06H
    OUT DX,AL
    (延时程序)
    MOV DX,203H
    MOV AL,07H
    OUT DX,AL
    (延时程序)
    JMP L
```

8-17 假定 8255A 的端口地址为 0040H～0043H，试编写下列情况的初始化程序：A 组设置为方式 1，且端口 A 作为输入，PC_5 和 PC_6 作为输出；B 组设置为方式 1，且端口 B 作为输入。

【答】

```
MOV DX,0043H
MOV AL,10110111B
OUT DX,AL
```

8-18 编写一个初始化程序，使 8255A 的 PC_7 端输出一个负跳变。如果要求从 PC_5 端输入一个负脉冲，那么初始化程序应该进行哪些修改？

【答】

```
MOV AL,0BH
MOV DX,控制口地址
OUT DX,AL
MOV AL,0AH
OUT DX,AL
```

输出负脉冲时，需增加以下两条语句：

```
MOV AL,0BH
OUT DX,AL
```

8-19 设 8250 串行接口芯片外部的时钟频率为 1.8432MHz。

（1）8250 工作的波特率为 19 200，计算出波特因子的高 8 位、低 8 位分别是多少？

（2）设线路控制寄存器高 8 位、低 8 位波特因子寄存器的端口地址分别为 3FBH、3F8H，试编写初始化波特因子的程序段。

【答】

（1）波特因子为：$1.8432 \times 10^6 / (16 \times 19200) = 06H$，低位写入 06H，高位写入 00H。

（2）初始化波特因子的程序段如下。

```
MOV DX,3FBH
MOV AL,80H
OUT DX,AL
MOV DX,3F8H
MOV AL,06H
OUT DX,AL
INC DX
MOV AL,00H
OUT DX,AL
```

8-20 如何用程序查询方式实现串行通信？在查询式串行通信方式中，8250 引脚 $\overline{OUT_1}$ 和 $\overline{OUT_2}$ 如何设置？

【答】 程序查询方式实现串行通信是指可以通过读线路状态寄存器查相应状态位，来检查接收数据寄存器是否就绪以及发送保持器是否空。在查询式串行通信方式中，8250 引脚 $\overline{OUT_1}$ 和 $\overline{OUT_2}$ 均为 1。

8-21 在串行通信中，设异步传送的波特率为 4800，每个数据占 10 位，传输 2KB 的数据需要多少时间？

【答】　　　　位周期＝1/波特率＝1/4800（秒）

　　　　　　　总码元数＝10×2×1024＝20 480（位）

　　　　　　　所需时间＝位周期×总码元数＝(1/4800)×20 480＝4.27（秒）

8-22 A/D 和 D/A 转换器在微机应用中起什么作用？

【答】 数字电子计算机只能识别与加工处理数字量，而在实际的计算机应用系统中，除了数字量以外，还必然涉及模拟量。若要把模拟量（如生产现场的温度、压力、流量、转速等参数）输入计算机，则必须先通过各种传感器将非电量变换为电量（电压或电流），并且加以放大，使之达到某一标准电压值，然后经过模/数（analog to digit，A/D）转换变为数字量，才能输入计算机进行存储、运算等操作；反之，若计算机的监控对象是模拟量，则必须先把计算机输出的数字量经过数/模（digit to analog，D/A）转换变成电压或电流模拟信号，才能控制模拟量。通常，在一个微型机的应用系统中，可能既需要 A/D 转换又需要 D/A 转换。实现 A/D 或 D/A 转换的部件称为 A/D 或 D/A 转换器。

8-23 ADC 中的转换结束信号（EOC）起什么作用？

【答】 当 ADC 转换完毕时，EOC 为 1，所以 EOC 既可以作为中断信号，也可以作为被查询的状态信号。

8-24 如果 0809 与微机接口采用中断方式，那么 EOC 应如何与微处理器连接？程序又应该进行什么改进？

【答】 可采用直接与 CPU 的 INTR 脚连接或通过 8259A 接 CPU。

设 ADC 0809 的端口号为 PORTAD，则当主程序中的指令 OUT PORTAD, AL 执行后，A/D 转换器开始转换，转换结束时 EOC 发一个高电平为转换结束信号，此信号产生中断请求，CPU 响应中断后，调用中断处理程序，在中断处理程序中用 IN AL, PORTAD 取转换结果。

8-25 DAC 0832 有哪几种工作方式？每种工作方式适用于什么场合？每种方式是用什么方法产生的？

【答】 DAC 0832 有 3 种工作方式。

(1) 直通方式。

当 ILE 接高电平，$\overline{CS}$、$\overline{WR_1}$、$\overline{WR_2}$ 和 $\overline{XFER}$ 都接地时，DAC 处于直通方式，8 位数字量一旦到达数据输入端，就立即加到 8 位 D/A 转换器，被转换成模拟量。有些场合可能要用到这种工作方式。例如，在构成波形发生器时，要把产生的基本的波形数据存在 ROM 中，然后连续取出来送到 DAC 去转换成电压信号，而不需要用任何外部信号，就可以用这种直通方式。

(2) 单缓冲方式。

使输入寄存器或 DAC 寄存器两者之一处于直通，这时，CPU 只需一次写入 DAC 0832 即开始转换，其控制比较简单。

(3) 双缓冲方式（标准方式）。

转换要有两个步骤：当 $\overline{CS}=0$、$\overline{WR_1}=0$、ILE＝1 时，输入寄存器输出随输入而变，$\overline{WR_1}$ 由低电平变高电平时，将数据锁入 8 位数据寄存器；当 $\overline{XFER}=0$、$\overline{WR_2}=0$ 时，DAC 寄存器输出随输入而变，而在 $\overline{WR_2}$ 由低电平变高电平时，将输入寄存器的内容锁入 DAC 寄存器，并实现 D/A 转换。

第 9 章 习题 9

9-1 什么是 USB 接口,它有何特点?

【答】 USB(universal serial bus)是通用串行总线的简称,它是一种新型的串形外设接口标准。

USB 的性能特点是:①通用性强;②连接简便;③数据传输速度较快;④具有自备电源。

9-2 简述扩展总线经历了哪些发展过程。

【答】 扩展总线从 PC 总线到 ISA、PCI 总线,再由 PCI 进入 PCI Express 和 Hyper Transport 体系,共经历了 3 次大变革,使总线实现了 3 次飞跃式的提升。

PCI Express 和 Hyper Transport 开创了一个近乎完美的总线架构。

第3部分

综合训练

综合练习

利用DOS系统功能调用,从键盘输入一串字符,分别统计字母、数字和其他字符的个数,并显示统计结果,编写实现这一功能的汇编源程序。

【解】 程序如下。

```
DATA        SEGMENT
MAXSTRING   DB 100
INACT       DB ?
STRING      DB 100
DISMESS     DB 'PLEASE ENTER A STRING:',0AH,0DH,'$'
DIGITAL     DB 'DIGITAL IS:','$'
LETTER      DB 'LETTER IS:','$'
OTHERCHAR   DB 'OTHER IS:','$'
CRLF        DB 0AH,0DH,'$'
DATA        ENDS
CODE        SEGMENT
            ASSUME CS:CODE,DS:DATA
MAIN        PROC FAR
            MOV AX,DATA
            MOV DS,AX
            MOV BL,0
            MOV BH,0
            MOV CH,0
DISPSTRING  MACRO
            MOV AH,9
            INT 21H
            ENDM
DISPCHAR    MACRO
            MOV AH,2
            INT 21H
            ENDM
            LEA DX,DISMESS
            DISPSTRING
BEGIN:      LEA DX,MAXSTRING
            MOV AH,0AH
            INT 21H
            MOV DL,INACT
            MOV DH,0
```

```
                INC DX
                LEA SI,STRING
REPEAT:         DEC DX
                JZ ENDCHE
                MOV AL,[SI]
                INC SI
                CMP AL,'0'
                JB OTHER
                CMP AL,'9'
                JA NEXT1
                INC BL
                JMP REPEAT
NEXT1:          OR AL,20H
                CMP AL,'a'
                JB OTHER
                CMP AL,'z'
                JA OTHER
                INC BH
                JMP REPEAT
OTHER:          INC CH
                JMP REPEAT
ENDCHE:         LEA DX,DIGITAL
                DISPSTRING
                MOV CL,BL
                CALL DISP
                LEA DX,LETTER
                DISPSTRING
                MOV CL,BH
                CALL DISP
                LEA DX,OTHERCHAR
                DISPSTRING
                MOV CL,CH
                CALL DISP
                MOV AH,4CH
                INT 21H
MAINE           NDP
DISP            PROC NEAR
                MOV AL,CL
                MOV AH,0
                MOV CL,100
                DIV CL
                MOV CL,AH
                MOV DL,AL
                ADD DL,30H
                DISPCHAR
                MOV AL,CL
                MOV AH,0
                MOV CL,10
                DIV CL
                MOV CL,AH
                MOV DL,AL
                ADD DL,30H
```

```
                DISPCHAR
                MOV DL,CL
                ADD DL,30H
                DISPCHAR
                LEA DX,CRLF
                DISPSTRING
                RET
DISP            ENDP
CODE            ENDS
                END MAIN
```

综合练习

把地址偏移量为 100H 单元开始的 256 个单元分别写入数据 00H、01H、02H、03H、…、FFH，并用 DOS 功能调用显示各单元的内容。为了使显示清晰明了，要求每行显示 16 个数据，两个数据之间用空格分开，编写实现这一功能的汇编源程序。

【解】 程序如下。

```
DATA      SEGMENT
          ORG 100H
BUF1      DB 256DUP(?)
COUNT     EQU $-BUF1
DATA      ENDS
CODE      SEGMENT
          ASSUME CS:CODE,DS:DATA
START:    MOV AX,DATA
          MOV DS,AX
          MOV SI,OFFSET BUF1
          MOV CX,COUNT
          PUSH SI
          PUSH CX
          XOR AL,AL
NEXT:     MOV [SI],AL
          INC AL
          INC SI
          LOOP NEXT
          POP CX
          POP SI
ZRBH:     MOV BH,16
NEXT1:    MOV AL,[SI]
          MOV BL,AL
          SHR AL,1
          SHR AL,1
          SHR AL,1
          SHR AL,1
          CMP AL,0AH
          JC JIA30
          ADD AL,7
JIA30:    ADD AL,30H
          CALL DISP
```

```
                MOV AL,BL
                AND AL,0FH
                CMP AL,0AH
                JC JIA30A
                ADD AL,7
JIA30A:         ADD AL,30H
                CALL DISP
                MOV AL,20H
                CALL DISP
                INC SI
                LOOP NEXT2
                JMPSTOP
NEXT2:          DECBH
                JNZ NEXT1
                MOV AL,0AH
                CALL DISP
                MOV AL,0DH
                CALL DISP
                JMP ZRBH
DISP            PROC NEAR
                MOV DL,AL
                MOV AH,2
                INT 21H
                RET
DISP            ENDP
STOP:           MOV AH,4CH
                INT 21H
CODE            ENDS
                END START
```

3 综合练习

以 1MHz 的信号为时钟信号，利用 8253 产生一个周期为 1ms 的方波。

【解】 程序如下。

```
CODE        SEGMENT
MAIN        PROC FAR
            ASSUMECS:CODE
START:      CLI
            MOV DX,303H
            MOV AL,36H
            OUT DX,AL
            MOV DX,300H
            MOV AL,0E8H
            OUT DX,AL
            MOV AL,03H
            OUT DX,AL
            MOV DX,303H
            MOV AL,74H
            OUT DX,AL
            MOV DX,301H
            MOV AL,0AH
            OUT DX,AL
            MOV AL,00H
            OUT DX,AL
            STI
            MOV AH,4CH
            INT 21H
            MAIN ENDP
CODE        ENDS
            END START
```

4 综合练习

读入开关量到 8255A，再将其通过指示灯显示。以 8255A 的 A 口作为输入，B 口作为输出，输入用开关，输出用发光二极管，要求当输入不全为 0 时，输入与输出保持一致。当输入全为 0 时，发光二极管闪烁。

【解】 程序如下。

```
PORTA=308H
PORTB=309H
CONTROL=30BH
DCONS=10H
DATA        SEGMENT
MESS        DB 0DH,0AH,'PRESSANYKEYTOEXIT…',0AH,0DH,'$'
DATA        ENDS
CG          SEGMENT 'CODE'
            ASSUME CS:CG,DS:DATA
BEGIN:      PUSH DS
            XOR AX,AX
            PUSH AX
            MOV AX,DATA
            MOV DS,AX
            MOV DX,OFFSET MESS
            MOV AH,9
            INT 21H
            MOV DX,CONTROL
            MOV AL,90H
            OUT DX,AL
            MOV AH,0FFH
            MOV BL,0
LP:         PUSH AX
            MOV AH,0BH
            INT 21H
            CMP AL,0
            JNE BACK
            POP AX
            MOV DX,PORTA
            INAL,DX
            NOP
            NOP
```

```
                TEST AL,AH
                JZ SHIFT
                MOV DX,PORTB
                OUT DX,AL
                JMP LP
SHIFT:          MOV AL,BL
                MOV DX,PORTB
                OUT DX,AL
                CALL DELAY
                SHL BL,1
                TEST BL,AH
                JNZ LP
                MOV BL,1
                JMP LP
BACK:           POP AX
                RETF
DELAY           PROC NEAR
                PUSH AX
                MOV BH,DCONS
DDLY:           MOV CX,0
DELAY1:         DEC CX
                LOOP DELAY1
                DEC BH
                TEST BH,AH
                JNZ DDLY
                POP AX
DELAY           ENDP
CG              ENDS
                END BEGIN
```

5 综合练习

要求使用 8259A 的 IRQ_0，用单脉冲信号模拟外部中断信号，使中断程序在屏幕上显示信息，在中断程序中，要求依次显示 a～z 这 26 个小写字母。

【解】 程序如下。

```
        STACK       SEGMENT STACK
                    DB 200 DUP(0)
        STACK       ENDS
        C8259       EQU 20H
        CODE        SEGMENT'CODE'
        MAIN        PROC FAR
                    ASSUME CS:CODE,SS:STACK
        START:      XOR AX,AX
                    MOV DS,AX
                    LEA AX,IRQ0
                    MOV DS:20H,AX
                    MOV DX,C8259
                    MOV AL,00010011B
                    OUT DX,AL
                    INC DX
                    MOV AL,00001000B
                    OUT DX,AL
                    MOV AL,00001101B
                    OUT DX,AL
                    MOV AL,11111110B
                    OUT DX,AL
                    MOV AL,20H
                    OUT 20H,AL
                    MOV BL,'a'
                    MOV AL,BL
                    MOV AH,1
                    INT 14H
                    STI
                    JMP $
        IRQ0:       CLI
                    INC BL
                    CMP BL,'{'
                    JNZ NEXT
                    MOV AH,4CH
```

```
                INT 21H
NEXT:           MOV AL,BL
                MOV AH,1
                INT 14H
                MOV AL,20H
                OUT 20H,AL
                STI
                IRET
MAIN            ENDP
CODE            ENDS
                END START
```

6 综合练习

两台微型计算机之间按 RS-232C 标准协议使用 COM1 进行串行通信,构成一个字符或数据的各位按时间先后,从低位到高位一位一位地传送。

【解】 程序如下。

```
STACK       SEGMENT PARASTACK'STACK'
            DB 256 DUP(0)
STACK       ENDS
CODE        SEGMENT PARA PUBLIC'CODE'
START       PROC FAR
            ASSUME CS:CODE
            PUSH DS
            MOV AX,0
            PUSH AX
            MOV DX,3FBH
            MOV AL,80H
            OUT DX,AL
            MOV DX,3F8H
            MOV AL,12
            OUT DX,AL
            INC DX
            MOV AL,0
            OUT DX,AL
            MOV DX,3FBH
            MOV AL,0AH
            OUT DX,AL
            MOV DX,3FCH
            MOV AL,03H
            OUT DX,AL
            MOV DX,3F9H
            MOV AL,0
            OUT DX,AL
FOREVER:    MOV DX,3FDH
            IN AL,DX
            TEST AL,1EH
            JNZ ERROR
            TEST AL,01H
            JNZ RECEIVE
```

```
                TEST AL,20H
                JZ FOREVER
                MOV AH,1
                INT 16H
                JZ FOREVER
                MOV AH,0
                INT 16H
                MOV DX,3F8H
                OUT DX,AL
                MOV AH,2
                MOV DL,AL
                INT 21H
                CMP AL,27
                JNZ NEXT
                MOV AH,4CH
                INT 21H
NEXT:           JMP FOREVER
RECEIVE:        MOV DX,3F8H
                IN AL,DX
                AND AL,7FH
                CM PAL,27
                JNZ DISP
                MOV AH,4CH
                INT 21H
DISP:           PUSH AX
                MOV BX,0
                MOV AH,14
                INT 10H
                POP AX
                CMP AL,0DH
                JNZ FOREVER
                MOV AL,0AH
                MOV BX,0
                MOV AH,14
                INT 10H
                JMP FOREVER
ERROR:          MOV DX,3F8H
                IN AL,DX
                MOV AL,'?'
                MOV BX,0
                MOV AH,14
                INT 10H
                JMP FOREVER
START           ENDP
CODE            ENDS
                END START
```

7 综合练习

如果要在 PC/XT 上采用 ADC 0809 设计一块 8 通道的数据采集卡,其连接电路示意图如练习图 7-1 所示。要求以 200Hz 的速率对每个通道均采集 1024 个数据,也就是每隔 5ms 对各通道轮流采集一个数据,然后将这些数据存到数据段以 DBUF 为开始地址的数据缓冲区中。数据存放的次序须与通道号一致,即从通道 0 开始,先依次存入每个通道的第一个数据,再存入各通道的第二个数据,直到各通道都存满 1024 个数据为止。

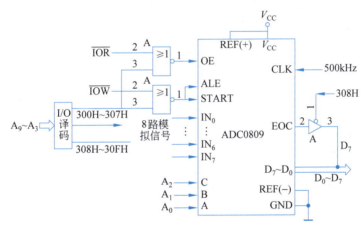

练习图 7-1　ADC 0809 数据采集卡连接电路示意图

分析:可以选用 8253 芯片来产生定时脉冲,控制采样率。假设加到 8253 的 CLK_0 的时钟脉冲的频率为 1MHz,编程使通道 0 工作于方式 2,由于采样率 $f_S=200Hz$,当选用时间常数 1MHz/200Hz=5000 使 8253 工作时,则可从 OUT_0 端输出 200Hz 的负脉冲序列,即每隔 5ms 会从 8253 的 OUT_0 引脚输出一个正跳变脉冲,该脉冲加到 PC 上为用户保留的 IRQ_2 中断请求输入端,即加到系统板上 8259A 的 IR_2 引脚上,在 8259A 的控制下定时向 CPU 发中断请求,在每次中断时进行采样。

【解】　程序如下。

```
DATA    SEGMENT
DBUF    DB 8 * 1024 DUP(?)
DATA    ENDS
```

```
CODE        SEGMENT
            ASSUME CS:CODE,DS:DATA
AD_8        PROC FAR
            MOV AX,DATA
            MOV DS,AX
            CLI
            CLD
            MOV AX,0
            MOV ES,AX
            MOV DI,4*0AH
            MOV AX,OFFSET ADINT
            STOSW
            MOV AX,SEG ADINT
            STOSW
            MOV DX,31BH
            MOV AL,00110101B
            OUT DX,AL
            MOV DX,318H
            MOV AX,5000H
            OUT DX,AL
            MOV AL,AH
            OUT DX,AL
            MOV AL,11111001B
            OUT 21H,AL
            MOV SI,OFF SETDBUF
            MOV BX,1024
            STI
AGAIN:      CMP BX,0
            JNZ AGAIN
            MOV AL,11111101B
            OUT 21H,AL
            MOV AH,4CH
            INT 21H
            RET
AD_8        ENDP
ADINT       PROC NEAR
            MOV CX,0008H
            MOV DX,300H
NEXT:       OUT DX,AL
            PUSH DX
            MOV DX,308H
            JNZ POLL
POLL:       IN AL,DX
            TEST AL,80H
            JNZ POLL
NO_END:     IN AL,DX
            TEST AL,80H
            JZ NO_END
            POP DX
            IN AL,DX
            MOV [SI],AL
            INC DX
```

```
                INC SI
                LOOP NEXT
                DEC BX
                MOV AL,20H
                OUT 20H,AL
                IRET
        ADINT   ENDP
        CODE    ENDS
                END
```

8 综合练习

如果要在打印机上打印字符串"How do you do!",试编程实现。打印机接口连接电路示意图如练习图 8-1 所示。

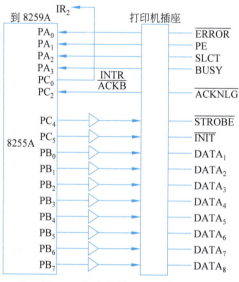

练习图 8-1　打印机接口连接电路示意图

要求：设该系统中，8255A 的 A 口、B 口、C 口和控制字寄存器的端口地址分别为 2F8H、2FAH、2FCH 和 2FEH。中断控制器 8259A 的偶地址端口地址为 2F0H，奇地址端口地址为 2F2H。

在计算机中，用来管理打印机的程序称为打印机驱动程序，现要求采用中断方式管理打印机的驱动程序的方法。

【解】　程序如下。

```
PRINTER TEST
==================================================
;断口地址分配表
PORT_A        EQU        2F8H
PORT_B        EQU        2FAH
```

```
PORT_C          EQU     2FCH
PORT_CTL        EQU     2FEH
PORT_0          EQU     2F0H
PORT_1          EQU     2F2H
;数据段
DATA            SEGMENT
MESS_1          DB 'Howdoyoudo!'
                DB 0DH,0AH
MESS_LEN        EQU $-MESS_1
PRINT_DONE      DB 0
POINTER         DW 0
COUNT           DB 0
PRNT_ERR        DB 0
DATA            ENDS
;堆栈段
STACK           SEGMENT STACK
                DW 50 DUP(0)
TOP             LABEL WORD
STACK           ENDS

=========================================
;打印主程序
CODE            SEGMENT
                ASSUME CS:CODE,DS:DATA,SS:STACK
MAIN            PROC FAR
                MOV AX,STACK
                MOV SS,AX
                LEA SP,TOP
                MOV AX,CS
                MOV DS,AX
                MOV DX,OFFSET PRNT_INT
                MOV AH,25H
                MOV AL,0AH
                INT 21H
;初始化8259A,使IR₂中断允许
                MOV DX,PORT_0
                MOV AL,00010011B
                OUT DX,AL
                MOV DX,PORT_1
                MOV AL,00001000B
                OUT DX,AL
                MOV AL,00000001B
                OUT DX,AL
                MOV AL,11111001B
                OUT DX,AL
;初始化8255A,B口方式1输出,A口方式0输入,C口高4位为输出
                MOV DX,PORT_CTL
                MOV AL,10010100B
                OUT DX,AL
                STI
;通过PC₄向打印机送高电平选通信号
                MOV AL,00001001B
```

```
                    OUT DX,AL
;初始化打印机,从 PC₅ 引脚送出 50μs 宽的 INIT 负脉冲
                    MOV AL,00001011B
                    OUT DX,AL
                    MOV AL,00001010B
                    OUT DX,AL
                    MOV CX,17H
PAUSE_1:            LOOP PAUSE_1
                    MOV AL,00001011B
                    OUT DX,AL
;从端口 A 读取打印机状态,已准备好状态应为 AL=XXXX0101
                    MOV PRNT_ERR,0
                    MOV DX,PORT_A
                    IN AL,DX
                    AND AL,0FH
                    CMP AL,00000101B
                    JZ SEND_IT
                    MOV CX,16EAH
PAUSE_2:            LOOP PAUSE_2
                    IN AL,DX
                    AND AL,0FH
                    CMP AL,00000101B
                    JZS END_IT
                    MOV PRNT_ERR,1
                    JMP FIN
;已准备好,建立指向信息存储区的指针,已打印完标志清 0,表示未打印完
SEND_IT:            MOV AX,OFFSET MESS_1
                    MOV POINTER,AX
                    MOV PRNT_DONE,0
                    MOV COUNT,MESS_LENG
;置位 PC₂,使 8255A 的 INTEB 置 1,允许中断
                    MOV DX,PORT_CTL
                    MOV AL,00000101B
                    OUT DX,AL
;等待打印机中断
WAIT_INT:           JMP WAIT_INT
FIN:                NOP
                    NOP
                    MOV AH,4CH
                    INT 21H
MAIN ENDP
;打印驱动中断服务子程序
PRNT_INT            PUSH AX
                    PUSH BX
                    PUSH DX
                    STI
                    MOV DX,PORT_B
                    MOV BX,POINTER
                    MOV AL,[BX]
                    OUT DX,AL
;通过 PC₄ 向打印机发选通负脉冲
```

```
                MOV DX,PORT_CTL
                MOV AL,00001000B
                OUT DX,AL
                MOV AL,00001001B
                OUT DX,AL
;增量地址指针,减量计数器
                INC POINTER
                DEC COUNT
                JNZ NEXT
;字符已打印完,复位 PC$_2$,禁止 8255 PC$_0$ 上的中断请求
                MOV AL,00000100B
                OUT DX,AL
                MOV PRNT_DONE,1
NEXT:           MOV AL,00100000B
                MOV DX,PORT_0
                OUT DX,AL
                POP DX
                POP BX
                POP AX
                IRET
CODE            ENDS
                END
```

9 综合练习

试编写一个键盘程序。

要求：已知 16 个键分别为数字 0～9 和 A～F，键盘排列的连线及其接口电路如练习图 9-1 所示。16 个键排成 4 行×4 列的矩阵，接到微型机系统中由两片 8255A 组成的一对端口上。其中，端口 A 作为输出，端口 B 作为输入。端口地址为 PORT_A：FF9H；PORT_B：0FFBH；PORT_CTL：0FFFH。

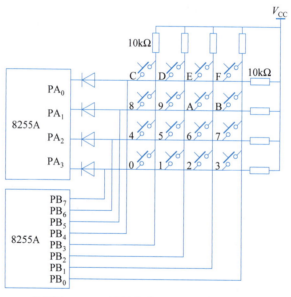

练习图 9-1 16 键键盘排列引线及其接口电路

【解】 程序如下。

```
;端口地址
PORT_A      EQU 0FF9H
PORT_B      EQU 0FFBH
PORT_CTL    EQU 0FFFH
DATA        SEGMENT
            0 1 2 3 4 5 6 7
```

```
          TABLE       DB 77H,7BH,7DH,7EH,0B7H,0BBH,0BDH,0BEH
                        8 9 A B C D E F
                      DB 0D7H,0DBH,0DDH,0DEH,0E7H,0EBH,0EDH,0EEH
          DATA        ENDS
          STACK       SEGMENT STACK
                      DW 50 DUP(0)
          TOP_STAC    LABEL WORD
          STACK       ENDS
          CODE        SEGMENT
                      ASSUME CS:CODE,DS:DATA,SS:STACK
          START:      MOV AX,STACK
                      MOV SS,AX
                      LEA SP,TOP_STACK
                      MOV AX,DATA
                      MOV DS,AX
                      MOV DX,PORT_CTL
                      MOV AL,10001011B
                      OUT DX,AL
                      MOV DX,PORT_A
                      MOV AL,00H
                      OUT DX,AL
                      MOV DX,PORT_B
          WAIT_OPEN:  IN AL,DX
                      AND AL,0FH
                      CMP AL,0FH
                      JNE WAIT_OPEN
          WAIT_PRES:  IN AL,DX
                      AND AL,0FH
                      CMP AL,0FH
                      JE WAIT_PRES
                      MOV CX,16EAH
          DELAY:      LOOP DELAY
                      IN AL,DX
                      AND AL,0FH
                      CMP AL,0FH
                      JE WAIT_PRES
                      MOV AL,0FEH
                      MOV CL,AL
          NEXT_ROW:   MOV DX,PORT_A
                      OUT DX,AL
                      MOV DX,PORT_B
                      IN AL,DX
                      AND AL,0FH
                      CMP AL,0FH
                      JNE ENCODE
                      ROL CL,01
                      MOV AL,CL
                      JMP NEXT_ROW
          ENCODE:     MOV BX,000FH
                      IN AL,DX
          NEXT_TRY:   CMP AL,TABLE[BX]
                      JE DONE
```

```
                DEC BX
                JNS NEXT_TRY
                MOV AH,01
                JMP EXIT
DONE:           MOV AL,BL
                MOV AH,00
EXIT:           HLT
CODE            ENDS
                END
```

10 综合练习

设计模拟电子琴演奏程序。微型计算机中扬声器控制发声原理如练习图 10-1 所示,其中用到 8255 与 8253 两个芯片。

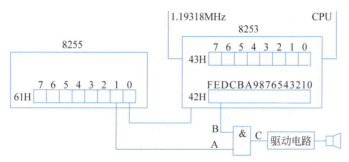

练习图 10-1　扬声器控制发声原理示意图

程序设计流程：该程序设计可以分解成两个部分,即如何控制计算机的扬声器发音、如何使不同按键对应约定的声音。

模拟演奏程序算法如下。

(1) 初始化,建立分频数与发音键表。

(2) 清屏,并显示"PIANO 2004.8.15.$"。

(3) 等待按键,有键按下则往下执行。

(4) 若判断是退出键,则返回操作系统。

(5) 若判断是停止发音键,则断开送往扬声器的电平信号,并转步骤(3)。

(6) 若判断不是退出、停止发音、发音键,则转步骤(3)。

(7) 查出与发音键对应的发音分频数,并启动 8253 的通道 2,转步骤(3)。

其中,步骤(3)采用 DOS 的中断调用"键盘无回显"方式输入,即按下键时,不会在屏幕上出现相应的显示。

步骤(4)可约定回车键为退出键。

步骤(5)可约定空格键为停止发音键。

步骤(7)为了对 8253 通道 2 进行初始化。可向 43H 端口送控制字 B6H,含义是：选择通道 2,使其按方式 3 工作(送出方波信号),向通道 2 送 16 位分频数,先送低 8 位,后送高 8 位,通道 2 按二进制计数。

【解】 程序如下。

```
DATA        SEGMENT
D1          DW 131,147,165,175,196,220,247
            DW 252,294,330,349,392,440,494
D2          DW 139,156,175,185,208,233,262
            DW 277,311,349,370,415,466,523
D3          DW 123,139,156,165,185,208,233
            DW 247,277,311,330,370,415,466
DD1         DW 14 DUP(?)
DD2         DW 14 DUP(?)
DD3         DW 14 DUP(?)
DDD1        DB'zxcvbnmasdfghjqwertyu1234567ZXCVBNMASDFGHJ'
DISP        DB'PIANO2004.8.15.$'
DATA        ENDS
PROGRAM     SEGMENT
            ASSUMECS:PROGRAM,DS:DATA
START:      MOV AX,DATA
            MOV DS,AX
            MOV AL,0
            MOV BH,07
            MOV CX,0
            MOV DH,24
            MOV DL,79
            MOV AH,6
            INT 10H                     ;以上部分功能是清屏
            MOV AL,0
            MOV BH,47H
            MOV CX,0914H
            MOV DH,14
            MOV DL,60
            MOV AH,6
            INT 10H                     ;以上部分功能是开屏幕窗口,红底白字
            MOV AH,2
            MOV BH,0
            MOV DH,13
            MOV DL,30
            INT 10H                     ;以上是定位光标
            MOV AH,9
            MOV DX,OFFSET DISP
            INT 21H                     ;显示字符串
            MOV SI,0
            MOV CX,42
AG1:        MOV DX,12H
            MOV AX,3280H
            DIV D1[SI]
            MOVD D1[SI],AX
            ADD SI,2
            LOOP AG1                    ;根据42个频率求相应的42个分频数
AG2:        MOV AH,8
            INT 21H                     ;等待按键
            CMP AL,0DH
```

```
                JZ LAST                     ;是退出键
                CMP AL,20H
                JNZ NEXT                    ;是发音键
                IN AL,61H                   ;是停止发音键,停止发音
                AND AL,0FCH
                OUT 61H,AL
                JMP AG2
        NEXT:   MOV CX,42                   ;查发音键对应的分频数的地址
                MOV BX,OFFSET DDD1
        SCAN:   CMP AL,[BX]
                JZ FIND
                INC BX
                LOOP SCAN
                JMP AG2
        FIND:   MOV SI,42
                SUB SI,CX
                SHL SI,1
                MOV AL,0B6H                 ;启动 8253 通道 2,并置新的分频数
                OUT 43H,AL
                MOV AX,DD1[SI]
                OUT 42H,AL
                MOV AL,AH
                OUT 42H,AL
                IN AL,61H
                OR AL,3
                OUT 61H,AL
                JMP AG2
        LAST:   IN AL,61H                   ;关闭扬声器,退回到操作系统
                AND AL,0FCH
                OUT 61H,AL
                MOV AH,4CH
                INT 21H
        PROGRAM ENDS
                END START
```

图书资源支持

感谢您一直以来对清华版图书的支持和爱护。为了配合本书的使用,本书提供配套的资源,有需求的读者请扫描下方的"书圈"微信公众号二维码,在图书专区下载,也可以拨打电话或发送电子邮件咨询。

如果您在使用本书的过程中遇到了什么问题,或者有相关图书出版计划,也请您发邮件告诉我们,以便我们更好地为您服务。

我们的联系方式:

清华大学出版社计算机与信息分社网站:https://www.shuimushuhui.com/

地　　址:北京市海淀区双清路学研大厦 A 座 714

邮　　编:100084

电　　话:010-83470236　010-83470237

客服邮箱:2301891038@qq.com

QQ:2301891038(请写明您的单位和姓名)

资源下载: 关注公众号"书圈"下载配套资源。

书圈

清华计算机学堂

观看课程直播